高职高专计算机类专业规划教材：项目/任务驱动模式

数据库技术及应用项目式教程
（SQL Server 2008）

陈尧妃　主　编

胡冬星　黄月妹　张　翔　副主编

电子工业出版社

Publishing House of Electronics Industry

北京 · BEIJING

内 容 简 介

本书全面和系统地介绍了 SQL Server 数据库设计、开发和管理的知识和技能，内容涵盖数据库设计、SQL Server 数据库操作、SQL 语句、T-SQL 程序设计、SQL Server 数据库管理。

按照"项目导向、任务驱动"的教学方法，全书以两个真实项目贯穿，分别是入门项目"学生信息管理系统"和提高项目"网上商城系统"，根据企业实际设计开发数据库的步骤，分任务逐步完成项目。本书根据"理实一体化"教学模式编写，采用"边学边练"的方式组织，将知识讲解、技能训练和能力提高有机结合。

本书讲解通俗易懂，实例丰富，适合作为高等院校数据库原理与应用、数据库技术与应用类课程的教材，也可作为 SQL Server 用户的自学用书或参考书籍。

图书在版编目（CIP）数据

数据库技术及应用项目式教程：SQL Server 2008 /陈尧妃主编. —北京：电子工业出版社，2016.6
ISBN 978-7-121-28677-3

Ⅰ．①数… Ⅱ．①陈… Ⅲ．①关系数据库系统－高等学校－教材 Ⅳ．①TP311.138

中国版本图书馆 CIP 数据核字（2016）第 092059 号

策划编辑：贺志洪
责任编辑：贺志洪　　　　　特约编辑：张晓雪　徐　堃
印　　刷：北京虎彩文化传播有限公司
装　　订：北京虎彩文化传播有限公司
出版发行：电子工业出版社
　　　　　北京市海淀区万寿路 173 信箱　邮编 100036
开　　本：787×1092　1/16　印张：23　字数：588.8 千字
版　　次：2016 年 6 月第 1 版
印　　次：2018 年 7 月第 4 次印刷
定　　价：46.00 元

凡所购买电子工业出版社图书有缺损问题，请向购买书店调换。若书店售缺，请与本社发行部联系，联系及邮购电话：（010）88254888。

质量投诉请发邮件至 zlts@phei.com.cn，盗版侵权举报请发邮件至 dbqq@phei.com.cn。

服务热线：（010）88258888。

数据库技术出现于 20 世纪 60 年代，50 多年来，数据库技术在理论和实现上都有了很大的发展，数据库技术已经广泛渗透到各个领域。现在数据库技术与应用类课程不仅是计算机类相关专业的核心课程，而且已是很多非计算机专业（如电子商务类专业、财会类）的必修课程。

SQL Server 是微软公司开发的中大型数据库管理系统，针对当前的客户机/服务器环境设计，是一个安全、可扩展、易管理、高性能的数据库平台，已被国内外众多用户所使用，本书采用现使用较多的版本即微软公司于 2008 年推出的 SQL Server 2008。

本书全面和系统地介绍了 SQL Server 数据库设计、开发和管理的知识和技能，内容涵盖数据库设计、SQL Server 数据库操作、SQL 语句、T-SQL 程序设计、SQL Server 数据库管理。根据不同层次的教学所需及学生认知规律，教材分基础篇和高级篇。

按照"项目导向、任务驱动"的教学方法，全书以两个学生容易理解和消化的项目贯穿。根据企业实际设计开发数据库的步骤将项目划分为若干任务，各任务的教学环节包括任务提出、任务分析、相关知识与技能、任务实施、任务总结、拓展知识、拓展练习，其中任务提出、任务分析、任务实施、任务总结各任务中都有，其他根据实际情况选择。任务实施中结合"理实一体化"教学模式，采用"边学边练"的方式组织，即案例和课堂练习有机结合。

基本篇围绕入门项目"学生信息管理系统"的数据库设计、实施和维护管理展开，重点介绍数据库的实施，共分以下 6 个单元：

单元 1 介绍数据库开发环境的搭建，任务包括熟悉常用数据库管理系统、安装 SQL Server2005、手工启动和连接 SQL Server 服务器。

单元 2 简单介绍数据库的设计，内容较少，只作为了解，具体在高级篇中介绍。任务包括需求分析、设计数据库、确定表名和属性名、选取字段数据类型。

单元 3 介绍数据库的创建和管理，任务包括使用图形工具创建数据库、使用 CREATE DATABASE 语句创建数据库、管理和维护数据库、分离/附加数据库、完整备份/还原数据库。

单元 4 介绍表的创建和管理，任务包括使用图形工具创建简单表、使用图形工具设置约束、使用 CREATE TABLE 语句创建简单表、使用 ALTER TABLE 语句修改表、管理和维护表。

单元 5 介绍数据的查询和更新，任务包括单表查询、数据汇总统计、多表连接查询、数据更新、使用图形工具进行数据操作。

单元 6 介绍视图和索引的创建，任务包括创建视图、利用视图简化查询操作、通过视图更新数据、管理和维护视图、创建索引、管理和维护索引。

高级篇围绕提高项目"网上商城系统"的数据库设计、实施和维护管理展开，重点介绍数据库设计和 T-SQL 程序设计，共分以下 6 个单元：

单元 7 介绍数据库设计，任务包括需求分析、概要设计、详细设计、关系规范化、绘制数据库模型图。

单元 8　自主完成数据库实施和管理，是基础篇重点内容的巩固，任务包括创建和管理数据库、创建和管理表、查询和更新数据、创建视图和索引、备份与恢复数据库。

单元 9　介绍数据库安全管理，任务包括管理登录账户、管理数据库用户、管理权限、管理角色。

单元 10　介绍 T-SQL 程序设计，任务包括变量、流程控制语句、事务、往表中插入 10 万行测试数据。

单元 11　介绍创建存储过程，任务包括执行系统存储过程、创建和执行简单存储过程、创建和执行带参数存储过程、管理和维护存储过程。

单元 12　介绍创建触发器，任务包括理解触发器、创建 DML 触发器、管理 DML 触发器、创建 DDL 触发器。

为了方便读者学习，除了课堂练习、拓展练习外，附带大量的综合实践练习和理论试题，可使读者得到充分的练习。

本书由陈尧妃主编，胡冬星、黄月妹、张翔任副主编。基础篇的单元 1、单元 6 由胡冬星编写，单元 2、单元 5 由陈尧妃编写，单元 3、单元 4 由黄月妹编写。高级篇的单元 7、单元 12 由张翔编写，单元 8、单元 9 由陈尧妃编写，单元 10、单元 11 由胡冬星编写。

本书在编写过程中还得到了邱晓华、宣翠仙、楼小明等老师的大力支持和帮助，在此表示感谢。本书的教学课件及资源欢迎各位教师到华信教育网（www.hxedu.com.cn）免费下载或扫描封底的二维码进入计算机教育教学共享群免费索取。

由于作者水平有限，错误和纰漏在所难免，敬请各位同行和广大读者批评指正。编者邮箱：chenyf@info.jhc.cn。

编　者

2016 年 3 月

目 录

单元 1　搭建数据库开发环境

本单元主要介绍数据库系统及其相关基本概念、SQL Server 2008 系统组成、SQL Server 2008 的安装及 SQL Server 2008 常用管理工具的简介。

本单元包含的学习任务和单元学习目标具体如下。

学习任务

- 任务 1　熟悉常用数据库管理系统
- 任务 2　安装 SQL Server 2008
- 任务 3　手工启动和连接 SQL Server 服务器

学习目标

- 理解数据管理发展的四个阶段及数据库管理阶段的特点
- 了解目前常用关系数据库管理系统
- 了解 SQL Server 2008 的 4 个服务
- 了解 SQL Server 2008 的常用管理工具
- 掌握手工启动和连接 SQL Server 服务器

任务 1　熟悉常用数据库管理系统

任务提出

数据库技术出现于 20 世纪 60 年代，主要用于满足管理信息系统对数据管理的要求。40 多年来，数据库技术在理论和实现上都有了很大的发展，出现了较多数据库管理系统。

任务分析

先了解数据管理技术的发展，理解数据库技术的基本概念和关系数据库基本概念，再来熟悉常用数据库管理系统。

相关知识与技能

1. 数据、数据管理与数据处理

（1）数据

数据（Data）是描述事物的符号记录。除了常用的数字数据外，文字（如名称）、图形、图像、声音等信息，也都是数据。日常生活中，人们使用交流语言（如普通话）去描述事物。在计算机中，为了存储和处理这些事物，就要抽出对这些事物感兴趣的特征组成一个记录来描述。例如，在学生管理中，可以对学号、姓名、性别和出生年月等情况这样描述：200931010100101，倪骏，男，1991/7/5。

（2）数据管理与数据处理

数据处理是指从某些已知的数据出发，推导加工出一些新的数据，在具体操作中，涉及数据收集、管理、加工和输出等过程。

在数据处理中，通常数据的计算比较简单，而数据的管理比较复杂。数据管理是指数据的收集、整理、组织、存储、查询和更新等操作，这部分操作是数据处理业务的基本环节，是任何数据处理业务中必不可少的共有部分，因此有必要学习和掌握数据管理技术，能对数据处理提供有力的支持。

2. 数据管理技术的发展

从 20 世纪 50 年代开始，计算机的应用由科学研究部门逐渐扩展到企业、行政部门。至 60 年代，数据处理已成为计算机的主要应用。数据处理是指从某些已知的数据出发，推导加工出一些新的数据。在数据处理中，计算通常比较简单，而数据管理比较复杂。

数据管理是指如何对数据进行分类、组织、存储、检索和维护，它是数据处理的中心问题。随着计算机软硬件的发展，数据管理技术不断地完善，经历了如下三个阶段：人工管理阶段、文件管理阶段、数据库管理阶段。

（1）人工管理阶段

20 世纪 50 年代中期以前，计算机主要用于科学计算。那时的计算机硬件方面，外存只有卡片、纸带及磁带，没有磁盘等直接存取的存储设备；软件方面，只有汇编语言，没有操作系统和高级语言，更没有管理数据的软件；数据处理的方式是批处理。这些决定了当时的数据管理只能依赖人工来进行。

人工管理阶段管理数据的特点是：

➢ 数据不保存。计算机主要用于科学计算，一般不需要长期保存数据。

➢ 没有软件系统对数据进行管理。数据需要由应用程序自己管理。

➢ 数据不共享。数据是面向应用的，一组数据对应一个程序，造成程序之间存在大量的数据冗余。

➢ 只有程序的概念，没有文件的概念。

人工管理阶段程序与数据间的关系如图 1-1 所示。

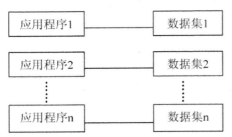

图 1-1　人工管理阶段程序与数据间的关系结构

（2）文件管理阶段

20 世纪 50 年代后期到 60 年代中期，计算机的软硬件水平都有了很大的提高，出现了磁盘、磁鼓等直接存取设备，并且操作系统也得到了发展，产生了依附于操作系统的专门数据管理系统——文件系统，此时，计算机系统由文件系统统一管理数据存取。在该阶段，程序和数据是分离的，数据可长期保存在外设上，以多种文件形式（如顺序文件、索引文件、随机文件等）进行组织。数据的逻辑结构（指呈现在用户面前的数据结构）与数据的存储结构（指数据在物理设备上的结构）之间可以有一定的独立性。在该阶段，实现了文件为单位的数据共享，但未能实现以记录或数据项为单位的数据共享，数据的逻辑组织还是面向应用的，因此在应用之间还存在大量的冗余数据，也正是因为大量数据冗余会导致数据的一致性差。

文件系统管理数据具有如下特点：

➢ 数据可以长期保存。由于计算机大量用于数据处理，数据需要长期保存在外存上，反复进行查询、修改、插入和删除等。

➢ 由专门的软件即文件系统进行数据管理。

➢ 数据共享性差。文件系统仍然是面向应用的。

➢ 数据独立性低。一旦数据的逻辑结构改变，必须修改程序。

文件管理阶段程序与数据间的关系如图 1-2 所示。

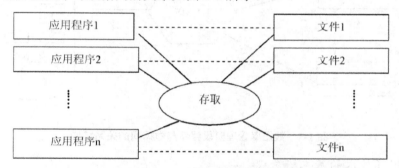

图 1-2 文件管理阶段程序与数据间的关系结构

（3）数据库管理阶段

20 世纪 60 年代后期，数据管理进入到数据库管理阶段。该阶段的计算机系统广泛应用于企业管理，需要有更高的数据共享能力，程序和数据必须具有更高的独立性，从而减少应用程序开发和维护的费用。该阶段计算机硬件技术和软件研究水平的快速提高使得数据处理这一领域取得了长足的进步。伴随着大容量、高速度、低价格的存储设备的出现，用来存储和管理大量信息的"数据库管理系统"应运而生，成为当代数据管理的主要方法。数据库系统将一个单位或一个部门所需的数据综合地组织在一起构成数据库，由数据库管理系统软件实现对数据库的集中统一管理。

数据库管理阶段管理数据的特点：

➢ 数据结构化。采用数据模型表示复杂的数据结构，数据模型不仅描述数据本身的特征，还要描述数据之间的联系。

➢ 数据共享性好，冗余度低。数据不再面向某个应用而是面向整个系统，既减少了数据冗余，节约存储空间，又能够避免数据之间的不相容性和不一致性。

➤ 数据独立性高。数据独立性是指应用程序与数据库的数据结构之间的相互独立。在数据库系统中，数据定义（描述数据结构和存储方式）功能和数据管理功能（数据的查询、更新）由专门的数据管理软件数据库管理系统实现，不需应用程序提供这些处理，这样大大地简化了应用程序的开发和维护。数据库的数据独立性分为两级，即数据的物理独立性和逻辑独立性。

➤ 数据存取粒度小，增加了系统的灵活性。文件系统中，数据存取的最小单位是记录，而在数据库系统中，可以小到记录中的一个数据项。

➤ 数据库管理系统对数据进行统一管理和控制。数据库管理系统提供四方面的数据控制功能，即数据的安全性、数据的完整性、数据库的并发控制、数据库的恢复。

➤ 为用户提供友好的接口。用户可以使用数据库语言（如 SQL 语言）操作数据库，也可以把普通的高级语言（如 C 语言）和数据库语言结合起来操作数据库。

数据库管理阶段程序与数据间的关系如图 1-3 所示。

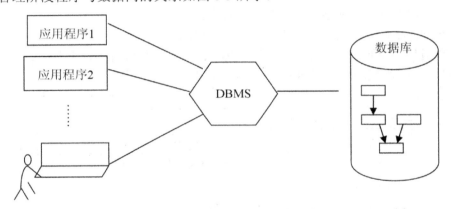

图 1-3 数据库管理阶段程序与数据间的关系结构

3．数据库技术的基本概念

（1）数据库（Database，简称 DB）

数据库就是长期储存在计算机内的、有组织的、可共享的数据集合。数据库中的数据按一定的数据模型组织、描述和储存，具有较小的冗余度，较高的数据独立性和易扩展性，并可为各种用户共享。

数据库有如下特征：

➤ 数据按一定的数据模型组织、描述和存储。
➤ 可为各种用户共享。
➤ 冗余度较小。
➤ 数据独立性较高。
➤ 易扩展。

（2）数据库管理系统（Database Management System，简称 DBMS）

DBMS 是位于用户与操作系统之间的一层数据管理软件。数据库在建立、运用和维护时由数据库管理系统统一管理、统一控制。DBMS 使用户能方便地定义数据和操纵数据，并能够保证数据的安全性、完整性、多用户对数据的并发使用及发生故障后的系统恢复。

数据库管理系统（DBMS）是实际存储的数据和用户之间的一个接口，负责处理用户和应用程序存取、操纵数据库的各种请求。

DBMS 的任务：是收集并抽取一个应用所需要的大量数据，科学地组织这些数据并将其存储在数据库中，且对这些数据进行高效地处理。

（3）数据库系统（Database System，简称 DBS）

数据库系统（DBS）指在计算机系统中引入数据库后构成的应用系统，一般由数据库、数据库管理系统、用户和应用程序组成。其中数据库管理系统是数据库系统的核心。

任务实施

1. **熟悉常用数据库管理系统**

目前常用的数据库管理系统有：Access、SQL Server、Oracle、MySQL 和 Sybase 等。它们各有优点，适合于不同级别的系统。

（1）Access

Access 是微软 Office 办公套件中一个重要成员，面向小型数据库应用，是世界上流行的桌面数据库管理系统。

Access 简单易学，一个普通的计算机用户即可掌握并使用它。同时，Access 的功能也足以应付一般的小型数据管理及处理需要。无论用户是要创建一个个人使用的独立的桌面数据库，还是部门或中小公司使用的数据库，在需要管理和共享数据时，都可以使用 Access 作为数据库平台，提高个人的工作效率。例如，可以使用 Access 处理公司的客户订单数据；管理自己的个人通讯录；科研数据的记录和处理等。Access 只能在 Windows 系统下运行。Access 最大的特点是界面友好，简单易用，和其他 Office 成员一样，极易被一般用户所接受。因此，在许多低端数据库应用程序中，经常使用 Access 作为数据库平台；在初次学习数据库系统时，很多用户也是从 Access 开始的。但 Access 存在安全性低、多用户特性弱、处理大量数据时效率比较低等缺点。

（2）SQL Server

SQL Server 是微软公司开发的中大型数据库管理系统，面向中大型数据库应用。针对当前的客户机/服务器环境设计，结合 Windows 操作系统的能力，提供了一个安全、可扩展、易管理、高性能的客户机/服务器数据库平台。

SQL Server 继承了微软产品界面友好、易学易用的特点，与其他大型数据库产品相比，在操作性和交互性方面独树一帜。SQL Server 可以与 Windows 操作系统紧密集成，这种安排使 SQL Server 能充分利用操作系统所提供的特性，无论是应用程序开发速度还是系统事务处理运行速度，都能得到较大的提升。另外，SQL Server 可以借助浏览器实现数据库查询功能，并支持内容丰富的扩展标记语言（XML），提供了全面支持 Web 功能的数据库解决方案。对于在 Windows 平台上开发的各种企业级信息管理系统来说，无论是 C/S（客户机/服务器）架构还是 B/S（浏览器/服务器）架构，SQL Server

都是一个很好的选择。SQL Server 的缺点是只能在 Windows 系统下运行。现使用较多的版本是微软公司于 2008 年推出的 SQL Server 2008。

（3）Oracle

Oracle 是美国 Oracle（甲骨文）公司开发的大型关系数据库管理系统，面向大型数据库应用。在集群技术、高可用性、商业智能、安全性、系统管理等方面都有了新的突破，是一个完整的、简单的、新一代智能化的、协作各种应用的软件基础平台。

Oracle 数据库被认为是业界目前比较成功的关系型数据库管理系统。对于数据量大、事务处理繁忙、安全性要求高的企业，Oracle 无疑是比较理想的选择（当然用户必须在费用方面做出充足的考虑，因为 Oracle 数据库在同类产品中是比较贵的）。随着 Internet 的普及，带动了网络经济的发展，Oracle 适时地将自己的产品紧密地和网络计算结合起来，成为在 Internet 应用领域数据库厂商的佼佼者。Oracle 数据库可以运行在 UNIX、Windows 等主流操作系统平台，完全支持所有的工业标准，并获得最高级别的 ISO 标准安全性认证。Oracle 采用完全开放策略，可以使客户选择最适合的解决方案，同时对开发商提供全力支持。

2007 年，Oracle 在数据库市场依然保持着强劲的势头，占据了数据库领域 48.6% 的市场份额。作为数据库软件市场的领跑者，Oracle 数据库自 2007 年 7 月份推出了 11g 版本以来，在整个 2008 年最大的亮点是在 9 月下旬在旧金山举办的甲骨文全球大会上宣布了与云计算服务商展开更多的合作。同时在 2008 年 OOW（Oracle Open World）上强势推出的跟 HP 合作的 HP Oracle Exadata Storage Server 也颇为引人瞩目，被称为"世界上最快的数据库机器"。

（4）MySQL

MySQL 是一个小型关系型数据库管理系统，是免费的，是开放源码软件。开发者为瑞典 MySQL AB 公司。目前 MySQL 被广泛地应用在 Internet 上的中小型网站中。由于其体积小、速度快、总体拥有成本低，尤其是开放源码这一特点，许多中小型网站为了降低网站总体拥有成本而选择了 MySQL 作为网站数据库。MySQL 的官方网站的网址是：www.mysql.com。

与其他的大型数据库例如 Oracle、DB2、SQL Server 等相比，MySQL 自有它的不足之处，如规模小、功能有限（MySQL Cluster 的功能和效率都相对比较差）等，但是这丝毫也没有减少它受欢迎的程度。对于一般的个人使用者和中小型企业来说，MySQL 提供的功能已经绰绰有余，而且由于 MySQL 是开放源码软件，因此可以大大降低总体拥有成本。目前 Internet 上流行的网站构架方式是 LAMP（Linux+Apache+MySQL+PHP），即使用 Linux 作为操作系统，Apache 作为 Web 服务器，MySQL 作为数据库，PHP 作为服务器端脚本解释器。由于这四个软件都是自由或开放源码软件，因此使用这种方式不用花一分钱就可以建立起一个稳定、免费的网站系统。

（5）Sybase

Sybase 是美国 Sybase 公司研制的一种关系型数据库系统，是一种典型的 UNIX 或 Windows NT 平台上客户机/服务器环境下的大型数据库系统。Sybase 提供了一套应用程序编程接口和库，可以与非 Sybase 数据源及服务器集成，允许在多个数据库之间复制数据，适于创建多层应用。系统具有完备的触发器、存储过程、规则以及完整性定义，支持优化查询，具有较好的数据安全性。Sybase 通常与 Sybase SQL Anywhere 用于客户机/服务器环境，前者作为服务器数据库，后者作为客户机数据库，采用该公司研制的 PowerBuilder 为开发工具，在我国大中型系统中具有广泛的应用。

SYBASE 主要有三种版本，一是 UNIX 操作系统下运行的版本，二是 Novell Netware 环境下运行的版本，三是 Windows NT 环境下运行的版本。

任务总结

目前常用的数据库管理系统较多，它们各有优点，适合于不同级别的系统。同学们可以到书店或网上搜集相关资料，进行学习。

任务 2　安装 SQL Server 2008

任务提出

SQL Server 是微软公司开发的数据库管理系统，其使用界面友好，操作方便。而正确地安装和配置 SQL Server 2008 是保证其安全、健壮、高效运行的基础。

任务分析

SQL Server 系统由 4 个部分组成：数据库引擎、Analysis Services、Reporting Services 和 Integration Services，这 4 个部分被称为 4 个服务。通过选择不同的服务器类型，来完成不同的数据库操作。在安装 SQL Server 之前我们先来了解一下这 4 个服务。

相关知识与技能

1. 数据库引擎

数据库引擎是 SQL Server 2008 系统的核心服务，它是存储和处理关系数据和 XML 文档数据的服务，负责完成数据的存储、处理和安全管理。例如：创建数据库、创建表、执行各种数据查询、访问数据库等操作都是由数据库引擎完成的。在大多数情况下，使用数据库系统实际上就是使用数据库引擎。

2. Analysis Services

Analysis Services 的主要作用是通过服务器和客户端技术的组合提供联机分析处理（Online Analytical Processing，OLAP）和数据挖掘功能。使用 Analysis Services，用户可以设计、创建和管理包含来自于其他数据源的多维结构，通过对多维数据进行多角度的分析，可以使管理人员对业务数据有更全面的理解。另外，通过使用 Analysis Services，用户可以完成数据挖掘模型的构造和应用，实现知识的实现、表示和管理。

相对联机分析处理（OLAP）来说，OLTP (Online Transaction Processing，联机事务

处理)是由数据库引擎负责完成的。OLTP 是面向顾客的，用于事务和查询处理；而 OLAP 是面向市场的，用于数据分析。

3. Reporting Services

Reporting Services 为用户提供了支持 Web 的企业级的报表功能。通过使用 SQL Server 2008 系统提供的报表服务，用户可以方便地定义和发布满足自己需求的报表。无论是报表的局部格式，还是报表的数据源，用户都可以轻松地实现，这种服务极大地便利了企业的管理工作，满足了管理人员高效、规范的管理需求。

4. Integration Services

Integration Services 是一个数据集成平台，可以完成有关数据的提取、转换、加载等。例如，对于 Analysis Services 来说，数据库引擎是一个重要的数据源，而如何将数据源中的数据经过适当的处理加载到 Analysis Services 中以便进行各种分析处理，这正是 Integration Services 所要解决的问题。重要的是 Integration Services 可以高效地处理各种各样的数据源，除了 SQL Server 数据之外，还可以处理 Oracle、Excel、XML 文档、文本文件等数据源中的数据。

任务实施

1. 安装 SQL Server 2008

与 SQL Server 2005 安装过程相比，SQL Server 2008 拥有全新的安装体验，新的安装过程代替了之前的 SQL Server 2005 安装过程。SQL Server 2008 使用安装中心将计划、安装、维护、工具和资源都集成在了一个统一的页面，开始安装时 SQL Server 2008 的 SQL Server 安装中心窗口如图 1-4 所示。

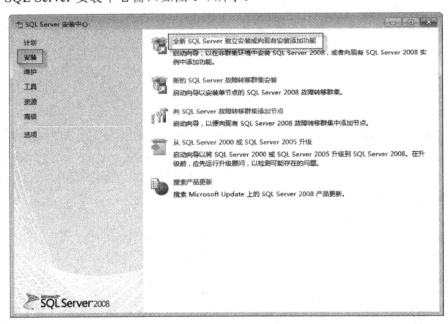

图 1-4 "SQL Server 安装中心"窗口

安装过程中，首先检查当前计算机是否符合安装规则，如图 1-5 所示。

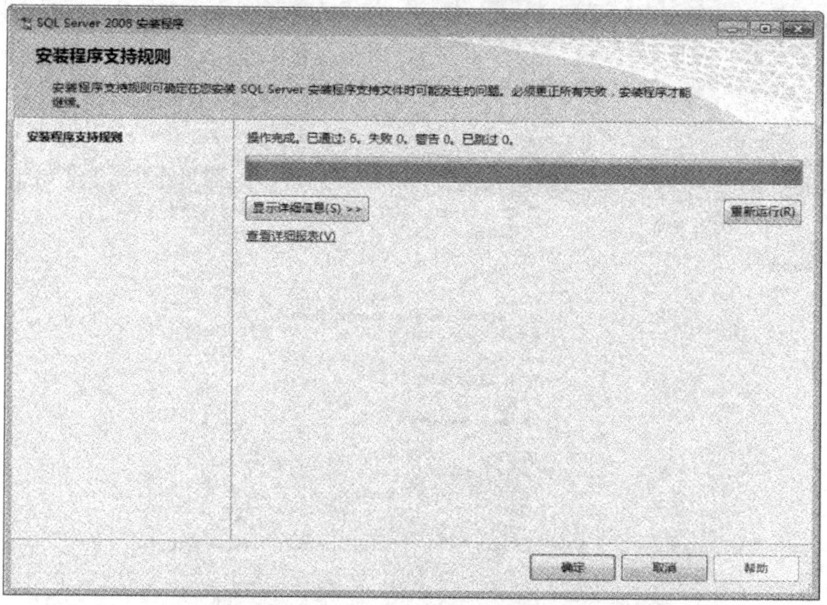

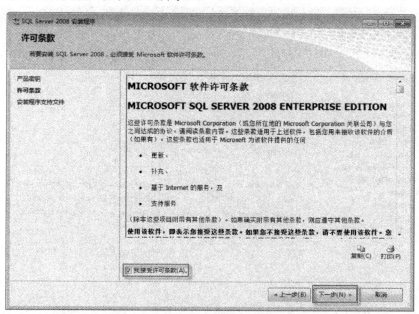

图 1-5 检查安装程序支持规则

检查安装程序支持规则后，继续安装。首先要选择安装的版本，然后显示要安装 SQL Server 2008 必须接受的软件许可条款。选中"我接受许可条款"复选框后，单击"下一步"按钮继续安装，如图 1-6 所示。

图 1-6 接受软件许可条款

进入"功能选择"窗口，从"功能"区域中选择要安装的组件。用户可以选中任意一些复选框，这里建议为全选，如图 1-7 所示。单击"下一步"按钮继续。

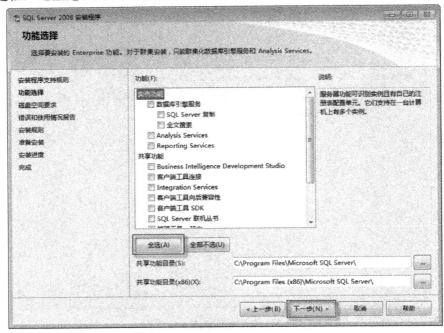

图 1-7　功能选择

接下来需要指定的是要安装默认实例还是命名实例。如果选择命名实例还需要指定实例名称，如图 1-8 所示。一般第一次安装 SQL Server 会选择默认实例。

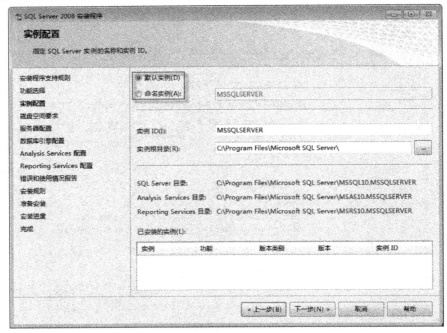

图 1-8　实例配置

　　单击"下一步"按钮后进入"服务器配置"窗口，在"服务账户"选项卡中为每个 SQL Server 服务单独配置用户名、密码以及启动类型。

　　对于初学者来说，建议选择"对所有 SQL Server 服务使用相同的账户"，如图 1-9 所示。

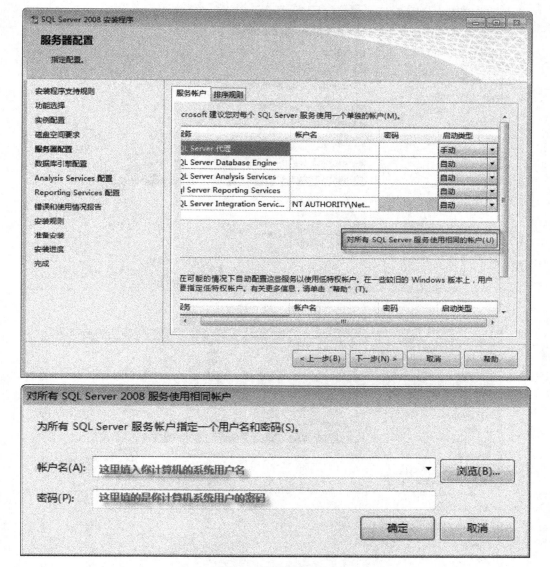

图 1-9　服务器配置

　　在数据库引擎配置窗口中，账户设置建议可先选择 Windows 身份验证模式。安装完成后再根据需要修改为混合模式，如图 1-10 所示。

　　在如图 1-11 所示窗口中，选择"添加当前用户"。在如图 1-12 所示窗口中，选择"安装本机模式默认配置"。接下来就是根据提示耐心操作就可以了。

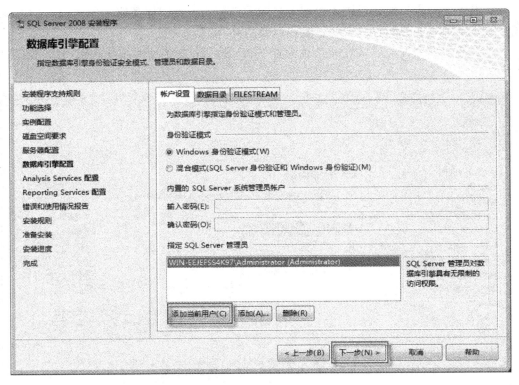

图 1-10　账户配置

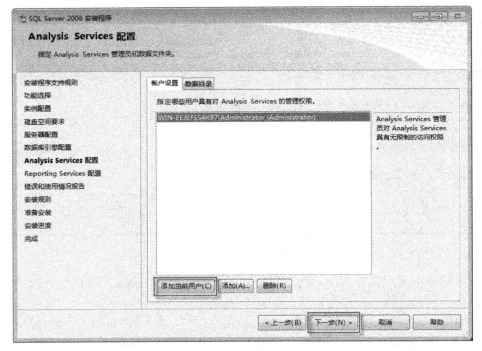

图 1-11　Analysis Services 配置

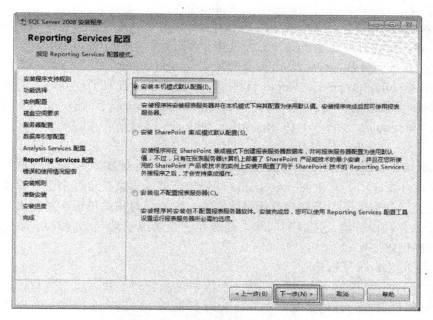

图 1-12   Reporting Services 配置

任务总结

安装 SQL Server 2008 之前须了解它的版本及软硬件需求，在安装过程中仔细选择相关选项。如果在安装过程中遇到错误，可到网上搜索解决办法。

任务 3　手工启动和连接 SQL Server 服务器

任务提出

只有 SQL Server 的服务器正常启动后，客户端才能连接到服务器，用户才能执行相应的操作。所以，使用 SQL Server 2008 的第一步是启动 SQL Server 的服务。

任务分析

在安装 SQL Server 时，一般将 SQL Server 的服务选择为安装结束时启动，为了减少服务器的系统开销，可将 SQL Server 2008 服务设置为"手工启动"。

本任务先了解 SQL Server 2008 常用管理工具，然后进行设置服务启动模式。

相关知识与技能

1．SQL Server 2008 的常用管理工具

（1）SQL Server Management Studio（简称 SSMS）

SQL Server Management Studio 是一个集成环境，用于访问、配置、管理和开发

SQL Server 的所有组件。SQL Server Management Studio 组合了大量图形工具和丰富的脚本编辑器，使各种技术水平的开发人员和管理员都能访问 SQL Server。

（2）SQL Server Business Intelligence Development Studio

Business Intelligence Development Studio（商业智能开发平台）是用于开发商业智能构造(如多维数据集、数据源、报告和 Integration Services 软件包)、开发包括 Analysis Services、Integration Services 和 Reporting Services 等项目在内的商业解决方案的主要环境。

Business Intelligence Development Studio 是 SQL Server 2008 服务器管理和业务对象创建的集成环境之一，这个 Visual Studio 环境使用解决方案和项目来进行管理和组织。每个项目类型都提供了用于创建商业智能解决方案所需对象的模板，并提供了用于处理这些对象的各种设计器、工具和向导，还提供完全集成的源代码管理功能(要求安装源代码管理提供程序)。

（3）SQL Server 分析器

SQL Server 分析器（Profiler）是一个图形化的管理工具，用于监督、记录和检查 SQL Server 数据库的使用情况。对系统管理员来说，它是一个连续实时地捕获用户活动情况的间谍。可以通过多种方法启动 SQL Server Profiler，以支持在各种情况下收集跟踪输出。

SQL Server Profiler 主要应用于下列操作：

- 逐步分析有问题的查询，以找到问题的原因。
- 查找并诊断运行慢的查询。
- 捕获导致某个问题的一系列 Transact-SQL 语句，用所保存的跟踪在某台测试服务器上复制此问题，接着在该测试服务器上诊断问题。
- 监视 SQL Server 的性能，以优化工作负荷，使性能计数器与诊断问题关联。
- SQL Server Profiler 还支持对 SQL Server 实例上执行的操作进行审核。审核并记录与安全相关的操作，供安全管理员以后复查。

（4）数据库引擎优化顾问

企业数据库系统的性能依赖于组成这些系统的数据库中物理设计结构的有效配置。这些物理设计结构包括索引、聚集索引、索引视图和分区，其目的在于提高数据库的性能和可管理性。SQL Server 2008 提供了数据库引擎优化顾问，这是分析一个或多个数据库上工作负荷的性能效果的工具。

数据库引擎优化顾问的主要功能包括：

- 通过使用查询优化器分析工作负荷中的查询，推荐数据库的最佳索引组合。
- 为工作负荷中引用的数据库推荐对齐分区或非对齐分区。
- 推荐工作负荷中引用数据库的索引视图。
- 分析所建议的更改将会产生的影响，包括索引的使用、查询在表之间的分布以及查询在工作负荷中的性能。
- 推荐为执行一个小型的问题查询集，而对数据库进行优化的方法。
- 允许通过指定磁盘空间约束等高级选项对推荐进行自定义。
- 针对工作负荷建议的执行效果提供汇总报告。

- 考虑备选方案，即以假定配置的形式提供可能的设计结构方案，供数据库引擎优化顾问进行评估等。

（5）分析服务

Microsoft SQL Server 2008 Analysis Services (SSAS) 为商业智能应用程序提供联机分析处理（OLAP）和数据挖掘功能。Analysis Services 允许设计、创建和管理包含从其他数据源（如关系数据库）聚合的数据的多维结构，以实现对 OLAP 的支持。对于数据挖掘应用程序，分析服务允许设计、创建和可视化处理那些通过使用各种行业标准数据挖掘算法，并根据其他数据源构造出来的数据挖掘模型。

（6）SQL Server 配置管理器

SQL Server 2008 配置管理器是一个用于管理与 SQL Server 相关联的服务、配置 SQL Server 使用的网络协议以及从 SQL Server 客户端计算机管理网络连接配置的工具。

SQL Server 2008 配置管理器集成了 SQL Server 2000 的服务器网络实用工具、客户端网络实用工具和服务管理器的功能。

（7）SQL Server 文档和教程

SQL Server 2008 提供了大量的联机帮助文档（Books Online），它具有索引和全文搜索能力，可根据关键词来快速查找用户所需信息。

任务实施

1. 设置服务器启动模式

设置服务器启动方式的具体步骤如下：

（1）在"开始"菜单上，选择"所有程序"→Microsoft SQL Server 2008→"配置工具"→"SQL Server 配置管理器"命令，如图 1-13 所示。打开如图 1-14 所示的"配置管理器"窗口。

图 1-13 选择"SQL Server 配置管理器"命令

图 1-14　"配置管理器"窗口

（2）如图 1-14 所示，在 SQL Server 配置管理器中，展开"SQL Server 服务"，在窗体右部区域，右击"SQL Server（MSSQLSERVER）"，在弹出的快捷菜单中选择"属性"命令，打开"SQL Server 属性"对话框，如图 1-15 所示。

图 1-15　"SQL Server 属性"对话框

（3）在如图 1-15 所示的"SQL Server 属性"对话框中，选择"服务"选项卡，在"启动模式"下拉列表框中有"自动"、"已禁用"和"手动"3 个选项。如选择"自动"选项，系统就会自动启动该服务。如选择"手动"选项，该服务就需要手动启动。

2. 手动启动、暂停、停止 SQL Server 服务器

将 SQL Server 服务设为手动后，就需要每次在使用 SQL Server 前先手动启动 SQL Server 服务。

（1）在"开始"菜单上，选择"所有程序"→Microsoft SQL Server 2008→"配置工具"→"SQL Server 配置管理器"命令，如图 1-13 所示。打开如图 1-14 所示的"配置管理器"窗口。

（2）在 SQL Server 配置管理器中，展开"SQL Server 服务"，在窗体右部区域，右击"SQL Server（MSSQLSERVER）"，在弹出的快捷菜单中选择"启动"命令，即可启动 SQL Server 服务。在弹出的快捷菜单中还有"停止"、"暂停"、"恢复"、"重新启动"服务等相关命令。

3. 连接 SQL Server 服务器

使用 SQL Server Management Studio（简称 SSMS）可以连接多个 SQL Server 服务器。

（1）在"开始"菜单上，选择"所有程序"→"Microsoft SQL Server 2008"→"SQL Server Management Studio"命令，打开"连接到服务器"对话框，如图 1-16 所示。

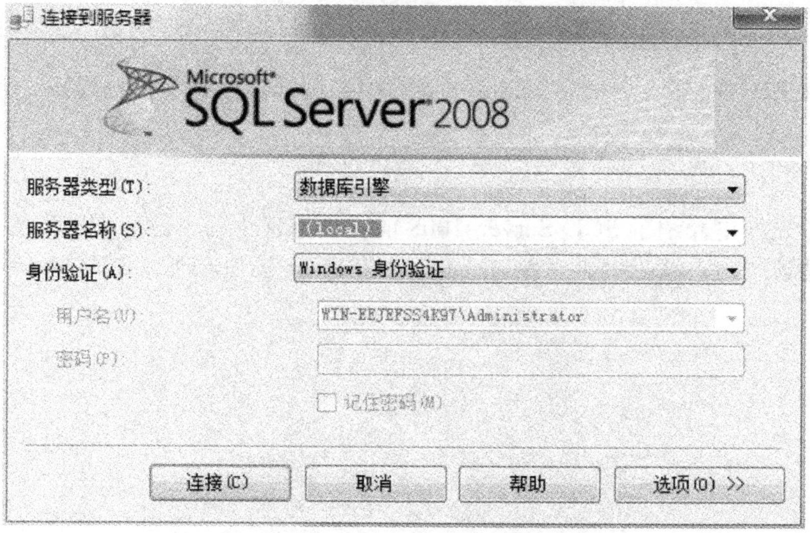

图 1-16 "连接到服务器"对话框

（2）在"连接到服务器"对话框中，服务器类型中选择"数据库引擎"，服务器名称中输入服务器名称，若是本机默认实例，输入本机计算机名称，也可以输入"(local)"或"localhost"来连接本机的 SQL Server 默认实例。

"身份验证"可选择"Windows 身份验证"。（也可使用"SQL Server 身份验证"，如果使用 SQL Server 身份验证，必须输入登录名和密码，登录名可使用"sa"。但在使用"SQL Server 身份验证"前，必须要保证 SQL Server 的身份验证模式是混合模式。

具体会在数据库安全性中讲解。）

单击"连接"按钮进行连接，连接后打开"SQL Server Management Studio"主界面，其截图如图 1-17 所示。

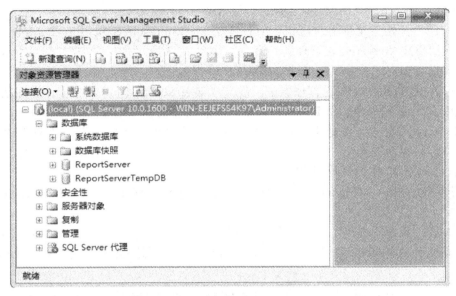

图 1-17 "SQL Server Management Studio"主界面截图

在 SQL Server Management Studio 主界面中可进行数据库的各种操作。

任务总结

本任务先简单介绍了 SQL Server 2008 的常用管理工具，然后在配置管理器中设置服务器启动模式，手动启动、暂停、停止 SQL Server 服务，连接 SQL Server 服务器。

单元 2　设计数据库

　　学生信息管理是高校学生管理工作的重要组成部分，是一项十分细致复杂的工作。随着计算机网络的发展和普及，学生信息管理网络化已成为当今发展潮流。长期以来，学生信息管理一直采用手工方式进行，劳动强度大，工作效率低，极易出差错，不便于查询、分类、汇总和对数据信息进行科学分析，所以迫切需要一套学生信息管理系统。

　　学生信息管理系统涉及学生从入学到毕业离校的整个过程中管理的方方面面，主要包括学生成绩管理、学生住宿管理、学生助贷管理、学生任职管理、学生考勤管理、学生奖惩管理、学生就业管理等子系统。

　　本教材教学案例和课堂练习采用学生信息管理系统中的学生成绩管理子系统，拓展练习采用学生住宿管理子系统，其他子系统可作为课程实训项目。

　　为了得到一个效率高、质量优的数据库系统，就要进行周密的数据库设计。早期的数据库设计主要取决于设计者的经验，质量难以保证，对应用的需要难以满足，同时维护成本也比较高。现在，数据库的设计已经是一项涉及多种学科的综合性技术，数据库设计是一个软件开发中不可缺少的部分。

　　本单元介绍学生成绩管理系统和学生住宿管理系统的数据库设计，包含的学习任务和单元学习目标具体如下。

学习任务

- 任务 1　需求分析
- 任务 2　设计数据库
- 任务 3　确定表名和属性名
- 任务 4　选取字段数据类型

学习目标

- 理解学生成绩管理系统和学生住宿管理系统的需求分析和关系模型
- 理解 SQL Server 支持的常用数据类型
- 能结合实际需求为表中字段选取合适数据类型

任务 1 需求分析

进行数据库设计首先必须明确了解与分析用户需求（包括数据与处理），需求分析的结果是否准确地反映了用户的实际要求，将直接影响到后面各个阶段的设计，并影响到设计结果是否合理和实用。

本任务要求完成学生成绩管理系统和学生住宿管理系统的数据库需求分析。

需求分析是整个数据库设计中最困难的一步，对于初学者较难实施。同时考虑到需求分析的具体介绍会在后续课程安排，这里简单介绍，并简单给出学生成绩管理系统和学生住宿管理系统的数据库需求分析结果。

该任务要求学生仔细阅读给出的简单需求分析文档，并在课后调查所在学校的实际学生管理情况，结合学校实际情况分析理解。

1. 需求分析的主要任务

需求分析的主要任务是调查、收集与分析用户在数据管理中的信息要求、处理要求、安全性与完整性要求。信息要求是指用户需要从数据库中获得信息的内容。由用户的信息要求可以导出数据要求，即在数据库中需要存储哪些数据。处理要求是指用户要求完成什么处理功能，系统的功能必须能够满足用户的信息要求、处理要求、安全性与完整性要求。

2. 需求分析的过程

需求分析的过程大致分为 3 步：需求调查、分析整理、修改完善。

第 1 步，需求调查。进行需求分析首先要调查清楚用户的实际需求，通过跟班作业、开调查会、请专人介绍等方式调查组织机构情况、业务活动情况，明确信息要求、处理要求、安全性与完整性要求等。

第 2 步，分析整理。通过调查了解了用户需求后，还需要将调查来的信息进行分析、整理形成规范的文档。分析和表达用户需求的方法主要包括自顶向下和自底向上两类方法。其中自顶向下的结构化分析方法较简单通用，该方法使用数据流图和数据字典来描述分析结果。

第 3 步，修改完善。通过让专家、主管负责人评审，向用户解释等方法，发现存在的疏漏和错误，进行修改完善。

任务实施

1．学生成绩管理系统的数据库需求分析

学生成绩管理是学生信息管理的重要一部分，也是学校教学工作的重要组成部分。学生成绩管理系统的开发能大大地减轻教务管理人员和教师的工作量，同时能使学生及时了解选修课程成绩。该系统主要包括学生信息管理、课程信息管理、成绩管理等，具体功能如下：

（1）完成数据的录入和修改，并提交数据库保存。其中的数据包括班级信息、学生信息、课程信息、学生成绩等。

班级信息包括班级编号、班级名称、学生所在的学院名称、专业名称、入学年份等。学生信息包括学生的学号、姓名、性别、出生年月等。课程信息包括课程编号、课程名称、课程的学分、课程学时等。各课程成绩包括各门课程的平时成绩、期末成绩、总评成绩等。

（2）实现基本信息的查询。包括班级信息的查询、学生信息的查询、课程信息的查询和成绩的查询等。

（3）实现信息的查询统计。主要包括各班学生信息的统计、学生选修课程情况的统计、开设课程的统计、各课程成绩的统计、学生成绩的统计等。

2．学生住宿管理系统的数据库需求分析

学生的住宿管理面对大量的数据信息，要简化烦琐的工作模式，使管理更趋合理化和科学化，就必须运用计算机管理信息系统，以节省大量的人力和物力，避免大量重复性的工作。该系统主要包括学生信息管理、宿舍管理、学生入住管理、宿舍卫生管理等。具体功能如下：

（1）完成数据的录入和修改，并提交数据库保存。其中的数据包括班级信息、学生信息、宿舍信息、入住信息、卫生检查信息等。

班级信息包括班级编号、班级名称、学生所在的学院名称、专业名称、入学年份等。学生信息包括学生的学号、姓名、性别、出生年月等。宿舍信息包括宿舍所在的楼栋、所在楼层、房间号、总床位数、宿舍类别、宿舍电话等。入住信息包括入住的宿舍、床位、入住日期、离开宿舍时间等。卫生检查信息包括检查的宿舍、检查时间、检查人员、检查成绩、存在的问题等。

（2）实现基本信息的查询。包括班级信息的查询、学生信息的查询、宿舍信息的查询、入住信息的查询和宿舍卫生情况等。

（3）实现信息的查询统计。主要包括各班学生信息的统计、学生住宿情况的统计、各班宿舍情况统计、宿舍入住情况统计、宿舍卫生情况统计等。

任务总结

需求分析是整个数据库设计的第一步，主要任务是调查、收集与分析用户在数据管理中的信息要求、处理要求、安全性与完整性要求。

考虑到大家是初学者，以前没有学习过数据库设计开发相关知识，所以设计的系统案例较简单，使得大家容易入手。学习者可从本校实际学生管理情况出发对系统案例进行扩充。

任务 2　设计数据库

任务提出

在需求分析阶段，数据库设计人员充分调查并描述了用户的数据和处理需求，但这些需求还是现实世界的具体需求，要某一 DBMS 实现用户的这些需求，需进行数据库设计，将现实世界的具体需求抽象为信息世界的结构并转化为相应的数据模型。

本任务要求完成学生成绩管理系统和学生住宿管理系统的数据库设计。

任务分析

进行数据库设计，须先理解数据库设计相关知识及关系数据库基本概念。考虑到数据库设计内容对于初学者来说较难理解，这里简要介绍，具体放在下学期详细讲解。

相关知识与技能

1.　数据库设计阶段

数据库设计共包含三个阶段，分别为概念结构设计阶段、逻辑结构设计阶段、数据库物理设计阶段。

（1）概念结构设计阶段

该阶段是整个数据库设计的关键，任务是通过对用户需求进行综合、归纳与抽象，形成一个独立于具体 DBMS 的概念模型。表示概念模型最常用的是实体-联系方法(E-R方法)，用 E-R 图来描述现实世界的概念模型。

（2）逻辑结构设计阶段

该阶段的任务是将概念结构转换为某个 DBMS 所支持的数据模型，并对其进行优化。现通用的数据模型是关系模型，即将概念结构设计阶段的 E-R 模型转换为关系模型。

（3）数据库物理设计阶段

该阶段的任务是为逻辑数据模型选取一个最合适应用环境的物理结构。

2.　数据模型

（1）为什么要建立数据模型

用计算机处理现实世界中的具体事物，往往须先用数据模型这个工具来抽象、表示现实世界中的数据和信息。

为什么要建立数据模型呢？首先，正如盖大楼的设计图一样，数据模型可使所有的项目参与者都有一个共同的数据标准；其次，数据模型可以避免出现问题再解决（边干边改的方式）；第三，数据模型的使用可以及早发现问题；最后，可以加快开发速度。

数据模型是连接客观信息世界和数据库系统数据逻辑组织的桥梁，也是数据库设计人员与用户之间进行交流的基础。

（2）数据模型的分类

数据模型分为两个不同的层次。

1）概念数据模型

简称概念模型，是面向数据库用户的现实世界的数据模型，主要用于描述现实世界的概念化结构，与具体的 DBMS 无关。概念数据模型必须转换成逻辑数据模型，才能在 DBMS 中实现。

2）逻辑数据模型

逻辑数据模型是用户从数据库所看到的数据模型，是具体的 DBMS 所支持的数据模型，有层次模型、网状模型、关系模型、面向对象模型等。其中出现最早的是层次模型，而关系模型是目前最重要的一种模型。

（3）数据模型的三要素

数据模型的组成要素有数据结构、数据操作、数据完整性约束。

1）数据结构

数据结构是对系统静态特性的描述，是对象类型的集合，包括与数据类型、内容、性质有关的对象，与数据之间联系有关的对象。

在数据库系统中，通常按照其数据结构的类型来命名数据模型，如层次结构、网状结构、关系结构的数据模型分别是层次模型、网状模型、关系模型。

2）数据操作

数据操作是指对数据库中各种数据对象允许执行的操作的集合，包括操作及有关的规则。操作主要指检索和更新（插入、删除、修改）两类操作。

3）数据完整性约束

数据完整性约束是一组完整性规则的集合，是给定的数据模型中数据及其联系所具有的制约和储存规则，用以限定符合数据模型的数据库状态以及状态的变化，以保证数据的正确、有效和相容。

（4）关系模型

关系模型是目前最重要的一种数据模型，也是目前主要采用的数据模型。该模型在 1970 年由美国 IBM 公司 San Jose 研究室的研究员 E.F.Codd 提出。

1）关系模型的数据结构

关系模型中数据的逻辑结构是一张二维表，称为关系，它由行和列组成。

2）关系模型的数据操作

操作主要包括查询、插入、删除、更新（修改）。数据操作是集合操作，操作对象和操作结果都是关系，即若干元组的集合。

3）关系模型的数据完整性约束

包括实体完整性、参照完整性和用户定义的完整性，具体在单元 4 的任务 2 中介绍。

3．关系数据库基本概念

关系：一个关系对应于一张二维表，这个二维表是指含有有限个不重复行的二维表，如图 2-1 所示。

字段（属性）

字段

学号	姓名	性别	出生年月
200931010100101	倪骏	男	1991-7-5 ← 记录（元组）
200931010100102	陈国成	男	1992-7-18
200931010100207	王康俊	女	1991-12-1
200931010100208	叶毅	男	1991-1-20
200931010100321	陈虹	女	1990-3-27
200931010100322	江苹	女	1990-5-4
200931010190118	张小芬	女	1991-5-24
200931010190119	林芳	女	1991-9-8

图 2-1　关系

字段（属性）：二维表（关系）的每一列称为一个字段（属性），每一列的标题称为字段名（属性名）。例如，图 2-1 所示的表中包含 4 个字段，其中字段名有学号、姓名、性别、出生年月。

记录（元组）：二维表（关系）的每一行称为一条记录（元组），记录由若干个相关属性值组成。例如，图 2-1 所示的表中，第一条记录中各属性值为‘200931010100101’、‘倪骏’、‘男’、‘1991-7-5’。

关系模式：是对关系的描述。一般表示为：关系名（属性名 1，属性名 2，…，属性名 n）。例如，学生（学号，姓名，性别，出生年月）。

关系数据库：数据以“关系”的形式即表的形式存储的数据库。在关系数据库中，信息存放在二维表（关系）中，一个关系数据库可包含多个表。

RDBMS：关系型数据库管理系统的简称，目前常用的数据库管理系统如 SQL Server 等都是 RDBMS。

4．关系的性质

（1）关系的每一个分量都必须是不可再分的数据项

满足此条件的关系称为规范化关系，否则称为非规范化关系。

例如，一个人的英文名字可以分为姓和名，因此，我们经常看到如下学生信息，如表 2-1 所示。

表 2-1　学生信息表

Sno	Name		Sex
	FirstName	LastName	
200931010100101	Jun	Ni	男
200931010100102	Guochen	Chen	男
200931010100207	Kangjun	Wang	女

在表 2-1 中，Name 含有 FirstName 和 LastName 两项，出现了"表中有表"的现象，为非规范化关系。可将 Name 分成 FirstName 和 LastName 两列，将其规范化，则变为规范化的关系，如表 2-2 所示。

表 2-2　规范化后的学生信息表

Sno	FirstName	LastName	Sex
200931010100101	Jun	Ni	男
200931010100102	Guochen	Chen	男
200931010100207	Kangjun	Wang	女

（2）关系中每一列中的值必须是同一类型的

如图 2-1 所示的关系中，姓名列的值都为字符类型，而出生年月列的值都为日期时间类型。

（3）不同列中的值可以是同一类型，不同的属性列应有不同的属性名

在同一个表中，属性列的属性名不能相同。

（4）列的顺序无所谓

在关系中，列（字段）的次序可以任意交换，没有先后顺序，例如，可把表 2-2 中列的次序任意交换，如表 2-3 所示。

表 2-3　关系（学生）

FirstName	LastName	Sno	Sex
Jun	Ni	200931010100101	男
Guochen	Chen	200931010100102	男
Kangjun	Wang	200931010100207	女

（5）行的顺序无所谓

在关系中，行（元组）的次序可以任意交换。

（6）任意两个元组不能完全相同

任务实施

1. 学生成绩管理系统的数据库设计

学生成绩管理系统数据库的关系模型由 4 个关系模式组成，分别如下：

➤ 班级（班级编号，班级名称，所在学院，所属专业，入学年份）；

➤ 学生（学号，姓名，性别，出生年月，班级编号）；

➤ 课程（课程编号，课程名称，课程学分，课程学时）；

➤ 成绩（学号，课程编号，平时成绩，期末成绩）。

2. 学生住宿管理系统的数据库设计

学生住宿管理系统数据库的关系模型由 5 个关系模式组成，分别如下：

> 班级（班级编号，班级名称，所在学院，所属专业，入学年份）；
> 学生（学号，姓名，性别，出生年月，班级编号）；
> 宿舍（宿舍编号，楼栋，楼层，房间号，总床位数，宿舍类别，宿舍电话）；
> 入住（学号，宿舍编号，床位号，入住日期，离寝日期）；
> 卫生检查（检查号，宿舍编号，检查时间，检查人员，成绩，存在问题）。

任务总结

数据库需求分析阶段的主要任务是确定在数据库中存储哪些数据，而数据库设计阶段的主要任务是将需要的数据合理组织存储到数据库中。

任务3 确定表名和属性名

任务提出

数据库各关系模式确定后，并不能直接进行数据库实施，须先根据命名规范确定各关系的表名和属性名，然后根据实际需求为各属性选取合适数据类型，根据数据完整性要求定义各关系的完整性约束。

本任务要求确定学生成绩管理系统和学生住宿管理系统中各关系的表名和属性名。

任务分析

表名和属性名的命名不能随心所欲，应规范命名。因为在数据库的开发和使用过程中涉及很多人员，如果随意命名，不易沟通而且容易出错。

本任务先了解常见的命名规范，然后选择通用的命名规范来进行命名。

相关知识与技能

1. 常见的命名规范

表 2-4 列出了常见的命名规范。

表 2-4 常见的命名规范

命名标准	例　子	描　述
Pascal Case（帕斯卡法）	CustomerFirstName	所有单词的首字母都是大写，直接连接在一起，中间不使用分隔符
Camel Case（骆驼法）	CustomerFirstName	除了第一个单词以外的其他单词的首字母都是大写，其他字符都是小写。这个标准通常用于 XML 元素名，在数据库对象命名中不常见
Hungarian Notation（匈牙利法）	vcCustomerFirstName mstrCustomerFirstName	对象带有代表数据类型或范围的前缀。这个标准常用于程序代码中，而不是数据库对象命名中

续表

命名标准	例子	描述
Lower-case,delimited（带分隔符的小写法）	customer_first_name	从遗留的不支持混合大小写的数据库产品而来的标准，由于向后兼容的要求与传统观点的存在，仍旧被普遍使用
Long Names（长名字法）	Customer First Name	在 Microsoft 的产品中推广，如 Access。具有易读的优点，但是通常不同于严肃的软件解决方案中。与相关的程序代码不兼容

2. Pascal Case（帕斯卡法）

在实际应用中，常使用 Pascal Case 命名方法，它使用大小写混合的单词，将每个单词的首字母大写，然后把它们连接在一起，中间不使用分隔符。本书案例的命名规范采用 Pascal Case。

命名的单词一般采用英文单词或英文单词的缩写，应尽量避免使用拼音命名，英文单词来自于具体业务定义，要尽量表达清楚含义。

任务实施

1. **确定学生成绩管理系统数据库中的表名和属性名**

（1）班级（班级编号，班级名称，所在学院，所属专业，入学年份）

Class（ClassNo，ClassName，College，Specialty，EnterYear）

（2）学生（学号，姓名，性别，出生年月，班级编号）

Student（Sno，Sname，Sex，Birth，ClassNo）

（3）课程（课程编号，课程名称，课程学分，课程学时）

Course（Cno，Cname，Credit，ClassHour）

（4）成绩（学号，课程编号，平时成绩，期末成绩）

Score（Sno，Cno，Uscore，EndScore）

2. **确定学生住宿管理系统数据库中的表名和属性名**

（1）班级（班级编号，班级名称，所在学院，所属专业，入学年份）

Class（ClassNo，ClassName，College，Specialty，EnterYear）

（2）学生（学号，姓名，性别，出生年月，班级编号）

Student（Sno，Sname，Sex，Birth，ClassNo）

（3）宿舍（宿舍编号，楼栋，楼层，房间号，总床位数，宿舍类别，宿舍电话）

Dorm（DormNo，Build，Storey，RoomNo，BedsNum，DormType，Tel）

（4）入住（学号，宿舍编号，床位号，入住日期，离寝日期）

Live（Sno，DormNo，BedNo，InDate，OutDate）

（5）卫生检查（检查号，宿舍编号，检查时间，检查人员，检查成绩，存在问题）

CheckHealth（CheckNo，DormNo，CheckDate，CheckMan，Score，Problem）

任务总结

表名和属性名必须按照命名规范来命名，切忌使用中文汉字命名。

任务 4   选取字段数据类型

任务提出

关系模型设计好后，接下来的工作是要根据实际采用的 DBMS 为各关系中的属性（字段）选取合适数据类型，以保证数据能存储到各关系中。

本任务要求为学生成绩管理系统和学生住宿管理系统的各关系中的属性选取合适数据类型。

任务分析

不同的 DBMS 所支持的数据类型并不完全相同，而且与标准的 SQL 也有一定差异。本书采用的 DBMS 为 SQL Server 2008。为字段选取数据类型须先理解 SQL Server 2008 支持的常用数据类型，然后根据实际需求为各关系字段选取合适数据类型。

相关知识与技能

SQL Server 2008 支持的常用数据类型有数值型、字符型、日期时间型和货币型。

1. 数值型数据类型

数值型数据包括整型、定点小数型和浮点型。定点小数型能精确指定小数点两边的位数，而浮点型只能近似地表示。表 2-5 列出了 SQL Server 支持的整型数据类型，表 2-6 列出了定点小数型数值类型，表 2-7 列出了浮点型数值类型。

表 2-5   整型数据类型

数据类型	数据范围	占用字节数
bigint	-2^{63} 至 2^{63}-1	8 个字节
int	-2^{31} 至 2^{31}-1	4 个字节
smallint	-2^{15} 至 2^{15}-1	2 个字节
tinyint	0 至 255	1 个字节
bit	0，1，NULL	若 1 个表中有不多于 8 个的 bit 列，这些列作为一个字节存储；若表中有 9~16 个 bit 列，这些列作为两个字节存储

表 2-6 定点小数型数值类型

数据类型	说明	占用字节
decimal(p,s) numeric(p,s)	p（精度）：指定小数点左边和右边可以存储的十进制数字的最大个数。精度必须是从 1 到 38 之间的值 s（小数位数）：指定小数点右边可以存储的十进制数字的最大个数。小数位数必须是从 0 到 p 之间的值，默认小数位数是 0，即 0<=s<=p	占用的字节数随精度的不同而不同。 精度 1～9 位占 5 个字节； 精度 10～19 位占 9 个字节； 精度 20～28 位占 13 个字节； 精度 30～38 位占 17 个字节。

表 2-7 浮点型数值类型

数据类型	精度（位数）	占用字节
real	6 位	4 个字节
float	15 位	8 个字节

2. 字符型数据类型

字符型数据由汉字、英文字母、数字和各种符号组成。字符型的编码方式有以下两种。

- 普通字符编码：是指不同国家或地区的编码长度不一样。例如，英文字母的编码为 1 个字节（8 位），中文汉字的编码是 2 个字节（16 位）。
- 统一字符编码（Unicode 字符）：是指不管对哪个国家、哪种语言都采用双字节（16 位）编码，即将世界上所有的字符统一进行编码。

Unicode 是一种重要的交互和显示的通用字符编码标准，它覆盖了美国、欧洲、中东、非洲、印度、亚洲和太平洋的语言，以及古文和专业符号。Unicode 允许交换、处理和显示多语言文本以及公用的专业和数学符号。它希望能够解决多语言的计算，如不同国家的字符标准，但并不是所有的现代或古文都能够获得支持。

对于用一个字节编码每个字符的数据类型，存在的问题之一是此数据类型只能表示 256 个不同的字符，不可能处理像日文、汉字或韩文等具有数千个字符的字母表，例如，汉字须采用双字节字符。

Unicode 通过采用两个字节编码每个字符，能表示 65536 个不同的字符。建议支持多语言的系统使用 Unicode 字符数据类型，以尽量减少字符转换问题，同时解决汉字、日文、韩文等双字节字符等问题。

表 2-8 列出了 SQL Server 2008 支持的字符型数据类型。

表 2-8 字符型数据类型

数据类型	说明	占用字节
char（n）	普通字符编码，定长字符串类型。 n 表示能存放的最多字符数，取值范围为 1～8000	1 个字符占 1 个字节，尾端空白字符保留。例如，字符串 'hello' 存到 char（10）的字段中，实际占 10 个字节

续表

数据类型	说明	占用字节
varchar（n）	普通字符编码，可变长字符串类型。 n 表示能存放的最多字符数，取值范围为 1～8000	1 个字符占 1 个字节，尾端空白字符删除。例如，字符串'hello'存到 varchar（10）的字段中，实际占 5 个字节
text	专门用于存储数量庞大的变长非 Unicode 字符，最多可存储 2^{31}-1 个字符。如，使用一个字段存储学生历年获奖情况，该字段数据类型可选用 text	
nchar（n）	统一字符编码，定长字符串类型。 n 表示能存放的最多字符数，取值范围为 1～4000	1 个字符占 2 个字节，尾端空白字符保留
nvarchar（n）	普通字符编码，可变长字符串类型。 n 表示能存放的最多字符数，取值范围为 1～4000	1 个字符占 2 个字节，尾端空白字符删除
ntext	专门用于存储数量庞大的变长 Unicode 字符，最多可存储 2^{31}-1 个字符	

3. 日期时间型数据类型

在 SQL Server 2008 中，日期和时间型数据类型不仅仅限制在 datetime 和 smalldatetime 上，而且在此基础上增加了 4 种新的数据类型，即 date、time、datetime2 和 datetimeoffset。

 ➤ date：一个纯的日期数据类型；

 ➤ time：一个纯的时间数据类型；

 ➤ datetime2：新的日期时间类型，将精度提到了 100 纳秒。

 ➤ datetimeoffset：新的日期时间类型，在 DateTime2 的基础上增加了时区部分。

表 2-9 列出了 SQL Server 支持的日期和时间型数据类型。

表 2-9 日期时间型数据类型

数据类型	格式	取值范围	精度
date	yyyy-mm-dd	0001-01-01 至 9999-12-31	1 天
time	hh:mm:ss:nnnnnn	0:0:0.000000 至 23:59:59.999999	100 纳秒
smalldatetime	yyyy-mm-dd hh:mm:ss	1900-01-01 至 2079-06-06	1 分钟
datetime	yyyy-mm-dd hh:mm:ss:nnn	1753-01-01 至 9999-12-31	0.00333 秒
datetime2	yyyy-mm-dd hh:mm:ss:nnnnnn	0001-01-01 至 9999-12-31	100 纳秒
datetimeoffset	yyyy-mm-dd hh:mm:ss:nnnnnn +|-hh:mm	0001-01-01 至 9999-12-31（全球标准时间）	100 纳秒

4. 货币型数据类型

货币型数据表示货币值，有 money 数据类型和 smallmoney 数据类型。money 数据类型存储大小为 8 个字节，smallmoney 数据类型存储大小为 4 个字节。money 和 smallmoney 被限定到小数点后 4 位。在实际应用中，经常采用 decimal 数据类型代替货币数据类型。

任务实施

1. 为学生成绩管理系统数据库中的字段选取合适数据类型

【例 2-1】为 Class 表中的字段选取数据类型。

Class（ClassNo，ClassName，College，Specialty，EnterYear）

字段名	数据类型	长度	字段说明
ClassNo	nvarchar	10	班级编号
ClassName	nvarchar	30	班级名称
College	nvarchar	30	所在学院
Specialty	nvarchar	30	所属专业
EnterYear	int		入学年份

【练习 1】为 Student 表中的字段选取数据类型。

Student（Sno，Sname，Sex，Birth，ClassNo）

字段名	数据类型	长度	字段说明
Sno			学号
Sname			姓名
Sex			性别
Birth			出生年月
ClassNo			班级编号

【练习 2】为 Course 表中的字段选取数据类型。

Course（Cno，Cname，Credit，ClassHour）

字段名	数据类型	长度	字段说明
Cno			课程编号
Cname			课程名称
Credit			课程学分
ClassHour			课程学时

【练习 3】为 Score 表中的字段选取数据类型。

Score（Sno，Cno，Uscore，EndScore）

字段名	数据类型	长度	字段说明
Sno			学号
Cno			课程编号
Uscore			平时成绩
EndScore			期末成绩

任务总结

字段数据类型的选取非常关键，关系到实际使用中的数据能否存储到数据库表中，所以必须考虑全面，应遵循存储空间够用但不浪费的原则，同时要考虑到不同系统之间的数据转换，字符数据尽量使用 Unicode 数据类型。

拓展知识

1. 二进制数据类型

所谓二进制数据是一些用二进制来表示的数据，表 2-10 列出了 SQL Server 支持的二进制数据类型。

表 2-10   二进制数据类型

数据类型	数据范围	占用字节
binary（n）	固定长度的 n 个字节二进制数据，n 必须为 1～8000	n+4 字节
varbinary（n）	不超过 n 个字节的变长二进制数据，n 必须为 1～8000	实际输入数据的长度+4 个字节
image	可变长度二进制数据，介于 0～2^{31}-1 字节之间。当数据长度超过 8000 个字节时，如图像数据、Word 文档等，则要使用该类型	

2. 标识列

标识列自动为表生成行号。列数据类型为 bigbit、int、smallint、tinyint、numeric 和 decimal 能够成为标识列，一个表只能创建一个标识列。设置标识列须同时指定标识增量和标识种子，或者两者都不指定，默认值为（1，1）。若其数据类型为 numeric 和 decimal 的列设置为标识列，不允许出现小数位数。

3. 特殊数据类型 Uniqueidentifier

标识列自动为表生成行号，但不同表的标识列可以生成相同的行号。如果应用程序需要生成在整个数据库或世界各地所有网络计算机的全部数据库中均为唯一的标识符列，请使用 RowGuid 属性、uniqueidentifier 数据类型和 NEWID 函数。

数据类型 Uniqueidentifier，也称做唯一标识符数据类型。Uniqueidentifier 用于存储一个 16 字节长的二进制数据类型，它是 SQL Server 根据计算机网络适配器地址和 CPU 时钟产生的全局唯一标识符代码（Globally Unique Identifier，简写为 GUID）。NEWID（）函数用于创建 uniqueidentifier 类型的唯一值。

拓展练习

为学生住宿管理系统数据库中的字段选取合适数据类型。

1. 为宿舍 Dorm 表中的字段选取数据类型。

宿舍（宿舍编号，楼栋，楼层，房间号，总床位数，宿舍类别，宿舍电话）

Dorm（DormNo，Build，Storey，RoomNo，BedsNum，DormType，Tel）

字　段　名	数据类型	长　度	字段说明

2. 为入住 Live 表中的字段选取数据类型。

入住（学号，宿舍编号，床位号，入住日期，离寝日期）

Live（Sno，DormNo，BedNo，InDate，OutDate）

字　段　名	数据类型	长　度	字段说明

3. 为卫生检查 CheckHealth 表中的字段选取数据类型。

卫生检查（检查号，宿舍编号，检查时间，检查人员，检查成绩，存在问题）

CheckHealth（CheckNo，DormNo，CheckDate，CheckMan，Score，Problem）

字　段　名	数据类型	长　度	字段说明

单元 3   创建和管理数据库

在完成了数据库的分析、设计工作后，接下来的工作是进行数据库的实施操作。数据库实施的第一步是创建数据库。本单元介绍数据库的创建和管理。在 SQL Server 2008 中，创建和管理数据库可使用 SSMS 的图形工具来完成，也可编写执行 SQL 语句实现。

本单元包含的学习任务和单元学习目标具体如下：

学习目标

- 熟悉 SQL Server 2008 的 SQL Server Management Studio 的操作环境
- 理解 SQL Server 2008 数据库中的文件类型及相关属性
- 能在 SSMS 中使用图形工具熟练创建和修改数据库
- 能使用图形工具进行数据库的日常维护和管理操作
- 能熟练编写 T-SQL 语句完成数据库的创建
- 能编写 T-SQL 语句对数据库进行修改及其他维护管理操作
- 能熟练进行数据库的分离和附加操作
- 能熟练进行数据库的完整备份和恢复操作

任务 1   使用图形工具创建数据库

任务提出

进行数据库的实施操作，第一步是创建数据库。在 SQL Server 2008 中，创建数据库可使用图形工具来完成，也可编写执行 SQL 语句实现。使用图形工具创建数据库相对较简单，所以我们先从这里入手学习。

我们现在已经知道数据库是由一定格式构成的数据的集合，这些数据可以被访问、检索和使用。那么在 SQL Sever 2008 中创建和使用数据库，必须要了解这个数据管理软件对数据库的管理方式，其中包括存储该数据库的文件、数据库对象等，以及在 SQL Server 2008 这个数据管理平台下如何实现数据库的创建和维护。

相关知识与技能

1. 系统数据库

SQL Server 2008 有两类数据库：系统数据库和用户数据库。系统数据库存储有关 SQL Server 2008 的系统信息，是系统管理的依据。SQL Server 2008 有 4 个系统数据库，分别是 master、model、msdb、tempdb。

（1）master 数据库

master 数据库记录 SQL Server 2008 系统的所有系统级信息。master 数据库还记录所有其他数据库是否存在以及这些数据库文件的位置。另外，master 还记录 SQL Server 2008 的初始化信息。因此，如果 master 数据库不可用，则 SQL Server 2008 无法启动。

（2）model 数据库

model 数据库用来在 SQL Server 实例上创建的所有数据库的模板。因此当发出创建数据库命令后，将通过复制 model 数据库中的内容来创建数据库的第一部分，然后用空页填充新数据库的剩余部分。

如果修改 model 数据库，之后创建的所有数据库都将继承这些修改。

（3）msdb 数据库

msdb 数据库由 SQL Server 代理用来计划警报和作业。

（4）tempdb 数据库

tempdb 数据库是连接到 SQL Server 实例的所有用户都可用的全局资源，它保存所有临时表和临时存储过程。

2. 数据库存储文件

（1）数据库文件

数据库是以文件的形式存储在磁盘上，包括以下 2 类文件。

1）数据文件：分为主数据文件和辅助数据文件。

主数据文件：也称主文件，包含数据库的启动信息，并存储部分或全部数据。主文件是数据库的起点，指向数据库中的其他文件。每个数据库都有且只有一个主数据文件。主数据文件的推荐文件扩展名是.mdf。

辅助数据文件：也称次数据文件，用来存储未包含在主数据文件中的其他数据。如果数据库不大而且主文件足够大，能够包含数据库中的所有数据，则该数据库可不需要辅助数据文件。若数据库非常大，则建议使用多个辅助数据文件。辅助数据文件可以在不同磁盘中存储，既扩展磁盘空间又可以提高数据处理的效率，每个数据库可有 0 或多个辅助数据文件，辅助数据文件的推荐文件扩展名是.ndf。

2）事务日志文件：也称日志文件，日志文件包含着用于恢复数据库的所有日志信息。每个数据库必须至少有一个日志文件，当然也可以有多个。日志文件的推荐文件扩展名是.ldf，其大小最小为 512KB。

【注意】每个数据库至少包括一个主数据文件和一个事务日志文件。

【特别说明】SQL Server 2008 不强制使用.mdf、.ndf 和.ldf 文件扩展名，但使用它们有助于标识文件的各种类型和用途。

（2）数据库文件组

为了扩展存储空间，在创建数据库时常将数据库文件存放在不同的磁盘中。为了更好地对它们进行管理，把多个数据文件分成不同的文件组，可以有效地提高数据的读写速度。

创建数据库对象（如表）时要指定它所在的组，这样当对数据库对象进行操作时，根据组内数据文件的大小，按比例写入组内各数据文件中。它有以下两种类型的文件组。

1）主文件组（PRIMARY）：包含主数据文件和所有没有被包含在其他文件组中的辅助数据文件，是默认的文件组，主数据文件必须属于 PRIMARY 主文件组。

2）用户定义的文件组：文件组名用户自己命名并指定哪些辅助数据文件包含到文件组中。

【注意】①主数据文件只能属于 PRIMARY 文件组；②一个数据文件只能属于一个文件组；③默认时辅助数据文件属于 PRIMARY 文件组，但可以修改所属的文件组；④事务日志文件不属于任何文件组。

3. 数据库对象

SQL Server 2008 数据库是存储数据的容器，即数据库是一个存放数据的表和支持这些数据的存储、检索、安全性和完整性的逻辑成分所组成的集合，组成数据库的逻辑成分称为数据库对象。

SQL Server 2008 的数据库对象主要包括表、约束、视图、索引、存储过程和触发器等。

> 表：由行和列构成的集合，用来存储数据。
> 约束：用于定义表中列的完整性规则。
> 视图：由表或其他视图导出的虚表。
> 索引：为数据提供快速检索的支持。
> 存储过程：存放于服务器端预先编译好的一组 T-SQL 语句。
> 触发器：一种特殊的存储过程，当条件满足时，自动执行。

用户在操作这些对象时，需要给出对象的名字。用户可以给出两种对象名：完全限定对象名和部分限定对象名。

完全限定对象名由 4 个标识符组成：服务器名、数据库名、架构名、对象名。其语法格式为：

```
[[[server.]database.]schema.]object_name
```

部分限定对象名为在完全限定对象名中省略服务器名称或数据库名称或所有者名称，用句点标记它们的位置来省略限定符。SQL Server 2008 可以根据系统当前工作环境确定部分限定对象名中省略的部分，省略部分使用以下默认值。

- server 默认为：本地服务器。
- database 默认为：当前数据库。
- schema 默认为：dbo。

部分限定对象名的有效格式包括以下几种：

```
server.database..object_name    /*省略架构名*/
server..schema.object_name      /*省略数据库名*/
server...object_name            /*省略数据库和架构名*/
database.schema.object_name     /*省略服务器名*/
database..object_name           /*省略服务器和架构名*/
schema.object_name              /*省略服务器和数据库名*/
object_name                     /*省略服务器、数据库和架构名*/
```

4. 使用图形工具创建数据库

使用 SQL Server Management Studio 的图形工具创建数据库是一种最快捷的方式。其创建过程如下：

（1）连接数据库服务器，进入 SQL Server Management Studio 主界面（其部分截图如图 3-1 所示）。

图 3-1　SSMS 界面

（2）在其"对象资源管理器"窗口中的"数据库"结点上单击右键，选择快捷菜单中的"新建数据库"命令（如图 3-1 所示），打开"新建数据库"对话框（其部分截图如图 3-2 所示），在左窗格的"选择页"下选择"常规"页（默认选择为"常规"页），在右窗格设置数据库的名称、数据库的所有者、数据文件（包括主数据文件和辅助数据文件）、事务日志文件等。

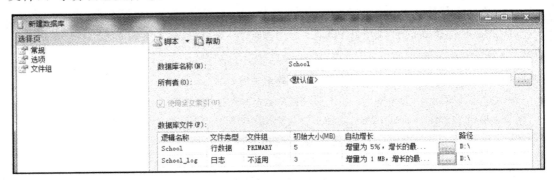

图 3-2　新建数据库窗口截图

① 必须先输入数据库名称。

② 可修改数据库文件。数据库名称输入后，系统同时命名主数据文件和事务日志文件的逻辑名称、文件类型、文件组、初始大小、增长方式和默认路径（按照 model 模板数据库）。用户可以修改以下这些默认值。

➢ 用鼠标单击数据库文件的"逻辑名称"可以修改主数据文件和事务日志文件的逻辑名。

➢ 用鼠标单击数据库文件所对应的"文件类型"和"文件组"，可以修改文件类型（数据文件或日志文件）和文件组（Primary 文件组或用户自定义文件组）。

➢ 用鼠标选中数据库文件"初始大小（MB）"列，输入新值或单击"微调"按钮可以修改文件的初始大小，主数据文件系统默认大小为 3MB。这个默认值的大小与系统数据库 model 的文件初始大小值设置一致，在修改其值时，只能设置比 model 文件初始值大的值，而不能设置比其值小的值。

➢ 用鼠标选中"自动增长"列中的"设置"按钮，可以设置文件的增长方式，如图 3-3 所示。在设置数据库文件增长方式时，可以设置数据库文件是否可以根据需要自动增长。如果启用自动增长，可以设置文件增长的方式（按百分比或按 MB），以及文件的大小是否受限制。如果选择不限制文件增长，则文件增长没有限制，直到占满整个磁盘空间。

➢ 用鼠标选中"路径"列中的设置按钮，可以设置文件存储的物理位置，打开定位文件对话框，在此可以选择用户自定义目录。系统默认的存储路径是 C:\Program Files\Microsoft SQL Server\MSSQL10.MSSQLSERVER\MSSQL\DATA 文件夹。

③ 可添加辅助数据文件或事务日志文件。单击窗口中的"添加"按钮，可以为数据库添加一个或多个辅助数据文件或事务日志文件，根据需要选择文件类型，文件的其他参数的设置如上所述方式完成各参数的设置。

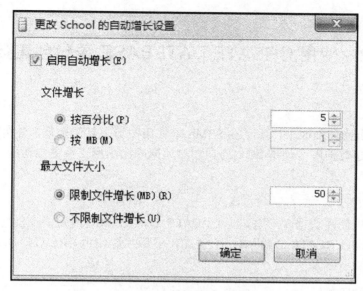

图 3-3 文件自动增长设置

（3）设置好后，单击 "确定"按钮，SQL Server 数据库引擎会创建所定义的数据库。在 SQL Server Management Studio 的"对象资源管理器"窗口中，会出现新建的数据库。

任务实施

【例 3-1】使用图形工具创建数据库，数据库名称为 School，主数据文件的逻辑名称为 School，存放到 D 盘根目录下，其初始大小为 5MB，最大文件大小为 50MB，增长方式是按 5%比例增长；事务日志文件的逻辑名称为 School_log，存放到 D 盘根目录下，其初始大小为 3MB，最大可增长到 10MB，增长方式是按 1MB 增长。（该例新建数据库窗口如图 3-2 所示）

【练习 1】使用图形工具创建一个名为 Student 的数据库，所有文件都存放在 D 盘根目录下，其中有 1 个 10MB 和 1 个 20MB 的数据文件和 2 个 10MB 的事务日志文件。数据文件逻辑名称为 Student1_data 和 Student2_data，两个数据文件的最大尺寸分别为无限大和 100MB，增长速度分别为 10%和 1MB。事务日志文件的逻辑名称为 Student1_log 和 Student2_log，最大尺寸都为 50MB，文件增长速度都为 1MB。

任务总结

创建数据库是数据库实施的第一步，使用图形工具创建数据库较快捷简单。每个数据库至少包括一个主数据文件和一个事务日志文件。

任务 2　使用 CREATE DATEBASE 语句创建数据库

任务提出

在 SQL Server 2008 中，除了在 SSMS 中使用图形工具创建数据库外，还可以使用 SQL 语句来创建数据库。使用 SQL 语句创建数据库比图形工具更加通用。

任务分析

SQL 语言中创建数据库的语句为 CREATE DATABASE 语句。在创建数据库前须先理解 SQL 语言和 CREATE DATABASE 语句，然后才能使用 CREATE DATABASE 语句创建数据库。

相关知识与技能

1. SQL 语言简介

（1）SQL 概述

SQL（Structured Query Language）即结构化查询语言，其主要功能就是同各种数据库建立联系、进行沟通。SQL 语言是 1974 年提出的一种介于关系代数和关系演算之间的语言，1987 年被确定为关系数据库管理系统国际标准语言，即 SQL86。随着其标准化的不断推进，相继出现了 SQL89、SQL2 和 SQL3。

目前，绝大多数流行的关系数据库管理系统，如 Access、SQL Server、Oracle 等都采用了 SQL 语言标准。同时数据库厂家在 SQL 标准的基础上进行不同程度的扩充，形成各自数据库的检索语言。

（2）SQL 的组成

SQL 语言之所以能够为用户和业界所接受并成为国际标准，是因为它是一个综合的、通用的、功能极强同时又简洁易学的语言。其功能包括如下 3 个方面。

1）数据定义（DDL）：用于定义数据库、表、视图、索引等，包括这些对象的创建（CREATE）、修改（ALTER）和删除（DROP）。

2）数据操纵（DML）：分为数据查询和数据更新，查询（SELECT）是数据库中最常见的操作，更新分为插入（INSERT）、修改（UPDATE）和删除（DELETE）3 种操作。

3）数据控制（DCL）：包括对表、视图等数据库对象的授权，语句有 GRANT、REVOKE 等。

（3）SQL 的特点

1）综合统一。SQL 集数据定义、数据操纵、数据控制于一体，语言风格统一，可以独立完成数据库生命周期中的全部活动。

2）高度非过程化。用 SQL 语言进行数据操作，用户只需提出"做什么"，而不必指明"怎么做",存取路径的选择及 SQL 语句的操作过程,由系统自动完成,这不但大大减轻了用户负担,而且有利于提高数据的独立性。

3)面向集合的操作方式。采用集合操作方式,不仅查找的结果可以是元组的集合,而且一次插入、删除、修改操作的对象也可以是元组的集合。

4)以同一种语法结构提供两种使用方式。SQL 语言能够独立实现对数据库的操作,又能嵌入到高级语言(如 C)程序中,供程序员设计程序时使用。而在两种不同的使用方式下,SQL 语言的语法结构基本上是一致的。

5)语言简洁,易学易用。SQL 语言十分简洁,并且语法简单,容易学习和使用。

(4)T-SQL

Transact-SQL(简称 T-SQL)是 SQL Server 的编程语言,是微软对 SQL 的具体实现和扩展,增加了 SQL 语言的功能,同时又保持与 SQL 标准的兼容性。

T-SQL 在标准 SQL 的基础上进行了功能扩展,增加了流程控制语句。其功能包括:数据定义、数据操纵、数据控制、增加的语言元素(变量、运算符、函数、流程控制语句、注释等)。

2. 标识符

创建数据库及其对象时,须先给它们取名字来标识不同的对象,这些名字称为标识符。标识符分常规标识符和分隔标识符。常规标识符中不允许使用数字打头、中间不能包含空格。

当标识符不符合 T-SQL 的常规标识符格式时,只能使用分隔标识符,分隔标识符使用方括号[]括起来。如,数据库名 mydatabase 符合常规标识符,但数据库名 my database 因中间有空格不符合常规标识符,须使用分隔标识符,修改为 [my database]。

3. 批处理、脚本和注释

批处理就是一个或多个 T-SQL 语句的集合,用户或应用程序一次将它发送给 SQL Server 服务器执行。GO 语句表示一个批处理的结束。

将一个或多个批处理组织在一起就是一个脚本,将脚本保存到磁盘文件上就称为脚本文件。使用脚本文件对重复操作或几台计算机之间交互 SQL 语句是非常有用的。

脚本可以在 SQL 编辑器中执行,SQL 编辑器是编辑、调试和使用脚本的最好环境。打开 SSMS,单击"标准"工具栏上的"新建查询"按钮 **新建查询(N)**,打开 SQL 编辑器窗口,SQL 编辑器窗口也称为查询编辑器窗口。

脚本文件中除了含有 T-SQL 语句外,还可包含对 SQL 语句进行说明的注释。注释是不能执行的文本字符串,或暂时禁用的部分语句。为脚本加上注释不仅能使程序易懂,更有助于日后的管理和维护。SQL Server 2008 支持两种形式的注释语句,为行内注释和块注释。

- 行内注释:--注释文本,从双连字符"--"开始到行尾均为注释。若要创建多行注释,须在每行注释的开头使用双连字符。
- 块注释:/* 注释文本 */。从开始注释对(/*) 到结束注释对(*/)之间的所有内容均注释。块注释既可以实现单行注释也可以实现多行注释。

4. CREATE DATABASE 语句

T-SQL 提供了数据库创建语句 CREATE DATABASE。其简单的语法格式为：

```
CREATE  DATABASE  数据库名
    [ON  [PRIMARY]
{(NAME='数据文件的逻辑名称',
FILENAME='文件的路径和文件名',
SIZE=文件的初始大小,
MAXSIZE=文件的最大容量|UNLIMITED,
FILEGROWTH=文件的每次增长量)}[,…n]
LOG  ON
{(NAME='事务日志文件的逻辑名称',
FILENAME='文件的路径和文件名',
SIZE=文件的初始大小,
MAXSIZE=文件的最大容量|UNLIMITED,
FILEGROWTH=文件的每次增长量) }[,…n]]
```

其中，

- 方括号[ ]：表示可选语法项，使用时不要键入方括号。
- 大括号{ }：表示必选语法项，使用时不要键入大括号。
- [,...n]：表示前面的项可以重复 n 次，每一项由逗号分隔开。
- PRIMARY：指定后面定义的数据文件属于 PRIMARY 文件组，可省略，默认属于 PRIMARY 文件组。
- LOG ON：指定该数据库的事务日志文件。
- NAME：指定文件的逻辑名称，该参数不能省略。
- FILENAME：用于指定文件的路径和文件名，该路径必须存在。主数据文件的推荐扩展名为.mdf，辅助数据文件的推荐扩展名为.ndf，事务日志文件的推荐扩展名为.ldf。该参数不能省略。
- SIZE：指定文件的初始大小，单位为 MB，MB 可以省略。该参数可以省略，默认按照 model 数据库的主文件大小设置。
- MAXSIZE：指定文件可以增长到的最大容量，单位为 MB。可以使用 UNLIMITED，表示文件可以不限制增长，直到占满整个磁盘空间。该参数可以省略，默认按照 modle 数据库设置，为不限制增长。
- FILEGROWTH：指定文件每次增加容量的大小，当指定数据为 0 时，表示文件不增长。可以用 MB 或使用%来设置增长速度。该参数可以省略，默认按照 modle 数据库设置。

【注意】SQL 语句在书写时不区分大小写，但所有的标点符号必须为英文标点符号。

任务实施

1. 使用 CREATE DATEBASE 语句创建数据库

【例 3-2】使用 SQL 语句创建数据库，数据库名称为 BBS，主数据文件的逻辑名称为 BBS，文件的路径和文件名为 D:\BBS.mdf，文件初始大小为 3MB，最大空间为 10MB，增长方式是按 5%比例增长。事务日志文件的逻辑名称为 BBS_log，文件的路径和文件名为 D:\BBS_log.ldf，文件初始大小为 1MB，最大可增长到 5MB，增长方式是按 1MB 增长。

步骤 1：打开 SQL 编辑器窗口。打开 SSMS，单击"标准"工具栏上的"新建查询"按钮 🗋 新建查询(N)，打开 SQL 编辑器窗口。

步骤 2：输入 CREATE DATEBASE 语句。

```
CREATE DATABASE BBS
  ON
  (NAME='BBS',
  FILENAME='D:\BBS.mdf',
  SIZE=3MB,
  MAXSIZE=10MB,
  FILEGROWTH=5%)
  LOG ON
  (NAME='BBS_log',
  FILENAME='D:\BBS_log.ldf',
  SIZE=1MB,
  MAXSIZE=5MB,
  FILEGROWTH=1MB)
GO
```

步骤 3：执行 SQL 语句。单击工具栏上的"SQL 编辑器"工具栏

中的"执行"按钮 （或者选择菜单"查询"→"执行"选项，或者按键盘上的 F5 键），将执行 T-SQL 语句。

【注意】如果工具栏中没有"SQL 编辑器"工具栏，则选择 SSMS 的主菜单"视图"→ "工具栏"→ "SQL 编辑器"。

步骤 4：保存脚本。单击"标准"工具栏上的"保存"按钮 🖫，保存该 SQL 脚本文件。

【注意】使用 CREATE DATABASE 语句创建数据库时，可以不定义数据文件和事务日志文件。其语法格式为：

```
CREATE DATABASE 数据库名
```

【例 3-3】CREATE DATABASE mytest

由于没有指定主文件和事务日志文件，按照默认，主文件为 mytest.mdf，事务日志文件名为 mytest_log.ldf。同时由于按复制 Model 数据库的方式来创建新的数据库，主文件和日志文件的大小都同 Model 数据库的主文件和日志文件大小一致，并且不限制增长。

2. 检测数据库是否存在

由于在同一个服务下不允许存在同名数据库，因此我们在创建数据库前一般先检测将要创建的数据库在当前服务下是否已经存在。当我们创建好一个数据库之后，系统会在 master 数据库的系统表及视图里增加有关这个数据库的相关信息。如在 sysdatabases 这个系统表中就会添加包含该数据库信息的记录，可以通过查询这个视图来获取要创建的数据库是否存在的信息。

【例 3-4】检测数据库 School 是否存在。

```
USE master
SELECT  *  FROM  sysdatabases  WHERE  name ='School'
```

执行该查询，如果查询有结果说明数据库 School 已经存在。

在实际应用中，我们通常结合 EXISTS 存在量词来检测数据库是否存在，如果检测到数据库已经存在，就删除原来已存在的数据库，语句如下：

```
USE master
IF EXISTS (SELECT * FROM sysdatabases WHERE name = 'School')
DROP DATABASE School          --删除数据库
GO
```

【说明】当查询返回的结果集不空，EXISTS 测试的结果为真，否则为假。当 IF 后跟的条件表达式的值为真时，执行其后语句，否则不执行。

或者调用函数 DB_ID('数据库名')，在 master 数据库中，调用该函数将返回指定数据库名的数据库 ID，如不存在，则返回 NULL。

```
IF DB_ID('School') IS NOT NULL
DROP DATABASE School          --删除数据库
GO
```

3. 打开并切换至不同数据库

因为 sysdatabases 在 master 数据库中，所以执行上述测试数据库是否存在的语句时，必须切换至 master 数据库。可在工具栏上的"SQL 编辑器"工具栏中的可用数据库中 master ▼ ！ 执行(X) 选择 master 数据库，则打开并切换至该数据库。或者在 SQL 编辑器中，可以使用 USE 命令打开并切换至不同的数据库。其语法格式如下：

USE 数据库名

【练习 1】简单创建数据库 library。

【练习 2】创建数据库 LWZZ。该数据库的主数据文件逻辑名称为 LWZZ_Data，文件的路径和文件名为 D:\LWZZ_Data.MDF，初始大小为 3MB，最大空间为无限大，增长速度为 10%；数据库的日志文件逻辑名称为 LWZZ_Log，文件的路径和文件名为 D:\LWZZ_Log.ldf，初始大小为 1MB，最大空间为 5MB，增长速度为 1MB。

【练习3】创建数据库 Class。该数据库有 1 个 20MB 和 1 个 40MB 的数据文件和 2 个 15MB 的事务日志文件。数据文件逻辑名称为 Class1 和 Class2，物理文件名为 D:\Class1.mdf 和 D:\Class2.ndf，两个数据文件的最大空间为无限大和 100MB，增长速度分别为 20%和 10MB。事务日志文件的逻辑名为 Class1_log 和 Class2_log，物理文件名为 D:\Class1_log.ldf 和 Class2_log.ldf。

任务总结

创建数据库的重点也是初学者的难点是掌握数据库定义时的几个参数：数据库名称，数据文件和日志文件的逻辑名称、文件路径和物理名称、文件初始大小、文件最大容量、文件每次增长量等在 CREATE DATABASE 语句中如何表述。建议和在 SSMS 平台中创建数据库操作对应起来学习。

拓展知识

1. 使用模板创建数据库

SQL Server 2008 提供了模板资源管理器，使用模板资源管理器来创建数据库及各种对象能大大简化操作和减低难度。具体操作步骤如下。

● 打开 SSMS，选择菜单"视图"→"模板资源管理器"，打开"模板资源管理器"窗口（如图 3-4 所示）。

图 3-4　"模板资源管理器"窗口

- 在"模板资源管理器"窗口中，选择"Database"→"create database"（见图 3-4）。
- 双击"create database"，连接数据库引擎。
- 在打开的 SQL 编辑器窗口中，可以看到已经生成的创建简单数据库的脚本（如图 3-5 所示）。

```
IF  EXISTS (
    SELECT name
        FROM sys.databases
        WHERE name = N'<Database_Name, sysname, Database_Name>'
)
DROP DATABASE <Database_Name, sysname, Database_Name>
GO

CREATE DATABASE <Database_Name, sysname, Database_Name>
GO
```

图 3-5　create database 模板

- 选择菜单"查询"→"指定模板参数的值"，打开"指定模板参数的值"窗口（如图 3-6 所示），在该窗口中输入数据库名称。
- SQL 编辑器窗口的脚本只是简单创建数据库，没有定义数据文件和事务日志文件，如果要定义，就需要编写者自己修改完善。

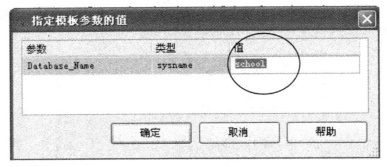

图 3-6　"指定模板参数的值"窗口

2. 使用联机丛书

联机丛书是 SQL Server 的用户文档和帮助系统。在 SQL Server 的各种图形工具中，按 F1 键就可以打开联机丛书。在 SQL 编辑器窗口，选中某个关键字后按 F1 键，就可以导航到和该关键字相关的特定帮助主题上，查看帮助非常快速。

任务 3　管理和维护数据库

任务提出

随着数据库的增长和修改，用户需要以自动或手动方式对数据库进行有效的管理和维护。本任务要学习数据库的管理和维护，建议学生自主学习。

任务分析

管理和维护数据库包括查看数据库信息、扩大数据库空间、缩减数据库空间、查看和设置数据库选项、重命名数据库、删除数据库等。这些管理和维护操作可在 SSMS 中使用图形工具实现，也可编写执行 SQL 语句实现。

任务实施

1．查看数据库信息

数据库创建好了之后，可以查看数据库相关属性信息。可使用 SSMS 的图形工具查看，也可编写 SQL 语句查看。

（1）使用图形工具查看

展开 SSMS 主界面的"对象资源管理器"窗口中的数据库结点，在数据库对象上单击右键，选择快捷菜单中的"属性"命令，打开"数据库属性"对话框。在"选择页"中的各个不同的页如"文件"页、"文件组"页等选项中查看数据库的各参数信息。

（2）使用 sp_helpdb 查看

使用系统存储过程 sp_helpdb 查看数据库信息的语法格式如下：

```
[EXECUTE]　sp_helpdb　数据库名
```

EXECUTE 是执行存储过程命令。如果执行存储过程是批处理中的第一条语句，可以省略 EXECUTE。EXECUTE 可简写为 EXEC。

【练习 1】分别使用 SSMS 的图形工具和 sp_helpdb 查看数据库 School 的信息。

2．扩大数据库空间

如果在数据库使用的过程中，由于数据量的增加超过原先的设计，会遇到数据库的数据文件和事务日志文件需要扩大。扩大数据库空间可使用如下三种方法：

- 在创建数据库时配置其文件自动增长；
- 扩大数据库文件的空间大小；
- 为数据库添加辅助的数据文件和事务日志文件。

（1）使用 SSMS 的图形工具扩大数据库空间

【例 3-5】把 School 数据库的数据文件的初始空间大小扩大到 10MB。

步骤一：右击 School 数据库对象，选择"属性"命令，打开"数据库属性"对话框。

步骤二：在对话框左边的"选择页"中选择"文件"页，在其右边的文件属性窗口中要修改文件的"初始大小"位置上输入比原来值大的数据 10MB。

步骤三：单击"确定"按钮。

【尝试】尝试将 School 数据库的数据文件的初始空间大小由 10MB 缩小到 6MB。

【注意】缩减数据库空间不能直接修改数据库文件的大小，只能收缩数据库。（具体

在后面 3.缩减数据库空间中介绍）

【例 3-6】为数据库 School 增加辅助数据文件，逻辑名称为 Schoolfu，文件保存在 D:\下，文件其他属性采用默认值。

步骤一：右键单击 School 数据库对象，选择"属性"命令，打开"数据库属性"对话框。

步骤二：选择该对话框中的"文件"页，在其右边的文件属性显示窗口中单击"添加"按钮，输入添加文件的逻辑名称，在"文件类型"选项中选择"数据"，（若选择"日志"，则表示添加一个日志文件）。路径选择 D 盘根目录，该文件的其他选项采用默认值。（数据库属性"文件"页添加文件显示窗口部分截图如图 3-7 所示）

步骤三：单击"确定"按钮。

数据库文件(F)：

逻辑名称	文件类型	文件组	初始大小(MB)	自动增长		路径
School	行数据	PRIMARY	5	增量为 5%，增长的最…	…	D:\
School_log	日志	不适用	3	增量为 1 MB，增长的最…	…	D:\
Schoolfu	行数据	PRIMARY	3	增量为 1 MB，不限制增长	…	D:\

图 3-7　数据库属性"文件"页添加文件显示窗口部分截图

（2）使用 ALTER　DATABASE 语句扩大数据库文件的空间大小

```
ALTER  DATABASE  数据库名
MODIFY  FILE
(NAME='文件的逻辑名称',
SIZE=扩大后的文件初始大小,
MAXSIZE=扩大后的文件最大值,)
```

【例 3-7】将数据库 BBS 的数据文件 BBS 的初始空间和最大空间分别由原来的 3MB 和 10MB 修改为 10MB 和 30MB。

```
ALTER  DATABASE  BBS
MODIFY  FILE
(NAME='BBS',
 SIZE=10MB,
 MAXSIZE=30MB)
```

【练习 2】将数据库 BBS 的事务日志文件 BBS_log 的初始空间由原来的 1MB 修改为 3MB。

【注意】一个 ALTER DATABASE 语句只能修改一个文件，一般不带 FILENAME 参数。修改文件大小，修改后的新数值必须大于原来文件的大小。

（3）使用 ALTER　DATABASE 语句添加辅助数据文件或事务日志文件

添加辅助数据文件：

```
ALTER  DATABASE  数据库名
```

```
ADD  FILE
(NAME='文件的逻辑名称',
  FILENAME='文件的路径和文件名',
  SIZE=文件的初始大小,
  MAXSIZE=文件最大值|UNLIMITED,
  FILEGROWTH=文件的每次增长量)
```

添加辅助日志文件：

```
ALTER  DATABASE  数据库名
ADD  LOG  FILE
(NAME='文件的逻辑名称',
  FILENAME='文件的路径和文件名',
  SIZE=文件的初始大小,
  MAXSIZE=文件最大值|UNLIMITED,
  FILEGROWTH=文件的每次增长量)
```

【例 3-8】给数据库 BBS 增加一个辅助数据文件，该辅助数据文件的逻辑名称为 BBSfu，文件的路径和文件名为 D:\BBSfu.ndf，文件初始大小为 2MB，最大为 5MB，增长方式是按 5%比例增长。

```
ALTER  DATABASE  BBS
ADD  FILE
(NAME='BBSfu',
  FILENAME='D:\BBSfu.ndf',
  SIZE=2MB,
  MAXSIZE=5MB,
  FILEGROWTH=5%)
```

【练习 3】给数据库 BBS 增加一个事务日志文件，该事务日志文件的逻辑名称为 BBSfu_log，文件的路径和文件名为 D:\BBSfu_log.ldf，文件初始大小为 1MB，最大可增长到 5MB，增长方式是按 1MB 增长。

【注意】一个 ALTER DATABASE 语句只能新增一个文件（不管是数据文件还是日志文件），如果是数据文件，只能是辅数据文件，因为一个数据库只能有一个主数据文件。

3. 缩减数据库空间

数据库空间不仅可以扩大，而且还可以收缩。当为数据库分配的空间过大时，可以缩减数据库空间。可通过如下方法实现：

● 收缩整个数据库；
● 收缩数据库中的某个数据文件的大小；
● 删除未用的或清空的数据库文件。

（1）使用 SSMS 的图形工具收缩数据库

【例 3-9】把 School 数据库的主数据文件 School 的初始空间大小收缩到 8MB。

展开 SSMS 主界面的"对象资源管理器"窗口中的数据库结点，在数据库 "School"对象上单击右键，选择快捷菜单"任务"→ "收缩"→ "文件"命令（如图 3-8 所示），其收缩的是数据文件大小。

若选择"收缩"→ "数据库"，则可以同时自动收缩数据文件和日志文件大小。

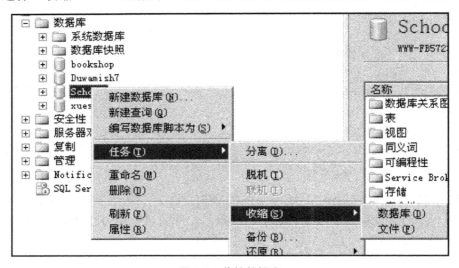

图 3-8 收缩数据库

（2）使用 ALTER DATABASE 语句删除数据库文件

若要删除数据库文件（包括数据文件和事务日志文件），该文件必须是未用的或是清空的，而且不能是主数据文件，不是最后一个事务日志文件。

ALTER DATABASE 数据库名

REMOVE FILE 文件的逻辑名称

【例 3-10】删除数据库 BBS 的辅助数据文件 BBSfu。

ALTER DATABASE BBS

REMOVE FILE BBSfu

【练习 4】删除数据库 BBS 的辅助日志文件 BBSfu_log。

4．查看和设置数据库选项

（1）使用 SSMS 的图形工具查看和设置数据库选项

在数据库对象上单击右键，选择快捷菜单中的"属性"命令，打开"数据库属性"对话框。在"选择页"中选择"选项"页，可按照说明查看和设置相应的数据库选项。例如在限制访问项中设置为单用户方式等，如图 3-9 所示。

（2）使用 sp_dboption 查看和设置数据库选项

使用系统存储过程 sp_dboption 设置数据库选项的语法格式如下：

```
[EXECUTE]  sp_dboption  数据库名,选项名,TRUE|FALSE
```

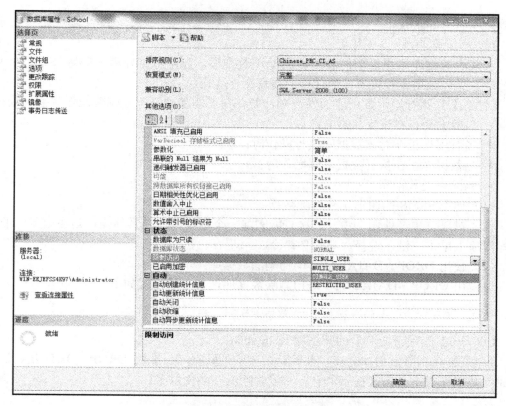

图 3-9 设置数据库选项

【例 3-11】将数据库 BBS 设置为单用户。

```
EXECUTE  sp_dboption  BBS,'single user',true
```

【例 3-12】将数据库 BBS 设置为只读。

```
EXECUTE  sp_dboption  BBS,'read only',true
```

5. 重命名数据库

（1）使用 SSMS 的图形工具重命名数据库

右击要重命名的数据库，在弹出的快捷菜单（如图 3-10 所示）中选择"重命名"命令。

（2）使用 sp_renamedb 重命名数据库

使用系统存储过程 sp_renamedb 重命名数据库，其语法格式如下：

```
[EXECUTE]  sp_renamedb  原数据库名,新数据库名
```

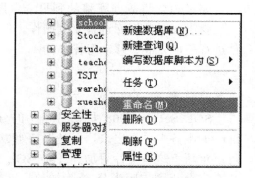

图 3-10 重命名数据库

【练习 5】重命名数据库 library，修改后

的数据库名为 tushuguan。

6．删除数据库

当某个数据库不再需要时，可以删除该数据库。删除数据库就是删除 SQL Server 系统中有关该数据库和该数据库使用的磁盘文件等信息。

【注意】当执行删除数据库的操作时，若存在下面某种情况，删除操作就会失败。

➤ 当数据库正在恢复状态时；

➤ 当有用户正在对该数据库执行操作时；

➤ 当数据库正在执行数据复制操作时；

➤ 删除系统数据库。

（1）使用 SSMS 的图形工具删除数据库

在"对象资源管理器"中，一次只能删除一个数据库。其具体操作是在要删除的数据库对象上单击右键，选择"删除"命令。

（2）使用 DROP DATABASE 语句删除数据库

可使用 DROP DATABASE 语句删除数据库，其语法格式如下。

```
DROP   DATABASE   数据库名 1 [,……数据库名 n]
```

【练习 6】删除重命名后的数据库 tushuguan。

【注意】在删除数据库之前，要确认被删除的数据库，在用 DROP DATABASE 语句删除数据库时不会出现提示消息，一经删除就不能恢复了。

任务总结

数据库在使用过程中，需要对数据库进行有效的管理和维护。其中缩减数据库空间不能直接修改数据库文件的大小，只能收缩数据库。

任务 4　分离/附加数据库

任务提出

如果想要将数据库移动到另一台服务器上，或者要将数据库保存到其他存储介质上，就需要对数据库进行复制操作。但是数据库在与服务连接状态下是不能对数据库文件进行任何复制、移动等操作的。

任务分析

SQL Server 2008 提供数据库的分离操作，分离数据库是指将数据库从当前 SQL Server 服务中分离出来，但是保持组成该数据库的数据文件和日志文件完好无损，以后可以重新将这些文件附加到任何 SQL Server 服务上，使数据库的使用状态与分离时的状态完全相同。因为分离/附加数据库操作较少，所以使用图形工具进行操作较多，使用 T-SQL 实现较少。

任务实施

1. 分离数据库

【例 3-13】分离数据库 School。

在 SQL Server Management Studio 的"对象资源管理器"窗口，右键单击 School 数据库对象，在快捷菜单中选择"任务"→"分离"命令，如图 3-11 所示。打开"分离数据库"对话框，如图 3-12 所示。

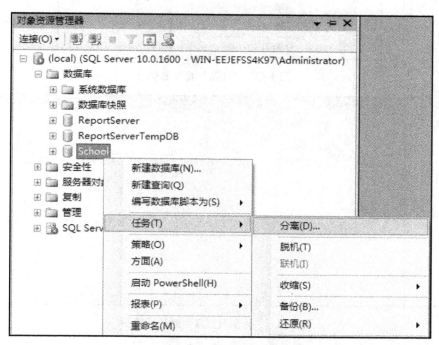

图 3-11　"分离"命令截图

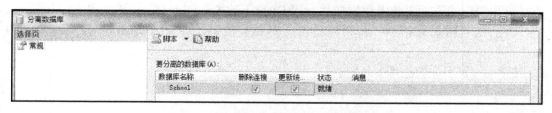

图 3-12　"分离数据库"对话框截图

选中"删除连接"选项，再单击窗口下方的"确定"按钮。

【注意】在分离前必须关闭有关该数据库的任何访问操作。

【练习 1】分离数据库 Student。

2. 附加数据库

【例 3-14】附加数据库 School。

在 SQL Server Management Studio 的"对象资源管理器"窗口，右键单击数据库对象，选择"附加"命令如图 3-13 所示，打开"附加数据库"对话框如图 3-14 所示。

图 3-13   "附加"命令截图

图 3-14   "附加数据库"对话框截图

　　选择该对话框中的"添加"按钮，在新打开的"定位数据库文件"对话框中选择要进行附加操作的数据库的主数据文件，即 D:\盘下的 School.mdf，单击"确定"按钮。

　　再回到"附加数据库"窗口，单击"确定"按钮，即完成 School 数据库的附加操作。

　　【练习 2】附加数据库 Student。

任务总结

　　分离与附加数据库主要用于在不同的数据库服务器之间转移数据库。分离数据库的数据和事务日志文件，然后将其附加到其他或同一服务器上。分离数据库时该数据库不能进行任何操作，否则不能完成分离。

拓展知识

　　1. 在对象资源管理器中直接生成数据库的 CREATE 和 DROP 语句脚本

　　在对象资源管理器中，可以直接生成任一用户数据库的 CREATE 和 DROP 语句的脚本，操作非常方便，具体如下。

选中某用户数据库，右击，在快捷菜单中选择"编写数据库脚本为"命令，可选择 CREATE 或 DROP 语句的脚本到新查询编辑器窗口或文件或剪贴板中，如图 3-15 所示。

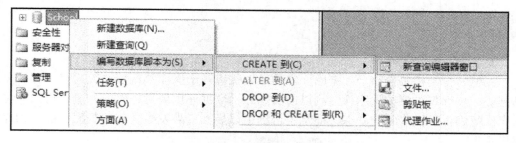

图 3-15　生成数据库脚本

2. 分离数据库的 T-SQL 语句

使用系统存储过程 sp_detach_db 分离数据库，其语法格式如下：

```
[EXECUTE]  sp_detach_db  数据库名
```

3. 附加数据库的 T-SQL 语句

使用系统存储过程 sp_attach_db 附加数据库，其语法格式如下：

```
[EXECUTE]  sp_attach_db  数据库名,'主数据文件的物理位置和名称'
```

【例 3-15】分离、附加数据库 School。

```
--分离数据库
EXECUTE  sp_detach_db  School
--附加数据库
EXECUTE  sp_attach_db  School,'D:\School.mdf'
```

任务 5　完整备份/还原数据库

任务提出

若要将数据库移动到另一台服务器上，或者要将数据库保存到其他存储介质上，可对数据库进行分离和附件操作，但分离数据库时要确保没有对数据库进行任何操作，所以分离、附加数据库一般只适用于数据库的转移。在实际系统应用中，系统一般一直在运行，为了预防数据库遭受破坏，数据库管理员必须经常在数据库正常运行的情况下将数据库中的数据保存到其他位置。

任务分析

SQL Server 2008 提供了强大的备份和还原数据库功能，数据库备份是对数据库结构、对象和数据进行复制，以便数据库遭受破坏时能够恢复数据库。备份操作可以在数据库正常运转时进行。SQL Server 提供了 4 种备份方式，有完整备份、差异备份、事务日志备份、文件和文件组备份，我们在本任务中，通过完整备份和还原完整备份两项操作来熟悉和使用 SQL Server 2008 的这项功能，其他在高级应用篇中介绍。

任务实施

1. 完整备份数据库

完整备份是指备份整个数据库。它的最大优点在于操作和规划比较简单，在恢复时只需要一步就可以将数据库恢复到以前状态。当数据库出现意外时，完全备份只能将数据库恢复到备份操作时的状态，而从备份结束以后到意外发生之前的数据库的一切操作都将丢失。

完整备份的备份策略一般只用于数据重要性不是很高、数据更新速度不是很快的数据库系统。

【例 3-16】将数据库 School 做一个完整备份，备份到 D:\School.bak 文件中。

步骤一：在 SQL Server Management Studio 的"对象资源管理器"窗口，右击 School 数据库对象，在快捷菜单中选择"任务"→"备份"选项，如图 3-16 所示。打开"备份数据库"对话框如图 3-17 所示。

图 3-16　"备份"命令截图

步骤二：在"备份数据库"对话框中，选择"备份类型"为"完整"，"备份组件"为"数据库"。在备份的目标中，有一个默认备份目标文件，可以单击"删除"按钮将默认的备份目标文件删除，再单击"添加"按钮，打开"选择备份目标"对话框，如图 3-18 所示。

在"选择备份目标"对话框中，"磁盘上的目标"选择"文件名"，表示将该数据库备份到某个物理文件中，如果选择"备份设备"，则表示备份到某个事先创建好的备份设备中，创建备份设备具体在第 2 点介绍。

再单击"文件名"下面的按钮 ▢，在打开的"定位数据库文件"对话框中选择文件存放目标，本例路径选择 D:\，同时在"文件名称"文本框中输入备份文件名

School.bak，设置好的效果如图 3-18 所示。

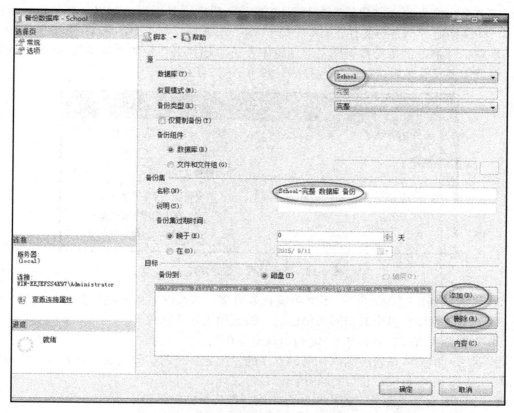

图 3-17　"备份数据库"对话框部分截图

【注意】在备份物理文件名中往往会加上扩展名.bak。

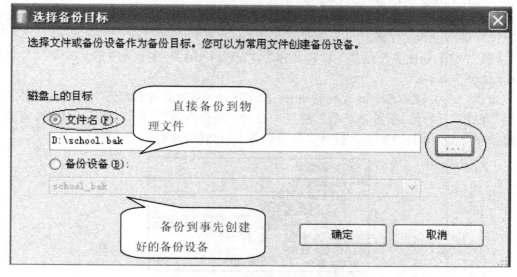

图 3-18　"选择备份目标"对话框

【注意】在一次备份操作中，可以指定多个备份文件，但还原该数据库时必须同时提供多个备份文件，否则出错，具体见 3.备份还原中常见错误。所以，在一份备份操作中，往往指定一个备份文件。

步骤三：单击"备份数据库"对话框中左边"选择页"中的"选项"，打开选项窗口，根据需要设置是否覆盖媒体。对话框截图如图 3-19 所示。

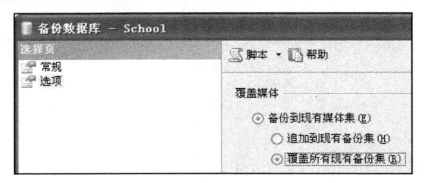

图 3-19 选择是否"覆盖媒体"

- "追加到现有备份集"：不覆盖现有备份集，将数据库备份追加到备份集里，同一个备份集里可以有多个数据库备份信息。该选项为默认选项。
- "覆盖所有现有备份集"：将覆盖现有备份集。

步骤四：单击"备份数据库"对话框中的"确定"按钮。弹出对话框表示备份成功完成。这时，在备份文件位置可以找到该备份文件。

【练习1】将当前服务下的用户数据库逐一做一个完整备份。

2. 创建备份设备

在进行数据库备份前，通常会先创建备份设备，而不是如【例 3-16】的数据库备份操作一样直接将数据备份到物理文件中。

创建备份设备其实是给物理备份文件取个别名，所以创建过程其实是选择备份文件的物理存储路径和文件名。

【例 3-17】创建备份设备，设备名称为"school_bak"，对应的物理路径和文件名为"D:\school_bak.bak"。

步骤一：在 SQL Server Management Studio 的"对象资源管理器"窗口，展开"服务器"结点，展开"服务器对象"结点，右击"备份设备"，在快捷菜单中选择"新建备份设备"，如图 3-20 所示。打开"备份设备"对话框，如图 3-21 所示。

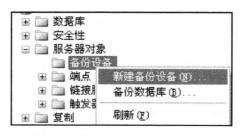

图 3-20 "新建备份设备"命令截图

图 3-21 　"备份设备"对话框截图

步骤二：在"备份设备"对话框中，输入"设备名称"，单击"目标"中的"文件"后面的按钮，在打开的"定位数据库文件"对话框中选择文件存储路径和输入文件名。

设备名称为"school_bak"，对应的物理路径和文件名为"D:\school_bak.bak"。

备份数据库到备份设备与备份数据库到物理文件中操作步骤基本一致，唯一差别是在"选择备份目标"对话框（如图 3-18 所示）中选择"备份设备"。

3. 通过完整备份文件还原数据库

【例 3-18】通过 D:\中的完整数据库备份文件 School.bak 还原数据库。School 数据库已存在，还原的数据库覆盖原有 School 数据库。

步骤一：在 SQL Server Management Studio 的"对象资源管理器"窗口，右击 School 数据库对象，在快捷菜单中选择"任务"→"还原"→"数据库"，如图 3-22 所示。打开"还原数据库"对话框，如图 3-23 所示。

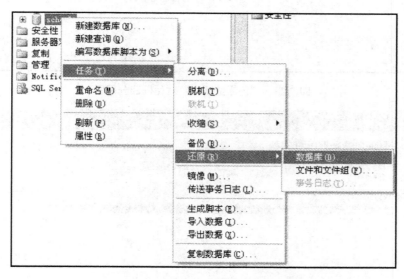

图 3-22 　"还原"→"数据库"命令截图

步骤二：在"还原数据库"的对话框中，如图 3-23 所示，在"还原的源"中选择"源设备"，单击"源设备"后面的按钮，打开"指定备份"对话框。

在"指定备份"对话框，"备份媒体"选择"文件"，单击"添加"按钮添加备份文件，最后单击"确定"按钮。如果在"备份媒体"中选择"备份设备"，则添加备份设备即可，如图 3-24 所示。

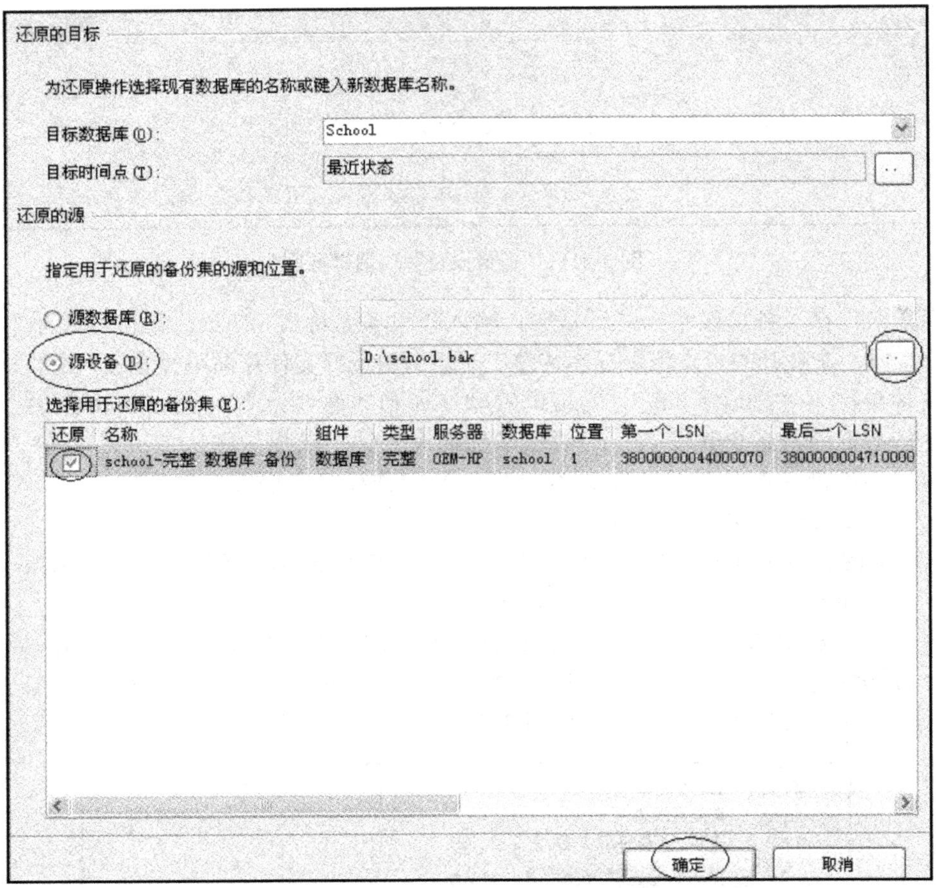

还原的目标

为还原操作选择现有数据库的名称或键入新数据库名称。

目标数据库(D)：　　　School

目标时间点(T)：　　　最近状态

还原的源

指定用于还原的备份集的源和位置。

○ 源数据库(R)：

◉ 源设备(D)：　　　D:\school.bak

选择用于还原的备份集(E)：

还原	名称	组件	类型	服务器	数据库	位置	第一个 LSN	最后一个 LSN
☑	school-完整 数据库 备份	数据库	完整	OEM-HP	school	1	38000000044000070	3800000004710000

确定　　取消

图 3-23　"还原数据库"对话框部分截图

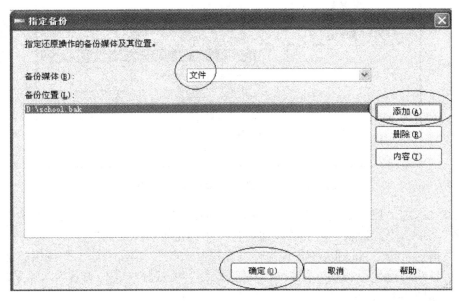

图 3-24　"指定备份"对话框

60

步骤三：在"还原数据库"的对话框中，在"选择用于还原的备份集"中选中"还原"下的复选框。设置好的"还原数据库"对话框如图 3-23 所示。

步骤四：在"还原数据库"对话框的"选择页"中单击"选项"，切换到选项页，在"还原选项"中选择"覆盖现有数据库"复选框，如图 3-25 所示。最后单击"确定"按钮，完成数据库还原操作。

【注意】覆盖该数据库时，该数据库不能进行任何操作。

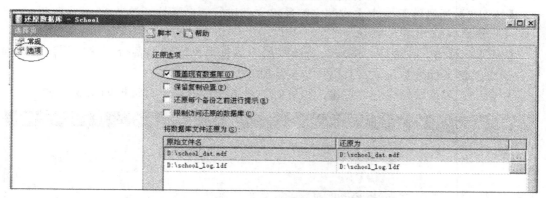

图 3-25 "覆盖现有数据库"选项选择截图

【例 3-19】通过 D:\中的完整数据库备份文件 School.bak 还原数据库，School 数据库在当前服务下原来不存在。

步骤一：在 SQL Server Management Studio 的"对象资源管理器"窗口，右击"数据库"节点，在快捷菜单中选择"还原数据库"，如图 3-26 所示。打开"还原数据库"对话框，如图 3-27 所示。

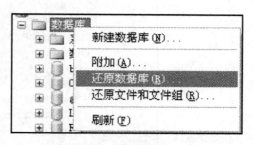

图 3-26 "还原数据库"命令截图

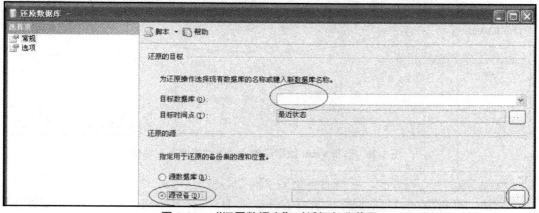

图 3-27 "还原数据库"对话框部分截图

步骤二：在"还原数据库"对话框的"还原的目标"中的"目标数据库"中输入数

据库名称"School"。在"还原的源"中选择"源设备"，再单击"源设备"后面的按钮，打开"指定设备"对话框。

在"指定设备"对话框中，"备份媒体"选择"文件"，单击"添加"按钮添加备份文件，最后单击"确定"按钮。

步骤三：在"还原数据库"对话框中，在"选择用于还原的备份集"中选中"还原"下的复选框。最后单击"确定"按钮，完成数据库还原操作。

【练习2】通过练习1中完成的完整备份文件进行逐一还原。

4．备份还原中常见错误

【例 3-20】现有数据库 ceshi，对该数据库进行数据库完整备份，然后删除该数据库，通过备份文件进行还原。具体操作按步骤进行。

步骤一：对该数据库进行备份，设置好的"备份数据库"对话框如图 3-28 所示。

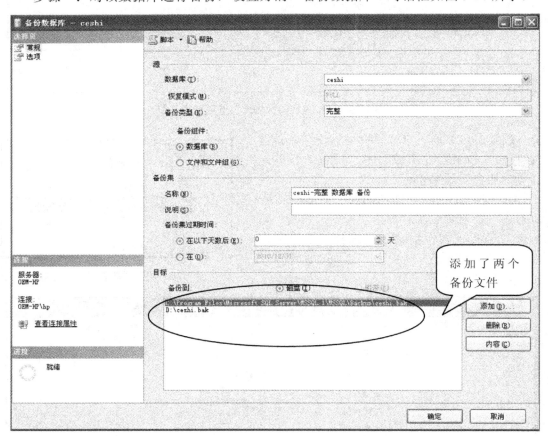

图 3-28　备份 ceshi 数据库的"备份数据库"对话框

从图 3-28 中可以看到，备份时备份到了两个备份文件。

步骤二：删除 ceshi 数据库，通过备份文件 D:\ceshi.bak 进行还原。还原数据库出错，错误消息如图 3-29 所示。

图 3-29 还原数据库时出错消息

原因是：备份该数据库时（如图 3-28 所示）备份到了两个备份文件，而还原时只选择了一个备份文件 D:\ceshi.bak，所以提示如图 3-29 所示的错误消息。

要解决如上错误问题，只能在还原时选择所有的备份文件。设置好的"指定设备"对话框如图 3-30 所示。

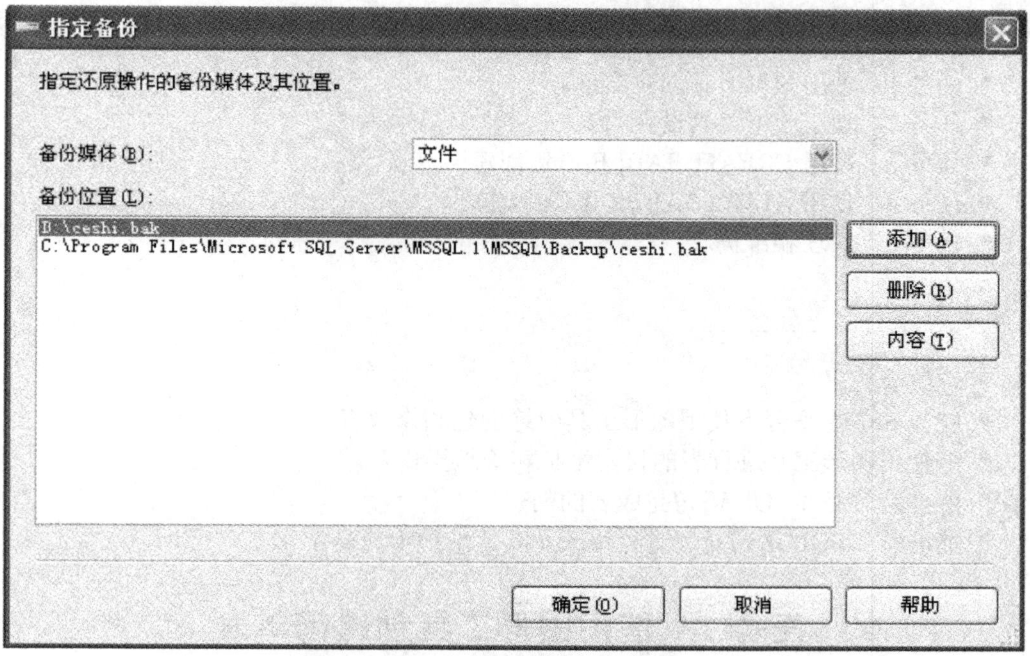

图 3-30 还原时指定多个备份文件

【建议】在一份备份操作中，指定一个备份文件。

任务总结

数据库的备份和还原操作都是非常重要的数据库系统管理员的工作。本任务对数据库备份着重介绍的是数据库的完整备份操作。数据库的备份操作是在数据库处于正常使用状态下的一项操作，而在实际应用中数据库的还原操作往往是在数据库异常环境下的一项操作，实际上，备份和恢复操作相互依存。

单元 4　创建和管理表

在数据库中表是实际存储数据的地方，其他的数据对象，如索引、视图等依附于表对象而存在的。所以创建和管理表是最基本、最重要的操作。

本单元介绍表的创建和管理。在 SQL Server 2008 中，创建和管理表可使用 SSMS 的图形工具来完成，也可编写执行 SQL 语句实现。

本单元包含的学习任务和学习目标具体如下：

学习任务

- 任务 1　使用图形工具创建简单表
- 任务 2　使用图形工具设置约束
- 任务 3　使用 CREATE TABLE 语句创建简单表
- 任务 4　使用 ALTER TABLE 语句修改表
- 任务 5　管理和维护表

学习目标

- 理解表约束
- 能在 SSMS 平台下使用图形工具熟练创建和修改表
- 能使用图形工具进行表的日常维护和管理操作
- 能熟练编写 T-SQL 语句完成表的创建
- 能编写 T-SQL 语句对表进行修改及其他维护管理操作

任务 1　使用图形工具创建简单表

任务提出

数据库中包含了很多对象，其中最重要、最基本、最核心的对象就是表。表是实际存储数据的地方，其他的数据库对象都是依附于表对象而存在的。在数据库中创建表可以说是整个数据库应用的开始，也是数据库应用中至关重要的一项基础操作。

任务分析

学生成绩管理系统数据库中的各表结构已在单元 2 完成设计，单元 3 完成了数据库 School 的创建，本任务要完成 School 数据库中表的简单创建，包括定义表中各字段的列名、字段属性（数据类型、长度、是否允许为空、字段默认值、是否为标识列）等。

任务实施

1. 创建简单表结构

【例 4-1】在 School 数据库中创建学生成绩管理系统数据库中的班级 Class 表。该表结构的定义如表 4-1 所示。

表 4-1　班级表 Class

字段名	字段说明	数据类型	长　度	是否允许为空
ClassNo	班级编号	nvarchar	10	否
ClassName	班级名称	nvarchar	30	否
College	所在学院	nvarchar	30	否
Specialty	所属专业	nvarchar	30	否
Enteryear	入学年份	int		是

步骤一：打开表设计器。展开 SSMS 的对象资源管理器，找到新创建的 School 数据库，右击"表"节点，在出现的快捷菜单中单击"新建表"命令（如图 4-1 所示），打开表设计器，如图 4-2 所示。

图 4-1　"新建表"命令

表 - dbo.Table_1	摘要	
列名	数据类型	允许空
▶		☐

图 4-2 表设计器

步骤二：在表设计器中输入列名，选择数据类型和列是否允许为空。

在表设计器的列名下，输入 Class 表的所有列名。在"数据类型"列下，选择相应的数据类型。在"允许空"列下，设置各个列是否允许为空，打"√"的表示允许为空。

步骤三：设置列属性。在表设计器的下部是列属性设置，可以设置各个列的属性。在对 ClassNo 列的数据类型选了"nvarchar"后，在列属性的"长度"选项中输入 10，其他各字段类型是字符型的数据长度都作如此设置。

设置完成的表设计器内容如图 4-3 所示。

列名	数据类型	允许空
ClassNo	nvarchar(10)	☐
ClassName	nvarchar(30)	☐
College	nvarchar(30)	☐
Specialty	nvarchar(30)	☐
EnterYear	int	☑

图 4-3 Class 表设计器内容

步骤四：保存表。单击工具栏中的"保存"按钮，在"选择名称"对话框中输入表名 Class，单击"确定"按钮。

【注意】表名必须符合命名规范，在同一个数据库中，表名不能相同。

2. 设置字段默认值

如果给某列设置了默认值，则用户在插入新行时没有为该列提供数据时，系统会将该列的默认值赋给该列。

【例 4-2】在 School 数据库中创建 Student 表，表中各字段定义如表 4-2 所示，Sex 字段设置默认值"男"。

表 4-2 学生表 Student

字段名	字段说明	数据类型	长度	是否允许为空	默认值
Sno	学号	nvarchar	15	否	
Sname	姓名	nvarchar	10	否	
Sex	性别	nchar	1	否	男
Birth	出生年月	date		是	
ClassNo	班级编号	nvarchar	10	否	

步骤一：以同【例 4-1】操作相同的方式完成对表的字段名、数据类型、长度以及是否为空的设置，完成如上操作后表设计器中的内容如图 4-4 所示。

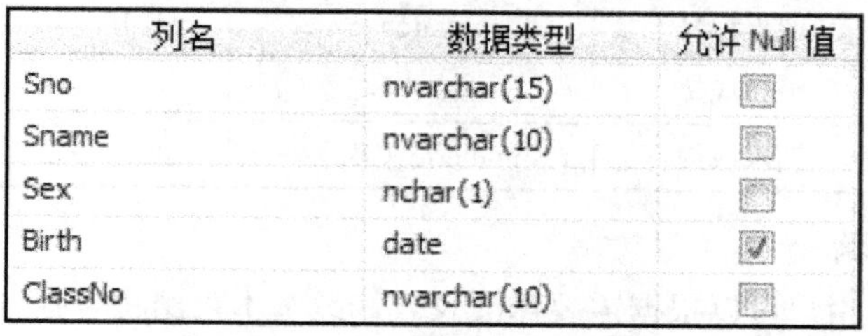

列名	数据类型	允许 Null 值
Sno	nvarchar(15)	☐
Sname	nvarchar(10)	☐
Sex	nchar(1)	☐
Birth	date	☑
ClassNo	nvarchar(10)	☐

图 4-4　新建好的 Student 表结构

步骤二：设置默认值。

Sex 字段的默认值设置：将光标停留在 Sex 字段所在行的任意位置，在列属性的"默认值或绑定"选项所在的文本框中输入"男"，如图 4-5 所示。

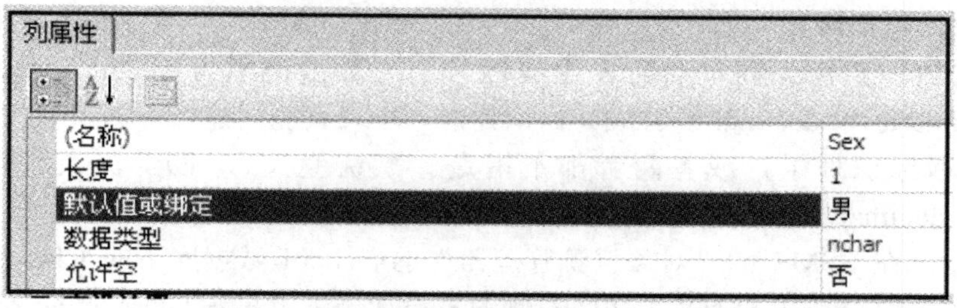

列属性	
(名称)	Sex
长度	1
默认值或绑定	男
数据类型	nchar
允许空	否

图 4-5　设置默认值

步骤三：保存表，表名为 Student。

【练习 1】在 SSMS 中创建 School 数据库中的课程表 Course，其表结构如表 4-3 所示。

表 4-3　课程 Course 表

字段名	字段说明	数据类型	长　度	是否允许为空
Cno	课程编号	nvarchar	10	否
Cname	课程名称	nvarchar	30	否
Credit	课程学分	int		是
ClassHour	课程学时	int		是

【练习 2】在 SSMS 中创建 School 数据库中的成绩表 Score，其表结构如表 4-4 所示。

表 4-4　成绩 Score 表

字段名	字段说明	数据类型	长　度	是否允许为空
Sno	学号	nvarchar	15	否

续表

字段名	字段说明	数据类型	长　度	是否允许为空
Cno	课程编号	nvarchar	10	否
Uscore	平时成绩	numeric（4,1）		是
Endscore	期末成绩	numeric（4,1）		是

3．修改表结构

表创建好后，用户可以根据需要修改表。修改基本表结构包括：

➢ 修改列名；

➢ 修改列属性，包括数据类型、长度、是否允许为空、默认值等；

➢ 添加新字段；

➢ 删除字段等。

【例 4-3】在班级表 Class 中新增加字段 Id，其类型为 int，并将其设为标识列，标识种子为 1，标识增量为 1。

【补充知识】标识列自动为表生成行号。列数据类型为 bigbit、int、smallint、tinyint、numeric 和 decimal 能够成为标识列，一个表只能创建一个标识列。须同时指定标识增量和标识种子，或者两者都不指定。默认值（1，1）。如果其数据类型为 numeric 和 decimal，则不允许出现小数位数。

步骤一：在 SSMS 的"对象资源管理器"的 School 数据库下的 Class 表上右击，选择"修改"命令，在 SSMS 工作区右侧的表设计器中将显示 Class 表的表结构内容。

步骤二：在第一行上右击，选择快捷菜单（如图 4-6 所示）中的"插入列"命令，在表格的字段列表中出现一个新的空白字段，在字段名处输入列名 Id，选择数据类型 int。

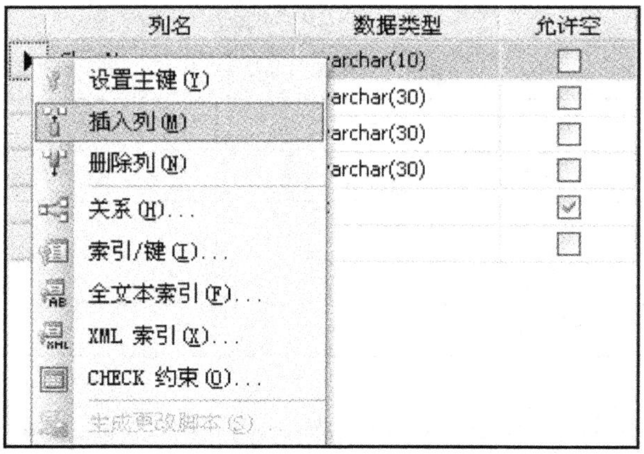

图 4-6　插入列

步骤三：在列属性窗口中的标识规范选项中作如图 4-7 所示的设置。"是标识"的值设置为"是"（双击该对象即可设置）、"标识增量"值为 1，"标识种子"值为 1。最后保存该表。

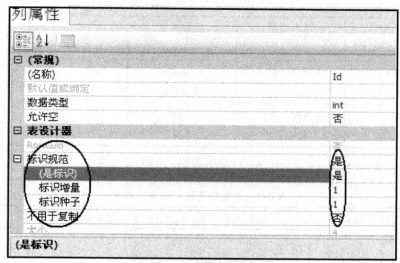

图 4-7   设置标识列

【练习 3】删除班级表 Class 中的 ID 字段的操作。

【练习 4】修改 Class 表中的字段 ClassName 的长度为 40。

【练习 5】设置 Class 表中的字段 College 的默认值为"信息工程学院"。

任务总结

通过本任务的学习，完成了在 SSMS 中使用图形工具创建简单表操作，包括定义表中各字段的列名、数据类型、长度、是否允许为空、字段默认值等。

拓展练习

在 SSMS 中使用图形工具在 School 数据库中创建学生住宿管理系统中的三张表。

➢ 创建宿舍表 Dorm，表的字段定义如表 4-5 所示。

表 4-5   宿舍表 Dorm

字段名	字段说明	数据类型	长　度	是否允许为空
DormNo	宿舍编号	nvarchar	10	否
Build	楼栋	nvarchar	30	否
Storey	楼层	nvarchar	10	否
RoomNo	房间号	nvarchar	10	否
BedsNum	总床位数	int		是
DormType	宿舍类别	nvarchar	10	是
Tel	宿舍电话	nvarchar	15	是

➢ 创建入住表 Live，表的字段定义如表 4-6 所示。

表 4-6　入住表 Live

字段名	字段说明	数据类型	长　度	是否允许为空
Sno	学号	nvarchar	15	否
DormNo	宿舍编号	nvarchar	10	否
BedNo	床位号	nvarchar	2	否
InDate	入住日期	date		否
OutDate	离寝日期	date		是

➢ 创建卫生检查表 CheckHealth，表的字段定义如表 4-7 所示。

表 4-7　卫生检查表 CheckHealth

字段名	字段说明	数据类型	长度	是否允许为空	默认值
CheckNo	检查号	int 标识列，标识种子和 标识增量为 1		否	
DormNo	宿舍编号	nvarchar	10	否	
CheckDate	检查时间	datetime		否	当前系统时间
CheckMan	检查人员	nvarchar	10	否	
Score	检查成绩	numeric(5,2)		否	
Problem	存在问题	nvarchar	50	是	

【提示】返回当前系统日期和时间的函数为：getdate()。常用日期和时间函数可查阅附录 5。

任务 2　使用图形工具设置约束

任务提出

为了保证表中数据的完整性和数据库内数据的一致性，必须给表设置约束，设置约束是在表的创建过程中一项重要的操作。

任务分析

设置约束须先理解数据完整性相关知识，理解 SQL Server 中的约束，然后根据实际需求设置约束。

相关知识与技能

1. 主键和外键

（1）主键

主键：唯一标识表中每一行的属性或最小属性组，主键中的各个属性称为主属性，不包含在主键中的属性称为非主属性。

主键可以是单个属性，也可以是属性组。

例如，学生（学号，姓名，性别，出生年月，班级编号）的主键是学号。而因为一个学生要选修多门课程，一门课程有多个学生选修，所以关系：成绩（学号，课程编号，平时成绩，期末成绩）的主键是学号+课程编号。

（2）外键

数据库中有多张表，表与表之间会存在关系。如：Student（Sno，Sname，Sex，Birth，ClassNo）和 Class（ClassNo，ClassName，College，Specialty，EnterYear），因为先有班级后有班级的学生，这两个表之间存在着关系，"Student"表中的"ClassNo"参照（引用）了"Class"表的主键"ClassNo"。在向 Student 表中插入新行或修改其中的数据时，ClassNo 这列的数据值必须在 Class 表中已经存在，否则将不能执行插入或者修改操作。

外键（外码）：A 表中有列 X，该列不是所在表 A 的主键，但可以是主属性，它参照了另一张表 B 的主键字段或者具有唯一约束的字段 Y，称列 X 为所在表 A 的外键。被参照的那个表 B 称为主表，而表 A 称为从表。列 X 称为参照列，列 Y 称为被参照列。

例如，"Student"表中的"ClassNo"参照了"Class"表的主键"ClassNo"，称"Student"表中的字段"ClassNo"为"Student"表的外键，"Class"表称为主表，Student 表称为从表。

2．数据完整性

数据库中的数据是从外界输入的，而数据的输入由于种种原因，会发生输入无效或错误信息，数据的完整性正是为了保证输入的数据符合规定而提出的。

数据完整性是指数据的精确性和可靠性。数据完整性分为三类：实体完整性、参照完整性和用户自定义的完整性。其中实体完整性和参照完整性是任何关系表必须满足的完整性约束条件。

（1）实体完整性

实体完整性规则：若属性 A 是关系 R 的主属性，则属性 A 不能取空值。

实体完整性用于保证关系数据库表中的每条记录都是唯一的，建立主键的目的就是为了实现实体完整性。

（2）参照完整性

参照完整性规则：参照完整性是基于外键的，如果表中存在外键，则外键的值必须与主表中的某条记录的被参照列的值相同，如果外键列允许为空则或者外键的值为空。

例如，"Student"表中的"ClassNo"参照"Class"表的主键"ClassNo"，则"Student"表中的"ClassNo"列的值必须与"Class"表中某条记录的主键"ClassNo"列的值相同。

参照完整性用于确保相关联表间的数据保持一致。当添加、删除或修改数据库表中记录时，可以借助于参照完整性来保证相关表间数据的一致性。

（3）用户自定义的完整性

用户自定义的完整性约束就是针对某一具体关系数据库的约束条件，它反映某一具体应用所涉及的数据必须满足的语义要求。例如，性别只能为男、女；E-mail 中必须包含@符号；考试成绩在 0~100 之间等。

3．SQL Server 约束

在 SQL Server 中，通过为表的字段设置约束来保证表中数据完整性，包括四大约束，分别是：主键约束（PRIMARY KEY）、检查约束（CHECK）、唯一约束（UNIQUE）和外键约束（FOREIGN KEY）。

（1）主键约束（PRIMARY KEY）

用于满足实体完整性，要求主键列数据唯一，并且不允许为空。

（2）检查约束（CHECK）

CHECK 约束的主要作用是限制输入到一列或多列中的可能值，从而保证 SQL Server 数据库中数据的用户自定义完整性。例如，强制成绩字段只能输入 0~100 之间的数值型数据。

（3）唯一约束（UNIQUE）

UNIQUE 约束应用于表中的非主键列，用于指定一个或者多个列的组合的值具有唯一性，以防止在列中输入重复的值。例如，身份证号码列，由于所有身份证号码不可能出现重复，所以可以在此列上建立 UNIQUE 约束，确保不会输入重复的身份证号码。

UNIQUE 约束与 PRIMARY KEY 约束的不同之处在于：

- 一张表可以设置多个 UNIQUE 约束，而 PRIMARY KEY 约束在一个表中只能有一个。
- 设置了 UNIQUE 约束的列值必须唯一，但允许有一个空值。而设置了 PRIMARY KEY 约束的列值必须唯一，而且不允许为空。

（4）外键约束（FOREIGN KEY）

外键约束用于满足参照完整性。

外键不能是所在表的主键，但可以是主属性。主表中的被参照的列必须是主键字段或是具有唯一约束的字段。

外键列的数据类型必须和主表的被参照列的数据类型完全相同，但外键列的字段名可以和被参照列的字段名不同。

4．约束名的取名规则

约束名的取名规则推荐采用如下方式：约束类型_表名、约束类型_字段名、约束类型_表名_字段名。

- 主键（Primary Key）约束：如 PK_表名
- 唯一（Unique）约束：如 UQ_字段名
- 检查（Check）约束：如 CK_字段名
- 外键（Foreign Key）约束：如 FK_从表名_主表名

任务实施

1．设置主键约束

主键必须是能唯一标识表中每一行的属性或最小属性组。

【例 4-4】设置表 Class 中的 ClassNo 字段为主键。

步骤一：展开 SSMS 的对象资源管理器中 School 数据库下的"表"节点，右击 Class 表对象，选择"修改"命令，打开表设计器。

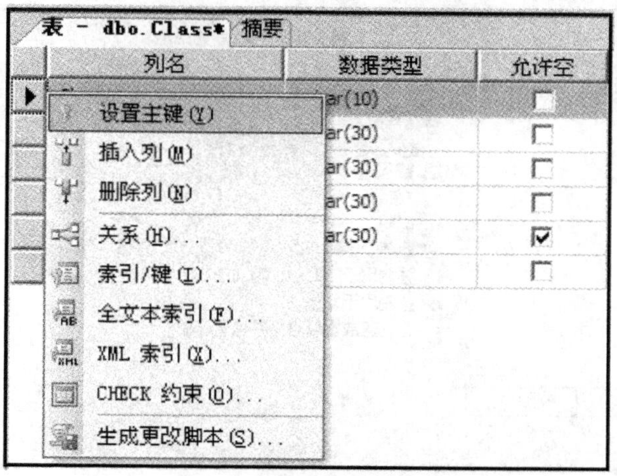

图 4-8　设置主键

步骤二：在表设计器的 ClassNo 列前单击，选中该字段。在该字段上右击，在快捷菜单（见图 4-8）中选择"设置主键"命令，在该字段的右侧出现 <img> 标志，即将该字段设为主键。

另外，当选中要设置主键的字段后，也可以单击表设计器工具栏上如图 4-9 所示的"主键"按钮来完成字段的主键设置操作，或者选择"表设计器"菜单中的"设置主键"命令。

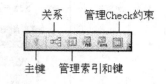

图 4-9　"表设计器"工具栏

步骤三：单击工具栏上的"保存" <img> 按钮，保存该表。

【练习 1】设置表 Student 中的 Sno 字段为主键。

【练习 2】设置表 Course 中的 Cno 字段为主键。

【练习 3】设置表 Score 中的 Sno 和 Cno 字段为主键。

【提示】主键可以包含多个属性。如果主键包含多个属性，设置主键时按 Ctrl 键同时选中多个字段后再设置。

2．设置检查约束

检查约束也称为 CHECK 约束，该约束通过条件表达式去判断输入值是否满足条件。

【例 4-5】给 Student 表中的 Sex 字段设置检查约束，在输入值时只允许输入"男"或"女"，约束名为 CK_Sex。

步骤一：在 SSMS 对象资源管理器中展开表对象 Student，右击"约束"，选择"新建约束"命令，如图 4-10 所示，打开如图 4-11 所示

图 4-10　"新建约束"命令

"CHECK 约束"对话框。

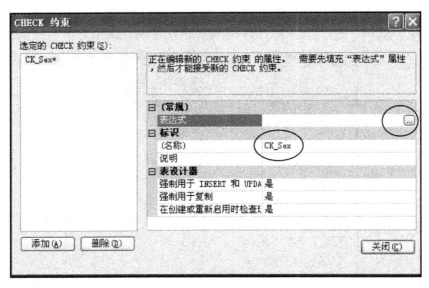

图 4-11 　"CHECK 约束"对话框

步骤二：在打开的 "CHECK 约束"对话框中，在"标识"的"名称"选项中输入"CK_Sex"，再把光标停留到"常规"选项的"表达式"的空白文本框中，单击按钮，打开"CHECK 约束表达式"对话框（如图 4-12 所示），在该对话框中输入表达式：Sex='男' or Sex='女'，单击"确定"按钮，返回"CHECK 约束"对话框。

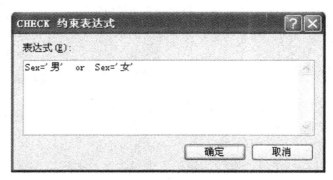

图 4-12 　"CHECK 约束表达式"对话框

步骤三：关闭"CHECK 约束"对话框，最后单击"保存"按钮保存该表。

【说明】该约束创建好后，如果在"对象资源管理器"中的"约束"对象下没有看到该约束，只需要右击"约束"对象，选择"刷新"命令即可，如图 4-13 所示。

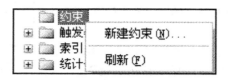

图 4-13 　"刷新"约束

【注意】在 SQL Server 中，字符型常量必须用单引号括起来，数值型常量不用单引号括起来。标点符号必须为英文标点符号。

【注意】设置 CHECK 约束也可以在"表设计器"中进行。在 SSMS 的"对象资源管理器"的 School 数据库下的 Student 表上右击，选择"修改"命令，打开"表设计器"窗口。在"表设计器"窗口中右击，选择"CHECK 约束"命令，如图 4-14 所示。在打开的"CHECK 约束"对话框中进行设置。

表 - dbo.Student*		
列名	数据类型	允许空
Sno	nvarchar(15)	☐
Sname	nvarchar(10)	☐
Sex	nchar(1)	☐

设置主键(Y)

插入列(M)

删除列(N)

关系(H)...

索引/键(I)...

全文本索引(F)...

XML 索引(X)...

CHECK 约束(O)...

生成更改脚本(S)...

图 4-14　在表设计器中添加"CHECK 约束"

【练习 4】设置约束使得课程表 Course 中的 Credit 字段、ClassHour 字段的值都必须大于 0。

【练习 5】设置约束使得 Score 表中 Uscore 字段、Endscore 字段的值在 0~100 之间。

3．设置外键约束

通过设置外键约束建立数据库中表与表之间的关系，实施参照完整性。

【例 4-6】给 Student 表的 ClassNo 字段设置外键约束，使该字段的值参照 Class 表的主键字段 ClassNo，外键约束名为 FK_Student_Class。

步骤一：在 SSMS 对象资源管理器中展开表对象 Student，右击"键"，选择"新建外键"命令，如图 4-15 所示，打开如图 4-16 所示的"外键关系"对话框。

步骤二：在打开的"外键关系"对话框中，在"标识"的"名称"选项中输入"FK_Student_Class"，再把光标停留到"常规"下的"表和列规范"选项所在行的空白文本框中，单击按钮 [...] ，打开"表和列"对话框（见图 4-17），选择

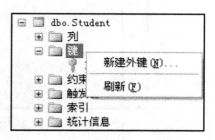

图 4-15　"新建外键"命令

主键表 Class 和该表下的 ClassNo 字段，选择外键表"Student"和该表下的外键字段
ClassNo，再单击"确定"按钮。

步骤三：关闭"外键关系"对话框，最后单击"保存"按钮 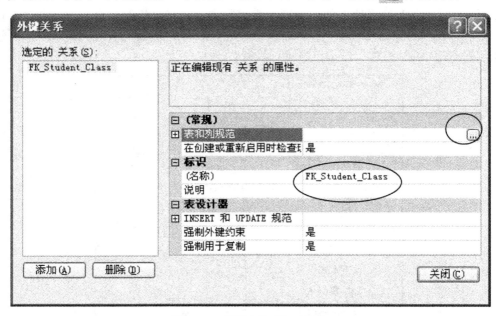 保存该表。

图 4-16   "外键关系"对话框

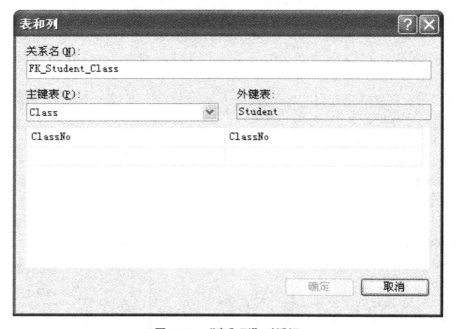

图 4-17   "表和列"对话框

【注意】设置外键约束也可以在"表设计器"中进行。在 SSMS 的"对象资源管理
器"的 School 数据库下的 Student 表上右击，选择"修改"命令，打开"表设计器"窗

口。在"表设计器"窗口中右击，选择"关系"命令，在打开的"外键关系"对话框中进行设置。

【练习 6】给 Score 表的 Sno 字段设置外键约束，使该字段的值参照 Student 表的主键字段 Sno，外键约束名为 FK_Score_Student。

【练习 7】给 Score 表的 Cno 字段设置外键约束，使该字段的值参照 Course 表的主键字段 Cno，外键约束名为 FK_Score_Course。

4. 设置唯一约束

【例 4-7】给 Class 表的 ClassName 字段设置唯一约束，约束名为 UQ_ClassName。

步骤一：在 SSMS 的"对象资源管理器"的 School 数据库下的 Class 表上右击，选择"修改"命令，打开"表设计器"窗口。

步骤二：在"表设计器"窗口中右击，选择"索引/键"命令，在打开的"索引/键"对话框中单击"添加"按钮。

步骤三：在"常规"下面的"类型"中选择"唯一键"，"列"选择"ClassName"。在"标识"下面的"（名称）"中输入约束名称"UQ_ClassName"，如图 4-18 所示。

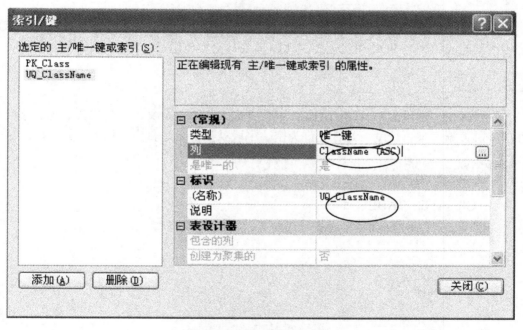

图 4-18　新建"唯一约束"

任务总结

SQL Server 包括四大约束，分别是主键约束（PRIMARY KEY）、检查约束（CHECK）、唯一约束（UNIQUE）和外键约束（FOREIGN KEY）。通过为表的字段设置约束来保证表中数据完整性，所以应该根据实际需求尽可能地设置约束。

拓展练习

在 SSMS 中使用图形工具为学生住宿管理系统中的三张表设置约束。

1. 设置宿舍表 Dorm 的字段 DormNo 为主键。
2. 设置宿舍表 Dorm 的字段 BedsNum 的值必须大于 0。
3. 设置入住表 Live 的字段 Sno、InDate 为主键。
4. 设置入住表 Live 的字段 Sno 参照 Student 表的主键 Sno。
5. 设置入住表 Live 的字段 DormNo 参照 Dorm 表的主键 DormNo。
6. 设置入住表 Live 的字段 OutDate 的值必须晚于字段 InDate 的值。
7. 设置卫生检查 CheckHealth 表的 CheckNo 字段为主键。
8. 设置卫生检查 CheckHealth 表的字段 Score 值在 0~100 之间。

任务 3　使用 CREATE TABLE 语句创建简单表

任务提出

在 SQL Server 2008 中，除了在 SSMS 中使用图形工具创建表外，还可以使用 SQL 语句来创建表。使用 SQL 语句创建表比图形工具更加通用。

任务分析

本任务要求使用 CREATE TABLE 语句完成表的简单定义，包括字段名称、字段属性（字段数据类型、长度、是否允许为空、字段默认值、是否为标识列）等。

相关知识与技能

1. CREATE TABLE 语句

CREATE TABLE 语句其语法形式如下：

```
CREATE TABLE 表名
（列名 1　列属性，
 列名 2　列属性，
 ……，
 列名 n　列属性
 ）
```

列属性包括字段数据类型、长度、是否允许为空、字段默认值、是否为标识列等。
【注意】

（1）数据类型中，只有 char、nchar、varchar、nvarchar 数据类型必须同时指明长度，如 nvarchar（10），其他数据类型不用指明长度，如 int。

（2）decimal(p,s) 和 numeric(p,s) 数据类型必须指明 p（精度）和 s（小数位数）。

（3）标识列：IDENTITY（标识种子，标识增量）。

（4）NULL：表示允许为空，字段定义时默认为允许空，可以省略。
　　　NOT　NULL：表示不允许为空。

（5）设置字段默认值：DEFAULT 值 或者 DEFAULT（值）

（6）注意字符型常量必须用单引号括起来，而数值型常量不用。

任务实施

在任务实施前先删除 School 数据库中使用图形工具创建的所有表，练习使用 CREATE TABLE 语句在 School 数据库中创建表。

1. 使用 CREATE TABLE 语句创建表

【例 4-8】使用 CREATE TABLE 语句在 School 数据库中创建学生成绩管理系统数据库中的班级 Class 表。该表结构的定义如表 4-8 所示。

表 4-8　班级表 Class

字段名	字段说明	数据类型	长　度	是否允许为空
ClassNo	班级编号	nvarchar	10	否
ClassName	班级名称	nvarchar	30	否
College	所在学院	nvarchar	30	否
Specialty	所属专业	nvarchar	30	否
Enteryear	入学年份	int		是

SQL 语句在 SQL 编辑器中编辑、调试和执行。

步骤 1：打开 SQL 编辑器窗口。打开 SSMS，单击"标准"工具栏上的"新建查询"按钮 新建查询(N)，打开 SQL 编辑器窗口。

步骤 2：输入 SQL 语句。

```
CREATE  TABLE  Class
(ClassNo nvarchar(10)  NOT  NULL,
ClassName   nvarchar(30)  NOT  NULL,
College nvarchar(30)  NOT  NULL,
Specialty   nvarchar(30)  NOT  NULL,
EnterYear   int)
GO
```

【注意】

（1）标点符号必须为英文标点符号。

（2）在执行语句前，先检查当前数据库是否为 School，否则会造成将该表创建到其他数据库中。

（3）可在工具栏上的"SQL 编辑器"工具栏中的可用数据库中选择 School 数据

库，或者在 CREATE TABLE 语句前添加 USE　School。

步骤 3：执行 SQL 语句。单击工具栏上的"SQL 编辑器"工具栏中的"执行"按钮（或者选择菜单"查询"→"执行"选项，或者按键盘上的 F5 键），将执行 T-SQL 语句。

【注意】如果工具栏中没有"SQL 编辑器"工具栏，则选择 SSMS 的主菜单"视图"→"工具栏"→"SQL 编辑器"。

步骤 4：保存脚本。单击"标准"工具栏上的"保存"按钮，保存该 SQL 脚本文件。

2．检测表是否存在

在一个数据库中不能存在两个同名的表，因此我们在创建表前一般先检测将要创建的表在当前数据库中是否已经存在。当我们在数据库中创建好一个表之后，系统会在当前数据库的系统表及视图里增加有关这个数据库的相关信息。如在 sysobjects 这个系统表中就会添加包含该表信息的记录，可以通过查询这个视图来获取要创建的表是否存在的信息。

【例 4-9】检测数据库 School 中 Student 表是否存在。

结合 EXISTS 存在量词来检测表是否存在，如果检测到表已经存在，就删除原来已存在的表，语句如下：

```
USE School              --将当前数据库设置为 School
GO
IF EXISTS(SELECT * FROM  sysobjects  WHERE name='Class' and type='U')
DROP  TABLE  Class      --如果存在，删除 Class 表
GO
```

或者调用函数 OBJECT_ID('表名')，返回该表的标识号，如不存在，则返回 NULL。

```
IF OBJECT_ID('Class') IS NOT NULL
DROP TABLE Class                --删除数据库
GO
```

【练习 1】在 School 数据库中创建 Student 表，表中各字段定义如表 4-9 所示，Sex 字段设置默认值"男"。

表 4-9　学生表 Student

字段名	字段说明	数据类型	长　度	是否允许为空	默认值
Sno	学号	nvarchar	15	否	
Sname	姓名	nvarchar	10	否	
Sex	性别	nchar	1	否	男
Birth	出生年月	date		是	
ClassNo	班级编号	nvarchar	10	否	

【练习 2】创建 School 数据库中的课程表 Course，其表结构如表 4-10 所示。

表 4-10　课程 Course 表

字段名	字段说明	数据类型	长　度	是否允许为空
Cno	课程编号	nvarchar	10	否
Cname	课程名称	nvarchar	30	否
Credit	课程学分	int		是
ClassHour	课程学时	int		是

【练习 3】创建 School 数据库中的成绩表 Score，其表结构如表 4-11 所示。

表 4-11　成绩 Score 表

字段名	字段说明	数据类型	长　度	是否允许为空
Sno	学号	nvarchar	15	否
Cno	课程编号	nvarchar	10	否
Uscore	平时成绩	numeric（4,1）		是
Endscore	期末成绩	numeric（4,1）		是

任务总结

通过本任务的学习，完成了使用 CREATE TABLE 语句创建简单表，包括定义表中各字段的列名、数据类型、长度、是否允许为空、字段默认值等。

拓展练习

使用 CREATE TABLE 语句在 School 数据库中创建学生住宿管理系统中的三张表。

➤ 创建宿舍表 Dorm，表的字段定义如表 4-12 所示。

表 4-12　宿舍表 Dorm

字段名	字段说明	数据类型	长　度	是否允许为空
DormNo	宿舍编号	nvarchar	10	否
Build	楼栋	nvarchar	30	否
Storey	楼层	nvarchar	10	否
RoomNo	房间号	nvarchar	10	否
BedsNum	总床位数	int		是
DormType	宿舍类别	nvarchar	10	是
Tel	宿舍电话	nvarchar	15	是

➤ 创建入住表 Live，表的字段定义如表 4-13 所示。

表 4-13   入住表 Live

字段名	字段说明	数据类型	长 度	是否允许为空
Sno	学号	nvarchar	15	否
DormNo	宿舍编号	nvarchar	10	否
BedNo	床位号	nvarchar	2	否
InDate	入住日期	date		否
OutDate	离寝日期	date		是

➤ 创建卫生检查表 CheckHealth，表的字段定义如表 4-14 所示。

表 4-14   卫生检查表 CheckHealth

字段名	字段说明	数据类型	长 度	是否允许为空	默认值
CheckNo	检查号	int identity（1,1）		否	
DormNo	宿舍编号	nvarchar	10	否	
CheckDate	检查时间	datetime		否	当前系统时间
CheckMan	检查人员	nvarchar	10	否	
Score	检查成绩	numeric(5,2)		否	
Problem	存在问题	nvarchar	50	是	

任务 4　使用 ALTER TABLE 语句修改表

任务提出

使用 CREATE TABLE 语句创建表后，为了保证表中数据的完整性和数据库内数据的一致性，必须给表设置约束。另外，经常会根据实际情况需要进一步对已存在的表做一些必要的修改操作。

任务分析

修改表的 SQL 语句是 ALTER TABLE 语句。本任务要求完成使用 ALTER TABLE 语句进行约束的设置和表结构的修改。

相关知识与技能

1. 添加新字段

```
ALTER TABLE 表名
    ADD 列名    列属性
```

2. 修改字段属性

包括修改字段的数据类型、长度、是否为空。

```
ALTER TABLE 表名
    ALTER COLUMN   列名   列属性
```

3. 修改字段名

```
EXECUTE  SP_RENAME  '表名.原字段名','新字段名','COLUMN'
```

4. 删除字段

```
ALTER TABLE 表名
    DROP COLUMN   列名
```

5. 添加约束

包括设置主键约束、检查约束、外键约束、唯一约束和默认值。

```
ALTER TABLE 表名
    ADD CONSTRAINT 约束名   具体的约束
```

- 主键约束：PRIMARY KEY（主键字段名）
- 检查约束：CHECK（检查表达式）
- 外键约束：FOREIGN KEY（外键字段名） REFERENCES   主表名（被参照字段名）
- 唯一约束：UNIQUE（唯一约束字段名）
- 默认值：DEFAULT   （默认值） FOR   （设置默认值的字段名）

6. 删除约束

```
ALTER TABLE 表名
    DROP CONSTRAINT 约束名
```

任务实施

1. 添加和删除字段

【例 4-10】在班级表 Class 中新增加字段 Id，其类型为 int，并将其设为标识列，标识种子为 1，标识增量为 1。

```
USE School
GO
ALTER TABLE Class
```

```
    ADD  Id  int  IDENTITY(1,1)
```

【例 4-11】删除班级表 Class 中的 ID 字段的操作。

```
ALTER TABLE  Class
    DROP COLUMN  Id
```

【练习 1】修改 Class 表中的字段 ClassName 的长度为 40。

2．添加主键约束

【例 4-12】设置表 Class 中的 ClassNo 字段为主键。

```
ALTER TABLE Class
    ADD CONSTRAINT PK_Class  PRIMARY KEY(ClassNo)
```

【练习 2】设置表 Student 中的 Sno 字段为主键。

【练习 3】设置表 Course 中的 Cno 字段为主键。

【练习 4】设置表 Score 中的 Sno、Cno 字段为主键。

3．添加检查约束

【例 4-13】给 Student 表中的 Sex 字段设置检查约束，在输入值时只允许输入"男"或"女"，约束名为 CK_Sex。

```
ALTER TABLE Student
    ADD CONSTRAINT CK_Sex  CHECK(Sex='男' or  Sex='女')
```

【练习 5】设置约束使得课程表 Course 中的 Credit 字段、ClassHour 字段的值都必须大于 0。

【练习 6】设置约束使得 Score 表中 Uscore 字段、Endscore 字段的值在 0~100 之间。

4．添加外键约束

【例 4-14】给 Student 表的 ClassNo 字段设置外键约束，使该字段的值参照 Class 表的主键字段 ClassNo，外键约束名为 FK_Student_Class。

```
ALTER TABLE Student
  ADD CONSTRAINT FK_Student_Class
  FOREIGN KEY(ClassNo)  REFERENCES  Class(ClassNo)
```

【练习 7】给 Score 表的 Sno 字段设置外键约束，使该字段的值参照 Student 表的主键字段 Sno，外键约束名为 FK_Score_Student。

【练习 8】给 Score 表的 Cno 字段设置外键约束，使该字段的值参照 Course 表的主键字段 Cno，外键约束名为 FK_Score_Course。

5．添加唯一约束

【例 4-15】给 Class 表的 ClassName 字段设置唯一约束，约束名为 UQ_ClassName。

```
ALTER TABLE Class
```

```
    ADD CONSTRAINT UQ_ClassName UNIQUE(ClassName)
```

6. 添加默认值

【例 4-16】设置 Class 表中的字段 College 的默认值为"信息工程学院"。

```
ALTER TABLE Class
    ADD CONSTRAINT DF_College DEFAULT ('信息工程学院') FOR College
```

7. 使用 CREATE TABLE 语句创建表同时设置约束

创建表一般先创建简单表结构，然后再设置约束，也可以在创建表同时设置约束，语法如下：

```
CREATE  TABLE  表名
（列名 1   数据类型   列属性   列级约束,
    列名 2   数据类型   列属性   列级约束,
    ……,
    列名 n   数据类型   列属性   列级约束,
    列级约束或表级约束
)
```

在表的约束的定义中，有列级约束和表级约束。

● 列级约束只跟该表中一个字段有关，可以在相关字段中直接定义，也可以单独定义。

● 表级约束跟该表中多个字段有关，只能单独定义。

【注意】约束名可以省略，如果省略，约束名采用系统默认生成。

【例 4-17】创建 Class 表。

```
--创建表 Class (ClassNo, ClassName, College, Specialty, EnterYear)
USE School
IF EXISTS(SELECT * FROM sysobjects WHERE NAME='Class' and TYPE='U')
    DROP  TABLE  Class   --如果存在，删除该表
GO
CREATE  TABLE Class
(ClassNo nvarchar(10)  Constraint PK_Class PRIMARY KEY,  --列级约束
ClassName nvarchar(30) NOT NULL,
College   nvarchar(30) NOT NULL,
Specialty nvarchar(30) NOT NULL,
EnterYear int)
GO
```

【说明】其中 Constraint PK_Class 可以省略，如果省略，约束名采用系统默认生成。

该表的主键约束只跟一个字段 ClassNo 有关，所以可以在 ClassNo 字段中直接定

85

义，当然也可以单独定义。

【例 4-18】创建 Student 表、Course 表和 Score 表。

```
--创建表 Student (Sno, Sname, Sex, Birth, ClassNo)
USE School
IF EXISTS(SELECT * FROM sysobjects WHERE NAME='Student' and TYPE='U')
    DROP  TABLE  Student
GO
CREATE  TABLE Student
(Sno nvarchar(15) Constraint PK_Student PRIMARY KEY,
Sname    nvarchar(10) NOT NULL,
Sex      nchar(1) NOT NULL Constraint CK_Sex CHECK(Sex='男' or Sex='女'),
Birth    date,
ClassNo  nvarchar(10) Constraint FK_Student_Class FOREIGN
KEY(ClassNo) REFERENCES Class(ClassNo))
GO
--创建表 Course (Cno, Cname, Credit,ClassHour)
USE School
IF OBJECT_ID('Course')  is NOT NULL
 DROP  TABLE  Course
GO
CREATE TABLE Course
(Cno nvarchar(10) Constraint PK_Cno PRIMARY KEY,
Cname    nvarchar(30) NOT NULL,
Credit   numeric(4,1) Constraint CK_Credit CHECK(Credit>0),
ClassHour   int  Constraint CK_ClassHour CHECK(ClassHour>0))
GO
--创建表 Score (Sno, Cno, Uscore, EndScore)
USE School
IF OBJECT_ID('Score')  is NOT NULL
 DROP  TABLE  Score
GO
CREATE TABLE Score
(Sno nvarchar(15) Constraint FK_Score_Student FOREIGN KEY(Sno) REFERENCES
Student(Sno),
   Cno nvarchar(10) Constraint FK_Score_Course FOREIGN  KEY(Cno) REFERENCES
Course(Cno),
   Uscore   numeric(4,1) Constraint CK_Uscore CHECK(Uscore>=0 and Uscore<=
100),
```

```
EndScore numeric(4,1) Constraint CK_EndScore CHECK(EndScore>=0
 and EndScore<=100),
Constraint PK_Score PRIMARY KEY(Sno,Cno)
)
GO
```

【注意】在 Score 表中，主键涉及两个字段，所以只能单独定义，不能在字段中直接定义。

任务总结

....

根据实际需求可使用 ALTER TABLE 语句修改表，修改表操作除了已经介绍的添加新字段、修改字段属性、修改字段名、删除字段、添加约束、删除约束等，还包括使约束无效、使约束有效等操作，可通过使用联机丛书查找帮助获得更多信息。

拓展练习

....

使用 ALTER TABLE 语句为学生住宿管理系统涉及的三张表设置约束。

1．设置宿舍表 Dorm 的字段 DormNo 为主键，约束名为 PK_Dorm。

2．设置宿舍表 Dorm 的字段 BedsNum 的值必须大于 0，约束名为 CK_BedsNum。

3．设置入住表 Live 的字段 Sno、InDate 为主键，约束名为 PK_Live。

4．设置入住表 Live 的字段 Sno 参照 Student 表的主键 Sno，约束名为 FK_Live_Student。

5．设置入住表 Live 的字段 DormNo 参照 Dorm 表的主键 DormNo，约束名为 FK_Live_Dorm。

6．设置入住表 Live 的字段 OutDate 的值必须晚于字段 InDate 的值，约束名为 CK_OutDate。

7．设置卫生检查 CheckHealth 表的 CheckNo 字段为主键，约束名为 PK_CheckHealth。

8．设置卫生检查 CheckHealth 表的字段 Score 值在 0~100 之间，约束名为 CK_Score。

任务5　管理和维护表

任务提出

....

表创建好后，要根据实际需求对表进行管理和维护，对表的管理和维护操作包括对表结构的修改、表中数据的维护、表的重命名和删除等。

任务分析

对表结构的修改已经在任务 1 和任务 4 中介绍，本任务介绍对表记录的操作、表的重命名和删除等操作。对表记录的操作包括添加记录、导入数据、删除记录、修改记录等。

任务实施

1. 添加记录

创建好表之后要使用表，就必须向表中输入原始数据。

在 SSMS 中，用户可以在图形界面环境下快捷地完成记录的添加。右击表对象，选择快捷菜单"编辑前 200 行"命令，在打开的"表编辑"窗口中添加记录。

往表中添加记录，必须注意以下事项：

➢ 标识列中的值不能输入、修改和删除。

➢ 如果某列不允许为空，则某条记录中该列必须插入数据，反之可以为空。

➢ 如果对表的某列设置了主键约束，则必须满足实体完整性。

➢ 如果对某列设置了外键约束，则必须满足参照完整性；即必须先到主表中添加相关记录，才能到从表中添加对应记录。

➢ 如果对某列设置了检查约束，则输入的值必须满足检查约束的条件。

【例 4-19】在 SSMS 中使用图形工具完成对班级表 Class 记录的添加操作，记录如表 4-15 所示。

表 4-15　Class 表中记录

ClassNo	ClassName	College	Specialty	EnterYear
200901001	计算机 091	信息工程学院	计算机应用技术	2009
200901002	计算机 092	信息工程学院	计算机应用技术	2009
200901003	计算机 093	信息工程学院	计算机应用技术	2009
200901901	电商 091	信息工程学院	电子商务	2009
200901902	电商 092	信息工程学院	电子商务	2009
200905201	网络 091	信息工程学院	计算机网络技术	2009
200905202	网络 092	信息工程学院	计算机网络技术	2009
200907301	软件 091	信息工程学院	软件技术	2009

步骤一：右击 SSMS 的对象资源管理器中的 Class 表对象，选择"编辑前 200 行"命令，打开如图 4-19 所示的"表编辑"窗口。

WIN-EEJEFSS4K97.School - dbo.Class				
ClassNo	ClassName	College	Specialty	EnterYear
＊ NULL	NULL	NULL	NULL	NULL

图 4-19　"表编辑"窗口

步骤二：将上述表中的各记录的值一条一条输入。

【说明】

（1）当输入一个字段结束后，可以用光标右移键将光标移动到下一个字段输入。此时会出现如图 4-20 所示的红色警戒标志，说明一个字段已输完，但记录还没有提交，也没有检查字段的完整性约束。当一行记录全部都输入完毕，按回车键，此时，将检查数据的完整性，如果违反表定义的完整性约束，则记录不能提交。

	Sno	Cno	Uscore	Endscore
✎	200931010100$	NULL	NULL	NULL
*	NULL	NULL	NULL	NULL

图 4-20　记录输入状态图

（2）图 4-20 中*标记是表示将要添加的下一条记录。

【思考】在本例中，ClassNo 字段是主键字段，在操作时能不能输入空值或重复值？

【练习 1】在 SSMS 中使用图形工具完成学生表 Student 的记录添加操作，其记录如表 4-16 所示。

表 4-16　Student 表中记录

Sno	Sname	Sex	Birth	ClassNo
200931010100101	倪骏	男	1991-7-5	200901001
200931010100102	陈国成	男	1992-7-18	200901001
200931010100207	王康俊	女	1991-12-1	200901002
200931010100208	叶毅	男	1991-1-20	200901002
200931010100321	陈虹	女	1990-3-27	200901003
200931010100322	江苹	女	1990-5-4	200901003
200931010190118	张小芬	女	1991-5-24	200901901
200931010190119	林芳	女	1991-9-8	200901901

【思考】在往 Class 表和 Student 表添加记录时，能否随意添加，是否有先后要求？

2．导入数据

添加记录除了直接往表中输入记录外，还可以将外部数据直接导入到表中，这样可以大大提高输入效率，尤其是在数据环境更新的情况下。

SQL Server 2008 数据库可以与其他类型的数据管理软件交换数据（数据的导入/导出），数据导入是把外部数据源的数据导入到 SQL Server 表中，而数据导出是把 SQL Server 中的数据导出到外部数据源中。

利用数据导入和导出功能，可以实现在不同的数据环境中实现数据交换，同时也可以实现在同一数据库服务器上不同数据库之间的数据交换。

常用的数据交换类型有：

- SQL Server 数据库与 SQL Server 数据库之间数据的交换。
- SQL Server 数据库与 Excel 表格之间数据的交换。
- SQL Server 数据库与 Access 数据库之间数据的交换。
- SQL Server 数据库与文本文件之间数据的交换。

【例 4-20】在 SSMS 中使用图形工具将"学生成绩管理系统表中记录.xls"文件中的"课程"工作表中的数据导入到数据库 School 的课程表 Course 中。

步骤一：打开 SSMS，在"对象资源管理器"中选择数据库"School"，在右键快捷菜单中选择"任务"→"导入数据"，如图 4-21 所示。

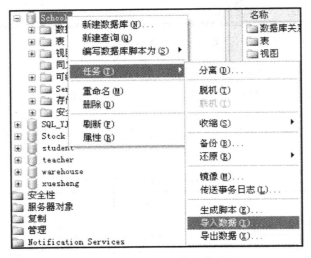

图 4-21　选择"导入数据"命令

步骤二：在打开的"SQL Server 导入和导入向导"对话框中，选择"下一步"按钮。

步骤三：在"选择数据源"对话框中选择数据的来源，"数据源"选择"Mocrosoft Excel"，再选择"Excel 文件路径"，如图 4-22 所示。选择好后，单击"下一步"按钮。

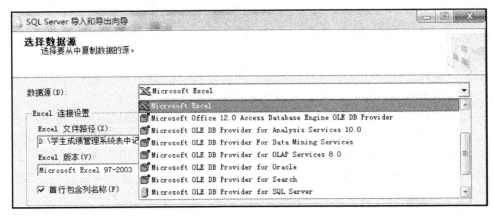

图 4-22　选择数据源

步骤四：在"选择目标"对话框中选择导入数据的目的地，如图 4-23 所示。选择好后，单击"下一步"按钮。

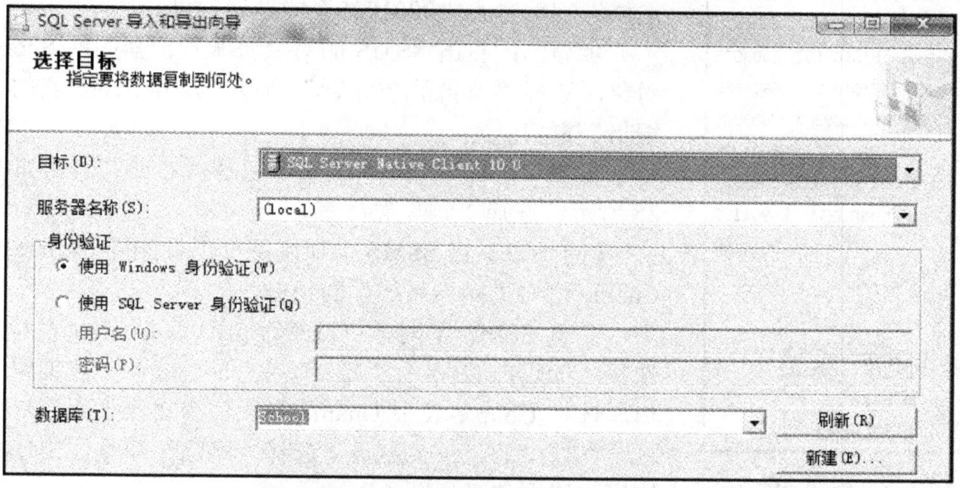

图 4-23 选择目标

步骤五：在打开的"指定表复制或查询"对话框中选择"复制一个或多个表或视图的数据"，单击"下一步"按钮。

步骤六：在"选择源表和源视图"对话框中的"源"下选择"课程"，"目标"下选择"Course 表"，如图 4-24 所示。单击"下一步"按钮。再选择"立即执行"，单击"完成"按钮。

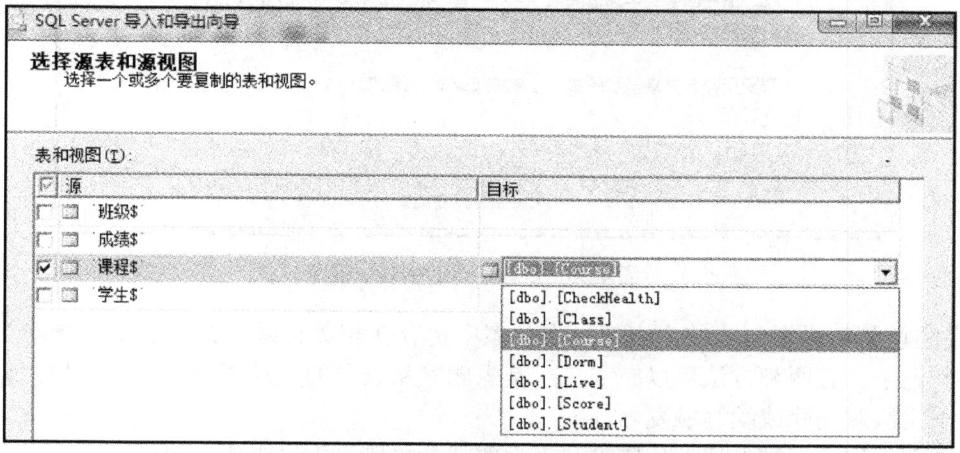

图 4-24 选择源表和目标表

【练习 2】在 SSMS 中使用图形工具将"学生成绩管理系统表中记录.xls"文件中的"成绩"工作表导入到数据库 School 的成绩表 Score 中。

【练习 3】在 SQL Server 当前服务器中新建数据库 ceshi，然后将 School 数据库中 Student 表的数据导出到 ceshi 数据库中。

Sno	Cno
200931010100101	0901170
200931010100101	2003003
200931010100102	0901170
200931010100102	2003003
200931010100207	0901170
200931010100207	2003003
200931010100321	0901025
▶ 200931010100322	0901025
❗ 执行 SQL (X)	0901169
剪切 (T)	0901169
❋ 复制 (Y)	NULL
粘贴 (P)	
✕ 删除 (D)	
窗格 (N) ▶	
清除结果 (L)	

图 4-25　删除记录

3．删除记录

【例 4-21】删除学生 Sno 为"200931010100322"且选修课程编号为"0901025"的选课记录。

步骤一：右击 SSMS 的对象资源管理器中的 Score 表对象，选择"编辑前 200 行"命令，打开 Score 表的"表编辑"窗口。

步骤二：在 Score 表选中该记录，然后右击，如图 4-25 所示，选择"删除"命令。

【例 4-22】在 SSMS 中使用图形工具删除 Course 表中 Cname 值为"操作系统"的记录。

右击 SSMS 的对象资源管理器中的 Course 表对象，选择"编辑前 200 行"命令，打开 Course "表编辑"窗口。选中 Course 表中 Cname 字段值为"操作系统"的记录，在选中的记录上右击，选择"删除"命令。出现提示错误，错误消息如图 4-26 所示。

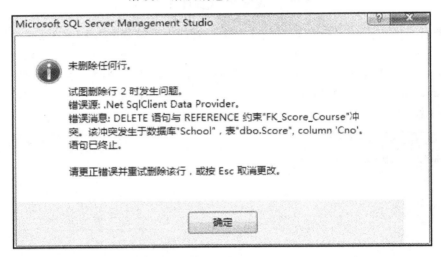

图 4-26　删除记录时的错误提示

【注意】如果要删除的主表记录在从表中也存在相关记录，则不能直接删除主表中的这些记录。有两种方法可以完成，一是先删除从表中的记录再删除主表中相关记录。二是采用级联删除或编写触发器。

本例采用第一种方法：先删除从表中的记录再删除主表中相关记录。

步骤一：右击 SSMS 的对象资源管理器中的 Course 表对象，选择"查看依赖关系"命令（如图 4-27 所示），打开"查看依赖关系—Course"对话框（如图 4-28 所示）。根据对话框中的信息提示，Course 表和 Score 表是主从表关系。

从 Course 表中查出"操作系统"课程的 Cno 值为"0901025"，因此先要将 Score 表中所有的 Cno 值为"0901025"的记录删除。

步骤二：右击 SSMS 的对象资源管理器中的 Score 表对象，选择"编辑前 200 行"命令，打开 Score "表编辑"窗口。选中 Score 表中所有 Cno 字段值为"0901025"的记录，在选中记录上右击，选择"删除"命令。关闭 Score 表。

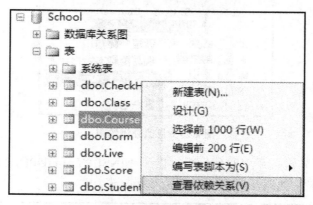

图 4-27 "查看依赖关系"命令

图 4-28 "查看依赖关系—Class"对话框

步骤三：右击 SSMS 的对象资源管理器中的 Course 表对象，选择"编辑前 200 行"命令，打开 Course "表编辑"窗口。选中 Course 表中 Cname 值为"操作系统"的记录，在选中记录上右击，选择"删除"命令。关闭 Course 表。

【例 4-23】因学号为"200931010100102"的学生退学，删除该学生的所有相关记录。

由于 Student 表、Score 表和 Live 表都有关于该学生的信息，因此这两个表中的相应记录都需要删除。如果要删除的主表记录在从表中也存在相关记录，除了使用删除从表中的记录再删除主表中相关记录外，还可以使用级联删除或触发器，触发器比较复杂，我们放在高级篇中介绍，这里介绍级联删除。

级联删除指删除主表中的记录，其对应子表中的相应记录自动删除。

实现级联删除可在 SSMS 中设置外键关系属性。操作步骤如下。

步骤一：打开 SSMS，展开 School 数据库中的 Score 表对象，展开"键"，右击外键约束"FK_Score_Student"，选择"修改"命令，如图 4-29 所示。打开"外键关系"对话框。

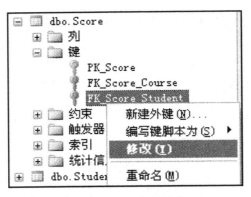

图 4-29　修改外键约束

步骤二：在"外键关系"对话框中，展开"INSERT 和 UPDATE 规范"，"删除规则"中选择"级联"，如图 4-30 所示。保存 Score 表。

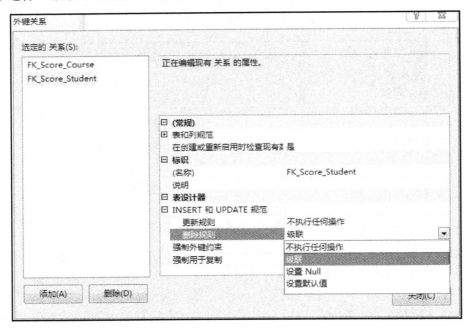

图 4-30　设置为级联删除

步骤三：设置好删除规则为"级联"后，只要删除 Student 表中"200931010100102"的记录，Score 表中的对应记录会自动删除。

步骤四：同样的方法修改 Live 表的外键约束"FK_Live_Student"。

【练习 4】删除 Course 表中课程名称为"数据库技术与应用 1"的记录。

【练习 5】删除 Class 表中 Cname 字段值为"计算机 093 班"的记录。

4．修改记录

【例 4-24】将 Sno 为"200931010100102"且 Cno 为"0901170"记录的期末成绩 EndScore 修改为 60 分。

步骤一：右击 SSMS 的对象资源管理器中的 Score 表对象，选择"编辑前 200 行"命令，打开"表编辑"窗口。

步骤二：找到该记录，直接将期末成绩 EndScore 修改为 60 分。

【例 4-25】学号为"200931010100101"的学生休学一年，复学后学号改为"201031010100150"，修改数据库中该学生的学号。

分析：由于 Student 表、Score 表和 Live 表中都有关于"200931010100101"学生的信息，因此这两个表都需要修改，保证数据库中数据的一致性。

能否先修改 Student 表中的 Sno 中的值，然后再修改 Score 表中的 Sno 中的值？

在进行将 Student 表中的"200931010100101"修改为"201031010100150"操作时，提示错误，错误消息如图 4-31 所示。

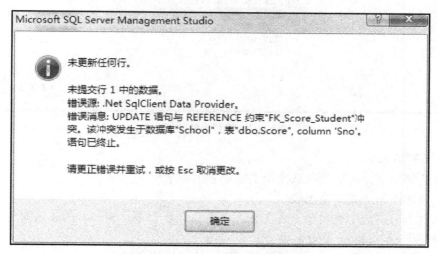

图 4-31　修改记录时的错误提示

错误消息显示违反外键约束。原因为 Score 表中的 Sno 字段参照了 Student 表中的主键 Sno，则必须满足参照完整性，即从表（Score 表）中外键字段（Sno）中的值必须参照主表（Student 表）中主键字段（Sno）中的值。

那能否先修改 Score 表中的 Sno 中的值，再修改 Student 表中的 Sno 中的值？答案是否定的。要完成像 Sno 字段一样有外键参照的主键字段的值的修改，必须使用级联修改或触发器，触发器比较复杂，放在高级篇中介绍，这里介绍级联修改。

级联修改指修改主表中主键字段的值，其对应从表中外键字段的相应值自动修改。

例如该例题中，只要修改 Student 表中的主键 Sno 中的值，Score 表中的外键 Sno 中的相应值自动会修改。实现级联修改可在 SSMS 中设置外键关系属性。将外键关系属性中的"更新规则"设为"级联"。操作界面如图 4-32 所示。

设置好更新规则为"级联"后，只要修改 Student 表中的主键 Sno 中的值即可。

【练习 6】将课程编号"2003003"修改为"2003180"。

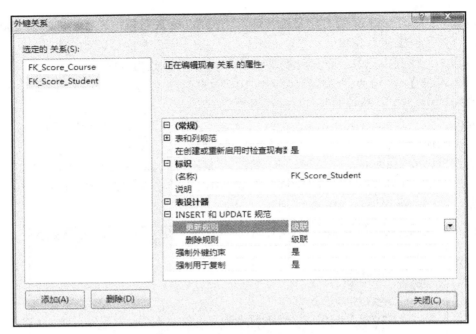

图 4-32　设置为级联修改

5．重命名表

在有些情况下，需要删除或重命名某些已有的表。

（1）使用图形工具重命名表

重命名表只需选中表对象，右击选择"重命名"命令，输入新的表名即可。

（2）使用 sp_rename 重命名表

使用系统存储过程 sp_rename 重命名表，其语法格式如下：

```
[EXECUTE]  sp_rename  原表名,新表名
```

【练习 7】重命名 School 数据库中的表 Class，修改后的表名为 BANJI。

6．删除表

表的重命名较简单，而删除表就复杂多了，要删除表一般要先查看表间的依赖关系，即该表的外键约束。原因是如果有其他表参照该表，该表不能直接删除。必须先删除引用该表的所有外键约束。

（1）使用图形工具删除数据库

【例 4-26】删除 Student 表。

选中 Student 表对象，右击选择"删除"命令，进行删除 Student 表的操作，提示如图 4-33 所示的错误消息。

所以要删除 Student 表，必须先删除引用该表的所有外键约束。具体操作步骤如下。

步骤一：右击"Student"表对象，在快捷菜单中选择"查看依赖关系"命令，查看依赖于 Student 的对象。明确依赖于该表的对象有 Score 表和 Live 表。

图 4-33 删除表时提示的错误消息

步骤二：展开"Score"表下的"键"节点，删除外键"FK_Score_Student"。

步骤三：展开"Live"表下的"键"节点，删除外键"FK_Live_Student"。

步骤四：删除引用该表的外键约束后，再右击"Student"表对象，选择"删除"命令，完成 Student 表的删除。

（2）使用 DROP TABLE 语句删除表

可使用 DROP TABLE 语句删除表，其语法格式如下。

```
DROP  TABLE 表名 1[,……表名 n]
```

【练习8】删除重命名后的表 BANJI。

任务总结

本任务完成了使用图形工具进行数据操作，包括添加记录、删除记录和修改记录，数据操作也能使用 SQL 语句实现，具体在单元 5 中介绍。本任务还完成了数据的导入，使用图形工具和 SQL 语句进行重命名、删除表。

拓展知识

1. 通过创建数据库关系图管理外键关系

添加或删除外键关系除了在表设计窗口中操作，还可以通过创建数据库关系图中操作。在数据库关系图中能统一对数据库的多张表设置表间关系。具体操作步骤如下。

（1）在 SSMS 窗口中展开 School 数据库节点，右击"数据库关系图"，再选择"新建数据库关系图"命令，如图 4-34 所示。

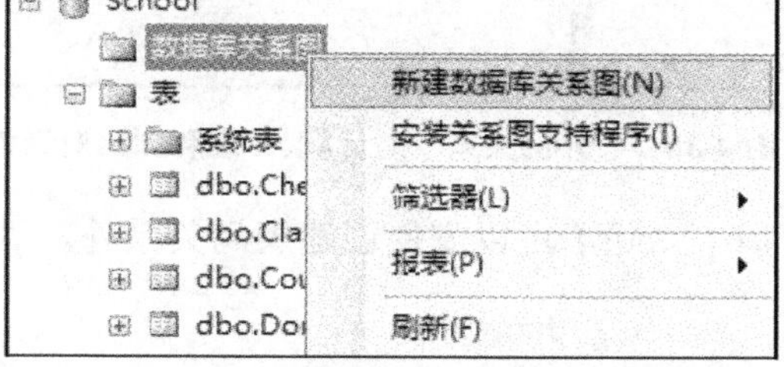

图 4-34 新建数据库关系图

97

（2）在打开的"添加表"对话框中选择要添加到关系图中的表，如图 4-35 所示。

图 4-35　添加表

（3）在关系图设计窗口中，先选中要设置关系的主键字段，然后按住鼠标主键不放，从该主键字段拖动到对应与之关联的外键列上，松开鼠标左键，弹出"外键关系"对话框、"表和列"对话框，如图 4-36 所示。接下来的设置应该非常熟悉了，就不再重复。

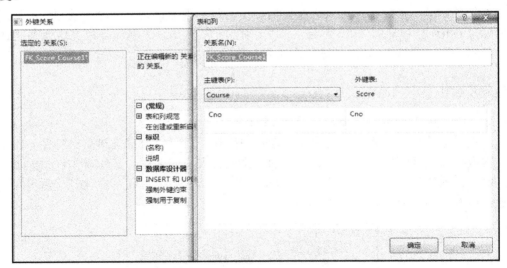

图 4-36　"外键关系"对话框、"表和列"对话框

在数据库关系图窗口中，除了可以方便创建表间关系外，可以非常清晰地看到数据库中各表之间的关系。

2. 在对象资源管理器中直接生成表的 CREATE 和 DROP 语句脚本

在对象资源管理器中，对任一用户数据库中的任一表可以直接生成该表的 CREATE 和 DROP 语句的脚本，操作非常方便，具体如下。

选中某表对象右击，在快捷菜单中选择"编写表脚本为"命令，可选择 CREATE 或 DROP 语句的脚本到新查询编辑器窗口或文件或剪贴板中，如图 4-37 所示。

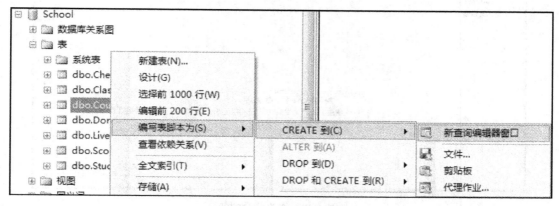

图 4-37 生成表脚本

2. 修改表命令中选择和编辑的行数

右击 SQL Server 2008 的表键，显示的命令中有"选择前 1000 行"、"编辑前 200 行"，当表中记录较多时，使用不方便。可以修改选择和编辑的行数。步骤如下。

步骤一：单击 SSMS 的"工具"菜单，再选择"选项"子菜单，如图 4-38 所示。

图 4-38 "选项"菜单

步骤二：在弹出的"选项"窗口中，在左边窗口中选择"SQL Server 对象资源管理器"→"命令"，在对应右边窗口中的"编辑前<n>行"命令的值和"选择前<n>行"命令的值中输入 0，如图 4-39 所示。

修改后的表命令如图 4-40 所示，变为"选择所有行"和"编辑所有行"。

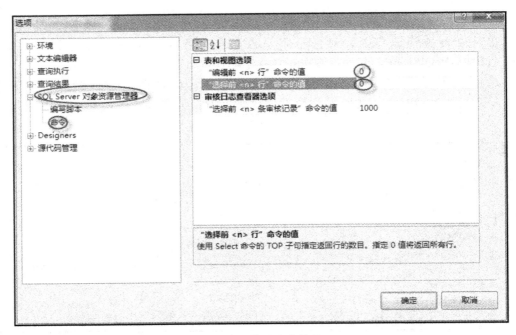

图 4-39　修改命令的值

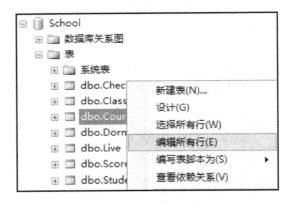

图 4-40　修改后的表命令

拓展练习

1. 在 SSMS 中使用图形工具对宿舍表 Dorm 完成记录输入操作，记录内容如表 4-17 所示。

表 4-17　宿舍表 Dorm 记录

DormNo	Build	Storey	RoomNo	BedsNum	DormType	Tel
LCB04N101	龙川北苑 04 南	1	101	6	男	15067078589
LCB04N421	龙川北苑 04 南	4	421	6	男	13750985609
LCN02B206	龙川南苑 02 北	2	206	6	男	15954962783

续表

DormNo	Build	Storey	RoomNo	BedsNum	DormType	Tel
LCN02B313	龙川南苑 02 北	3	313	6	男	15954962783
LCN04B408	龙川南苑 04 北	4	408	6	女	15958969333
LCN04B310	龙川南苑 04 北	4	310	6	女	15218761131
XSY01111	学士苑 01	1	111	6	女	15218761131

2. 在 SSMS 中使用图形工具将"学生住宿管理系统表中记录.xls"文件中的"入住"工作表导入到数据库 School 的入住表 Live 中。

3. 在 SSMS 中使用图形工具将"学生住宿管理系统表中记录.xls"文件中的"卫生检查"工作表导入到数据库 School 的卫生检查表 CheckHealth 中。

【注意】由于 CheckHealth 表中的列 CheckNo 为标识列，标识列的数据是不允许用户插入的，如果要插入，须"启用标识插入"。

在导入数据时，在"选择源表和源视图"对话框中，选择好源和目标后，须单击"编辑映射"按钮，如图 4-41 所示。打开"列映射"对话框，如图 4-42 所示，选中"启用标识插入"。

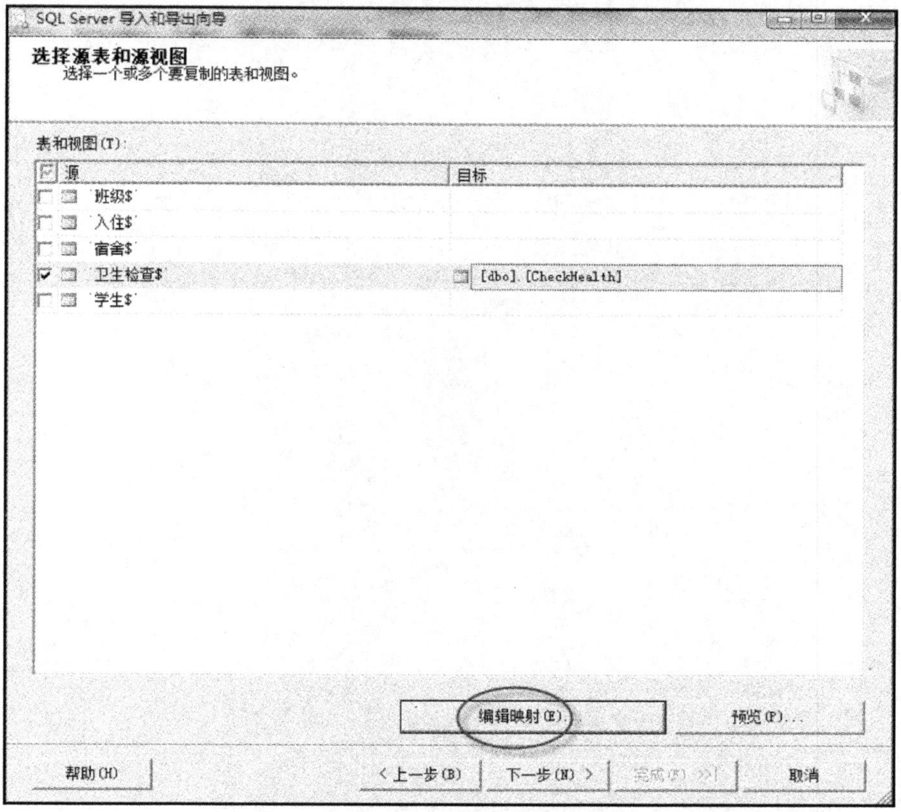

图 4-41　单击"编辑"按钮

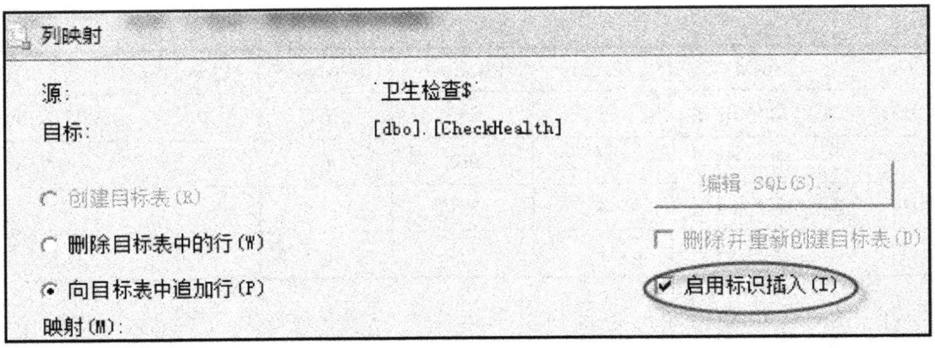

列映射

源:　　　　　　　　　　　卫生检查$

目标:　　　　　　　　　　[dbo].[CheckHealth]

　　　　　　　　　　　　　　　　　　　　　　　编辑 SQL(S)

○ 创建目标表(R)　　　　　　　　　　　　　□ 删除并重新创建目标表(D)

○ 删除目标表中的行(W)

● 向目标表中追加行(P)　　　　　　　　　　☑ 启用标识插入(I)

映射(M):

图 4-42　选中"启用标识插入"

单元 5　查询和更新数据

数据库、表创建好后，接下来的工作是对数据进行操作，包括查询数据、插入数据、修改数据和删除数据等。数据操作是数据库工程师和数据库相关岗位人员日常工作中必做的也是最频繁的工作。

本单元包含的学习任务和单元学习目标具体如下。

学习目标

- 理解 SELECT 语句的语法格式
- 能根据实际需求对单表或多表进行数据查询，熟练编写 SELECT 语句
- 能对数据进行汇总计算、分组统计
- 能熟练使用 SQL 语句对数据进行更新
- 能使用图形工具进行数据操作

任务 1　单表查询

任务提出

数据库中最常见的操作是数据查询，可以说数据查询是数据库的核心操作。查询可以对单表进行查询，也可以完成复杂的连接查询和嵌套查询，其中对单表进行查询是数据查询操作中最简单的，所以我们先从单表查询入手学习数据查询操作。

任务分析

实现数据查询操作必须使用 SQL 语言中的 SELECT 语句。所以先学习和理解 SELECT 语句，然后针对实际需求对表进行查询。

1. 单表查询的 SELECT 语句

```
SELECT  [ALL|DISTINCT]  目标列表达式
FROM  表名
[WHERE  行条件表达式]
[ORDER  BY  排序列  [ASC|DESC]]
```

说明：[ ]：表示可选项，该子句可有，也可无。

● **SELECT** 子句：用于指定查询目标列表达式，可以是表中的列名，也可以是根据表中字段计算的表达式。**ALL** 表示查询出来的行（记录）中包括所有满足条件的记录，可以有重复行。**DISTINCT** 表示去掉查询结果中的重复行。

● **FROM** 子句：用于指定查询的表。

● **WHERE** 子句：用于指定对表中行的筛选条件。如果选择所有行，则不同 WHERE 子句。

● **ORDER BY** 子句：用于指定对查询结果按排序列进行排序。ASC 表示升序，DESC 表示降序，默认为升序。排序列可以是表中的列名，也可以是根据表中字段计算的表达式。

2. SELECT 语句的含义

整个 SELECT 语句的含义是，根据 WHERE 子句的行条件表达式，从 FROM 子句指定的表中找出满足条件的行（记录），再按 SELECT 子句中的列名或表达式选出记录中的字段值形成查询结果。如果有 ORDER BY 子句，则查询结果还要按照排序列的值进行升序或降序排列。

1. 选择表中的若干列

（1）查询部分列

格式：**SELECT** 列名[,…n] **FROM** 表名

【例 5-1】查询所有学生的学号和姓名。

```
SELECT  Sno,Sname
FROM  Student
```

【提示】SQL 语句在 SQL 编辑器中编辑、调试和执行。

步骤一：打开 SQL 编辑器窗口。打开 SSMS，单击"标准"工具栏上的"新建查询"按钮 ⬜ 新建查询(N)，打开 SQL 编辑器窗口。

步骤二：输入 SQL 语句。

步骤三：执行 SQL 语句。单击工具栏上的"SQL 编辑器"工具栏中的"执行"按钮 ▣ （或者选择菜单"查询"→"执行"选项，或者按键盘上的 F5 键），将执行 T-SQL 语句。

步骤四：保存脚本。单击"标准"工具栏上的"保存"按钮 ▣，保存该 SQL 脚本文件。

【提示】执行 SELECT 语句前，必须保证当前数据库为 School。

可在工具栏上的"SQL 编辑器"工具栏中的可用数据库中选择 School 数据库。或者在 SELECT 语句前添加 USE　School。

【提示】在编写 SQL 语句时，可以对 SQL 语句进行适当地注释说明，增加代码的可读性。可用行内注释：--注释文本或者块注释：/* 注释文本 */。

如完成【例 5-1】的查询可在 SQL 编辑器窗口中输入以下脚本。

```
USE School
GO
--例1    查询所有学生的学号和姓名。
SELECT    Sno, Sname
FROM    Student
```

运行结果如图 5-1 所示。

【注意】SELECT 语句中的标点符号必须为英文标点符号。

【练习 1】查询所有课程的课程编号、课程名称和课程学分。查询结果应如图 5-2 所示。

	Sno	Sname
1	200931010100101	倪骏
2	200931010100102	陈国成
3	200931010100207	王康俊
4	200931010100208	叶毅
5	200931010100321	陈虹
6	200931010100322	江苹
7	200931010190118	张小芬
8	200931010190119	林芳

图 5-1　查询部分列

	Cno	Cname	Credit
1	0901020	网页设计	4.0
2	0901025	操作系统	4.0
3	0901038	管理信息系统F	4.0
4	0901169	数据库技术与应用1	4.0
5	0901170	数据库技术与应用2	4.0
6	0901191	操作系统原理	1.5
7	2003001	思政概论	2.0
8	2003003	计算机文化基础	4.0
9	4102018	数据库课程设计B	1.5

图 5-2　练习 1 查询结果

（2）查询全部列

格式：SELECT　*　FROM　表名

【例 5-2】查询全体学生的详细信息。

```
SELECT  *
FROM  Student
```

运行结果如图 5-3 所示。

	Sno	Sname	Sex	Birth	ClassNo
1	200931010100101	倪骏	男	1991-07-05	200901001
2	200931010100102	陈国成	男	1992-07-18	200901001
3	200931010100207	王康俊	女	1991-12-01	200901002
4	200931010100208	叶毅	男	1991-01-20	200901002
5	200931010100321	陈虹	女	1990-03-27	200901003
6	200931010100322	江苹	女	1990-05-04	200901003
7	200931010190118	张小芬	女	1991-05-24	200901901
8	200931010190119	林芳	女	1991-09-08	200901901

图 5-3　查询全部列

【练习 2】查询所有班级的详细信息。查询结果应如图 5-4 所示。

	ClassNo	ClassName	College	Specialty	EnterYear
1	200901001	计算机091	信息工程学院	计算机应用技术	2009
2	200901002	计算机092	信息工程学院	计算机应用技术	2009
3	200901003	计算机093	信息工程学院	计算机应用技术	2009
4	200901901	电商091	信息工程学院	电子商务	2009
5	200901902	电商092	信息工程学院	电子商务	2009
6	200905201	网络091	信息工程学院	计算机网络技术	2009
7	200905202	网络092	信息工程学院	计算机网络技术	2009
8	200907301	软件091	信息工程学院	软件技术	2009

图 5-4　练习 2 查询结果

（3）为查询结果集内的列指定别名

格式 1：SELECT　原列名　AS　列别名[,…n]　FROM　表名

格式 2：SELECT　原列名　列别名[,…n]　FROM　表名

格式 3：SELECT　列别名=原列名[,…n]　FROM　表名

	学生学号	学生姓名
1	200931010100101	倪骏
2	200931010100102	陈国成
3	200931010100207	王康俊
4	200931010100208	叶毅
5	200931010100321	陈虹
6	200931010100322	江苹
7	200931010190118	张小芬
8	200931010190119	林芳

图 5-5　为查询结果集内的列指定别名

【例 5-3】查询所有学生的学号和姓名，并指定别名为学生学号、学生姓名。

```
SELECT  Sno  学生学号,Sname  学生姓名
FROM  Student
```

运行结果如图 5-5 所示。

【练习 3】查询所有班级的详细信息，并给查询结果各列指定中文意义的别名。查询结果应如图 5-6 所示。

	班级编号	班级名称	所在学院	所属专业	入学年份
1	200901001	计算机091	信息工程学院	计算机应用技术	2009
2	200901002	计算机092	信息工程学院	计算机应用技术	2009
3	200901003	计算机093	信息工程学院	计算机应用技术	2009
4	200901901	电商091	信息工程学院	电子商务	2009
5	200901902	电商092	信息工程学院	电子商务	2009
6	200905201	网络091	信息工程学院	计算机网络技术	2009
7	200905202	网络092	信息工程学院	计算机网络技术	2009
8	200907301	软件091	信息工程学院	软件技术	2009

图 5-6　练习 3 查询结果

（4）查询经过计算的列

格式：SELECT　计算表达式或列名　FROM　表名

【例 5-4】查询所有学生的学号、姓名和出生年份。

【提示】根据出生年月计算出生年份。求日期的年份可使用函数：YEAR(日期)。

```
SELECT  Sno,Sname,YEAR(Birth)  出生年份
FROM  Student
```

运行结果如图 5-7 所示。

	Sno	Sname	出生年份
1	200931010100101	倪骏	1991
2	200931010100102	陈国成	1992
3	200931010100207	王康俊	1991
4	200931010100208	叶毅	1991
5	200931010100321	陈虹	1990
6	200931010100322	江苹	1990
7	200931010190118	张小芬	1991
8	200931010190119	林芳	1991

图 5-7　查询经过计算的列

【练习 4】查询所有学生的学号、姓名和年龄。查询结果应如图 5-8 所示。

	Sno	Sname	年龄
1	200931010100101	倪骏	24
2	200931010100102	陈国成	23
3	200931010100207	王康俊	24
4	200931010100208	叶毅	24
5	200931010100321	陈虹	25
6	200931010100322	江苹	25
7	200931010190118	张小芬	24
8	200931010190119	林芳	24

图 5-8　练习 4 查询结果

【提示】根据出生年月计算年龄。

可使用取出当前系统时间的函数 GETDATE( )和求日期的年份的函数 YEAR( )求出当年的年份：YEAR(GETDATE())-YEAR(Birth)；也可以使用 DATEDIFF 函数：DATEDIFF(日期部分，开始日期，结束日期)，返回两个指定日期的指定日期部分的差的整数值，即 DATEDIFF(YY,Birth,GETDATE())。

2. 选择表中的若干行

（1）查询满足条件的记录

通过 WHERE 子句实现。

格式：SELECT　目标列表达式

FROM　表名

WHERE　行条件表达式

查询条件中常用的运算符如表 5-1 所示。

表 5-1　常用运算符

运算符分类	运算符	作用
比较运算符	>、>=、=、<、<=、<>、!=、!>、!<	比较大小
范围运算符	BETWEEN …AND	判断列值是否在指定范围内
	NOT　BETWEEN…AND	
列表运算符	IN	判断列值是否为列表中的指定值
	NOT　IN	
模式匹配符	LIKE	判断列值是否与指定的字符匹配格式相符
	NOT　LIKE	
空值判断符	IS　NULL	判断列值是否为空
	IS　NOT　NULL	
逻辑运算符	AND	用于多条件的逻辑连接
	OR	
	NOT	

1）比较大小

【例 5-5】查询所有女生的学号和姓名。

```
SELECT  Sno,Sname
FROM  Student
WHERE  Sex='女'
```

【注意】WHERE 子句中的字符型常量必须用单引号括起来。标点符号必须为英文标点符号。

运行结果如图 5-9 所示。

【练习 5】查询课程学时超过 50 学时的课程号和课程名称。查询结果应如图 5-10 所示。

	Sno	Sname
1	200931010100207	王康俊
2	200931010100321	陈虹
3	200931010100322	江苹
4	200931010190118	张小芬
5	200931010190119	林芳

图 5-9　比较大小

	Cno	Cname
1	0901020	网页设计
2	0901025	操作系统
3	0901038	管理信息系统F
4	0901169	数据库技术与应用1
5	0901170	数据库技术与应用2
6	2003003	计算机文化基础

图 5-10　练习 5 查询结果

【注意】数值型常量不用单引号括起来。

【练习 6】查询所有在 1992 年 5 月 10 日后（包含 1992 年 5 月 10 日）出生的学生的详细信息。查询结果应如图 5-11 所示。

【提示】日期时间型常量须用单引号括起来。可使用以下任一格式表示：'1992-05-10'、'1992/05/10'、'05/10/1992'、'19920510'。

	Sno	Sname	Sex	Birth	ClassNo
1	200931010100102	陈国成	男	1992-07-18	200901001

图 5-11　练习 6 查询结果

【练习 7】查询在 1992 年出生的学生的学号、姓名和出生年月。查询结果应如图 5-12 所示。

	Sno	Sname	Birth
1	200931010100102	陈国成	1992-07-18

图 5-12　练习 7 查询结果

2）确定范围

范围运算符 BETWEEN…AND…和 NOT BETWEEN…AND…可以用来查找属性值在或不在指定范围内的记录，一般用于比较数值型数据。其中 BETWEEN 后指定范围的下限，AND 后指定范围的上限。其语法格式为：

```
列名或计算表达式 [NOT] BETWEEN 下限值 AND 上限值
```

BETWEEN…AND…含义是：如果列或表达式的值在下限值和上限值范围内（包括上限值和下限值），则结果为 True，表明此记录符合查询条件。NOT BETWEEN…AND…的含义则正好与之相反。

【例 5-6】查询平时成绩在 90~100 之间（包含 90 和 100）的学号和课程编号。

```
SELECT Sno,Cno
FROM Score
WHERE Uscore>=90 AND Uscore<=100
```

或者使用范围运算符 BETWEEN …AND：

```
SELECT Sno,Cno
```

```
FROM  Score
WHERE  Uscore  BETWEEN  90  AND  100
```

运行结果如图 5-13 所示。

切记不能写成如下语句：

```
SELECT  Sno,Cno
FROM  Score
WHERE  90<=Uscore<=100          ×
```

【练习 8】查询出生年月在 1991 年 1 月 1 日至 1991 年 5 月 30 日之间的学生的学号和姓名。查询结果应如图 5-14 所示。

	Sno	Cno
1	200931010100101	0901170
2	200931010190118	0901169
3	200931010100321	0901025

图 5-13 确定范围

	Sno	Sname
1	200931010100208	叶毅
2	200931010190118	张小芬

图 5-14 练习 8 查询结果

3）确定集合

列表运算符 IN 可以用来查询属性值属于指定集合的记录，一般用于比较字符型数据和数值型数据。其语法格式为：

```
列名或表达式  [NOT]  IN（常量 1,常量 2,……,常量 n）
```

IN 的含义是：当列或者表达式的值与 IN 中的某个常量值相等时，结果为 True，表明此记录符合查询条件。NOT IN 的含义则正好与之相反。

【例 5-7】查询课程学时为 30 或 60 的课程的课程编号和课程名称。

```
SELECT  *
FROM  Course
WHERE  ClassHour=30  OR  ClassHour=60
```

或者使用列表运算符 IN：

```
SELECT  *
FROM  Course
WHERE  ClassHour  IN(30,60)
```

查询结果如图 5-15 所示。

	Cno	Cname	Credit	ClassHour
1	0901025	操作系统	4.0	60
2	0901038	管理信息系统F	4.0	60
3	0901191	操作系统原理	1.5	30
4	4102018	数据库课程设计B	1.5	30

图 5-15 确定集合

【练习 9】查询所属专业为'计算机应用技术'、'软件技术'的班级的班级编号、班级名称及入学年份。查询结果应如图 5-16 所示。

	ClassNo	ClassName	EnterYear
1	200901001	计算机 091	2009
2	200901002	计算机 092	2009
3	200901003	计算机 093	2009
4	200907301	软件 091	2009

图 5-16　练习 9 查询结果

4）字符匹配

模式匹配符 LIKE 用于查询指定列中与匹配符常量相匹配的记录。其语法格式为：

列名　[NOT]　LIKE　'<匹配串>'

<匹配串>可以包含普通字符也可以包含通配符，通配符可以表示任意的字符或字符串。在实际应用中，如果需要从数据库中检索一批记录，但不能给出精确的字符查询条件，则可运用 LIKE 与通配符来实现模糊查询。

<匹配串>中可包含如下四种通配符：

- ＿（下画线）：匹配任意单个字符。
- %（百分号）：匹配任意长度（长度可以为 0）的字符串。
- [ ]：匹配[ ]中的任意单个字符。
- [^]：不匹配[ ]中的任意单个字符。

【例 5-8】查询所有姓'陈'的学生的学号和姓名。

SELECT　Sno,Sname
FROM　Student
WHERE　Sname　LIKE　'陈%'

查询结果如图 5-17 所示。

	Sno	Sname
1	200931010100102	陈国成
2	200931010100321	陈虹

图 5-17　字符匹配

【练习 10】查询所有姓陈且名为单个字的学生的学号和姓名。查询结果应如图 5-18 所示。

	Sno	Sname
1	200931010100321	陈虹

图 5-18　练习 10 查询结果

【提示】在中文版 SQL Server 中，＿（下画线）：匹配任意单个汉字。

【练习 11】查询所有课程名称中含有'数据库'的课程的课程编号、课程名称。查询结果应如图 5-19 所示。

	Cno	Cname
1	0901169	数据库技术与应用1
2	0901170	数据库技术与应用2
3	4102018	数据库课程设计B

图 5-19　练习 11 查询结果

【练习 12】查询学生姓名中姓'张'、'林'、'江'的学生的学号和姓名。查询结果应如图 5-20 所示。

	Sno	Sname
1	200931010100322	江苹
2	200931010190118	张小芬
3	200931010190119	林芳

图 5-20　练习 12 查询结果

5）涉及空值

空值判断符 IS NULL 用来查询指定列的属性值为空值的记录。IS NOT NULL 则用来查询指定列的属性值不为空值的记录。其语法格式为：

```
列名 IS [NOT] NULL
```

【注意】空值不是零，也不是空格，它不占任何存储空间。

【例 5-9】查询期末成绩现为空的学生的学号和课程编号。

```
SELECT Sno,Cno
FROM Score
WHERE EndScore IS NULL
```

查询结果如图 5-21 所示。

	Sno	Cno
1	200931010100207	0901170
2	200931010100322	0901025

图 5-21　涉及空值

（2）消除取值重复的行

【例 5-10】查询期末成绩有不及格的学生的学号。

```
SELECT Sno
FROM Score
WHERE EndScore<60
```

查询结果如图 5-22 所示。

从查询结果中看到如果某学生有多门课程不及格，则出现完全相同的行了。如'200931010100102'学生因有两门课程不及格，所以出现了两个重复行。须去掉查询结果中的重复行，只显示一行。

	Sno
1	200931010100102
2	200931010190119
3	200931010100102

图 5-22 查询结果中包含重复的行

如何去掉查询结果中的重复行，须指定 DISTINCT 短语。其语法格式为：

```
SELECT  DISTINCT  目标列表达式
FROM  表名
```

修改【例 5-10】的 SELECT 语句，查询期末成绩有不及格的学生的学号。

```
SELECT  DISTINCT  Sno
FROM  Score
WHERE  EndScore<60
```

查询结果如图 5-23 所示。

【练习 13】查询所有有选课记录的学生的学号。查询结果应如图 5-24 所示。

	Sno
1	200931010100102
2	200931010190119

图 5-23 消除取值重复的行

	Sno
1	200931010100101
2	200931010100102
3	200931010100207
4	200931010100321
5	200931010100322
6	200931010190118
7	200931010190119

图 5-24 练习 13 查询结果

（3）限制返回行数

若要限制显示查询结果最前面的行数，可使用 TOP 短语。其语法格式为：

```
SELECT  TOP  指定的行数  [PERCENT]  目标列表达式
FROM  表名
```

如使用 TOP 10，则显示查询结果中最前面的 10 条记录。TOP 10 PERCENT 则显示查询结果中最前面占总记录数的 10%条记录。

【例 5-11】查询返回学生表中的最前面 2 条记录作为样本数据显示。

```
SELECT  TOP  2  *
FROM  Student
```

查询结果如图 5-25 所示

	Sno	Sname	Sex	Birth	ClassNo
1	200931010100101	倪骏	男	1991-07-05	200901001
2	200931010100102	陈国成	男	1992-07-18	200901001

图 5-25　限制返回行数

3．对查询结果排序

如果没有指定查询结果的显示顺序，DBMS 按照记录在表中的先后顺序输出查询结果。可通过 ORDER BY 子句改变查询结果集中记录的显示顺序。其语法格式为：

```
ORDER BY 排序列名 ASC|DESC
```

ASC 表示按升序排列，DESC 按降序排列，其中升序 ASC 为默认值。

【例 5-12】查询所有学生的详细信息，查询结果按照出生年月降序排列。

```
SELECT *
FROM Student
ORDER BY Birth DESC
```

查询结果如图 5-26 所示。

	Sno	Sname	Sex	Birth	ClassNo
1	200931010100102	陈国成	男	1992-07-18	200901001
2	200931010100207	王康俊	女	1991-12-01	200901002
3	200931010190119	林芳	女	1991-09-08	200901901
4	200931010100101	倪骏	男	1991-07-05	200901001
5	200931010190118	张小芬	女	1991-05-24	200901901
6	200931010100208	叶毅	男	1991-01-20	200901002
7	200931010100322	江苹	女	1990-05-04	200901003
8	200931010100321	陈虹	女	1990-03-27	200901003

图 5-26　对查询结果排序

【练习 14】查询选修了课程编号为'0901170'的课程的学生的学号及其平时成绩，查询结果按照平时成绩按升序排列。查询结果应如图 5-27 所示。

	Sno	Uscore
1	200931010100102	67.0
2	200931010100207	82.0
3	200931010100101	95.0

图 5-27　练习 14 查询结果

【练习 15】查询所有学生的详细信息，查询结果按照班级编号升序排列，对同一个班的学生按照学号升序排列。查询结果应如图 5-28 所示。

【提示】ORDER BY 后可以跟多个关键字按多列排序，先按写在前面的列排序，当前面的列值相同时，再按后面的列排序。其语法格式为：

```
ORDER  BY  排序字段 1  ASC|DESC,排序字段 2  ASC|DESC
```

	Sno	Sname	Sex	Birth	ClassNo
1	200931010100101	倪骏	男	1991-07-05	200901001
2	200931010100102	陈国成	男	1992-07-18	200901001
3	200931010100207	王康俊	女	1991-12-01	200901002
4	200931010100208	叶毅	男	1991-01-20	200901002
5	200931010100321	陈虹	女	1990-03-27	200901003
6	200931010100322	江苹	女	1990-05-04	200901003
7	200931010190118	张小芬	女	1991-05-24	200901901
8	200931010190119	林芳	女	1991-09-08	200901901

图 5-28 练习 15 查询结果

【练习 16】查询所有学生中年龄最大的那位学生的学号和姓名。查询结果应如图 5-29 所示。

【提示】使用 ORDER BY 子句和 TOP 短语。

	Sno	Sname
1	200931010100321	陈虹

图 5-29 练习 16 查询结果

4．多重条件查询

【例 5-13】查询班级编号为'200901001'的班中所有男生的详细信息，查询结果按照学号升序排列。

```
SELECT  *
FROM  Student
WHERE  ClassNo='200901001'  AND  SEX='男'
ORDER  BY  Sno  ASC
```

查询结果如图 5-30 所示。

	Sno	Sname	Sex	Birth	ClassNo
1	200931010100101	倪骏	男	1991-07-05	200901001
2	200931010100102	陈国成	男	1992-07-18	200901001

图 5-30 多重条件查询

【练习 17】查询课程的平时成绩或期末成绩超过 90 分的学生的学号和课程编号，查询结果按照学号升序排列，学号相同的按照课程编号降序排列。查询结果应如图 5-31 所示。

	Sno	Cno
1	200931010100101	0901170
2	200931010100321	0901025
3	200931010190118	0901169

图 5-31　练习 17 查询结果

【练习 18】查询姓张的女生的详细信息。查询结果如图 5-32 所示。

	Sno	Sname	Sex	Birth	ClassNo
1	200931010190118	张小芬	女	1991-05-24	200901901

图 5-32　练习 18 查询结果

任务总结

实现数据查询须使用 SELECT 语句。进行数据查询首先分析查询涉及的表，然后理清对表中行的筛选条件及查询目标。单表查询容易出错的是 WHERE 子句中的行条件表达式。行条件表达式中的归纳注意点如下：

- 表达式中的字符型常量必须用单引号括起来，但字段名不能用单引号括起来。
- 日期时间型常量须用单引号括起来。如 1992 年 5 月 10 日可使用以下任一格式表示：'1992-05-10'、'1992/05/10'、'05/10/1992'、'19920510'。
- 范围运算符 BETWEEN…AND…的语法格式为：列名　BETWEEN　下限值 AND　上限值。
- 列表运算符 IN 的语法格式为：列名　IN (常量 1,常量 2,……,常量 n)。
- 模式匹配符 LIKE 的语法格式为：列名　LIKE　'<匹配串>'。
- 空值判断符 IS　NULL 的语法格式为：列名　IS　NULL，不要写成：列名 =NULL。
- 如果有多个条件，须使用 AND 或 OR 连接。切忌出现如下表达式 90<= Uscore<=100。

拓展练习

1．从 Dorm 表中查询所有宿舍的详细信息。

2．从 Live 表中查询学号为'200931010100101'学生的住宿信息，包含宿舍编号 DormNo、床位号 BedNo 和入住日期 InDate。

3．从 Dorm 表中查询所有男生宿舍（宿舍类别 DormType 为'男'）的详细信息，结果按照楼栋 Build 升序排列，楼栋相同的按照宿舍编号 DormNo 升序排列。

4．从 Live 表中查询在 2010 年 9 月份入住宿舍的学生的学号 Sno、宿舍编号 DormNo 和床位号 BedNo。

5．从 CheckHealth 表中查询宿舍编号 DormNo 为'LCB04N101'宿舍在 2010 年 10 月份的卫生检查情况，结果包含检查时间 CheckDate、检查人员 CheckMan、成绩 Score

和存在问题 Problem。

6. 从 CheckHealth 表中查询在 2010 年 10 月 1 日至 2010 年 11 月 30 日之间宿舍卫生检查成绩 Score 在 70~80 分（包含 70、80 分）之间的宿舍编号 DormNo、检查时间 CheckDate 和存在问题 Problem。

7. 从 Dorm 表中查询在'龙川南苑'的宿舍详细信息。（在'龙川南苑'指楼栋 Build 包含'龙川南苑'）。

8. 从 Dorm 表中查询宿舍电话 Tel 目前为空的宿舍的宿舍编号 DormNo、楼栋 Build、楼层 Storey 和房间号 RoomNo。

9. 从 Student 表中查询所有学生的学号 Sno、姓名 Sname 和年龄，查询结果按照年龄降序排列。

10. 从 CheckHealth 表中查询 2010 年 10 月卫生检查成绩 Score 最高的宿舍编号 DormNo 和检查时间 CheckDate。

任务 2　数据汇总统计

任务提出

在对表数据进行查询中，经常会对数据进行统计计算，如统计个数、平均值、最大最小值、计算总和等操作。另外，还会根据需要对数据进行分开统计汇总，如统计各个班级的人数等操作。

任务分析

SQL 提供了许多集函数对数据进行各种统计计算。若需要对数据进行分组统计计算，GROUP　BY 子句就能够实现这种分组统计。

相关知识与技能

1. 集函数

集函数又称为聚集函数或聚合函数，其作用是对一组值进行计算并返回一条汇总记录。表 5-2 列出了 SQL Server 常用集函数及其功能。

表 5-2　常用集函数

集函数	函数功能
COUNT(*)	统计表中元组的个数
COUNT(列名)	统计列值非空的个数（忽略 NULL 值）
SUM(列名)	计算列值的总和（必须为数值型列，而且忽略 NULL 值）
AVG(列名)	计算列值的平均值（必须为数值型列，而且忽略 NULL 值）
MAX(列名)	计算列值的最大值（忽略 NULL 值）
MIN(列名)	计算列值的最小值（忽略 NULL 值）

【注意】

（1）以上函数中除了 COUNT(*)外，其他函数在计算过程中都忽略空值 NULL。

（2）函数除了对表中现有列进行统计外，例如，统计学生的人数：COUNT(Sno)，也可以对计算表达式的值进行统计计算。

（3）在函数中的列名前可指定 DISTINCT，在计算时将取消指定列的重复值。

2．分组统计

有时用户需要先将表中数据分组，再对每个组进行统计计算，而不是对整个表进行计算。例如，统计各个班级的人数、每门课程的选课人数等计算就须对数据分组。这就要用到分组子句 GROUP　BY。GROUP　BY 子句按照指定的列，对查询结果进行分组统计，每一组返回一条统计记录。

GROUP　BY 子句的格式为：GROUP　BY　分组列名。

3．对组筛选

如果在对查询数据分组后还要对这些组按条件进行筛选，输出满足条件的组，则要用到组筛选子句 HAVING。HAVING 子句一定要放在 GROUP　BY 子句后面。

HAVING 子句的格式为：HAVING　　组筛选条件表达式。

在 SELECT 查询语句中，要区分 HAVING 子句和 WHERE 子句。HAVING 子句是对 GROUP　BY 分组后的组进行筛选，选择出满足条件的组；而 WHERE 子句是对表中记录进行选择，选择出满足条件的行。HAVING 子句中可以使用集函数，一般 HAVING 子句中的组筛选条件就是集函数。而 WHERE 子句中绝对不能出现集函数。

任务实施

1．使用集函数汇总数据

【例 5-14】统计 Student 表中学生的记录数。

学生记录数
1 8

图 5-33　使用聚函数 COUNT 统计个数

```
SELECT  COUNT(*)  学生记录数
FROM  Student
```

查询结果如图 5-33 所示。

【注意】在使用集合函数对查询记录整体进行各种统计计算时，返回结果为一条汇总记录。在进行这种整体统计运算时，SELECT 子句的目标列表达式不能有列名，只能有集函数。

【例 5-15】统计出信息工程学院的专业个数。

```
SELECT  COUNT(DISTINCT  Specialty)  信息工程学院专业个数
FROM  Class
WHERE  College='信息工程学院'
```

信息工程学院专业个数
1 4

图 5-34　集函数中使用 DISTINCT 短语取消重复的值

查询结果如图 5-34 所示。

【练习 1】查询学号为'200931010100101'学生的所有选修课程的平时成绩的总分和平均分。查询结果应如图 5-35 所示。

	平时成绩总分	平时成绩平均分
1	175.0	87.500000

图 5-35 练习 1 查询结果

【练习 2】查询课程编号为'2003003'课程的学生期末成绩的最高分和最低分。查询结果应如图 5-36 所示。

	期末成绩最高分	期末成绩最低分
1	76.0	54.0

图 5-36 练习 2 查询结果

2. 进行分组统计

分组统计须使用 GROUP BY 子句和集函数。

【例 5-16】统计各班级学生人数。

分析该查询任务，要分班级统计人数，而不能对表记录进行整体统计，所以必须对 Student 表记录进行分组，根据班级编号 ClassNo 进行分组，每一组（即每一个班）返回一条记录。

```
SELECT  ClassNo,COUNT(Sno)   班级人数
FROM  Student
GROUP  BY  ClassNo
```

查询结果如图 5-37 所示。

【注意】如果使用了 GROUP BY 分组子句，则 SELECT 子句中的目标列表达式中必须要么是 GROUP BY 子句中的分组列，要么是聚合函数。

【练习 3】统计各门课程的选课人数。查询结果应如图 5-38 所示。

	ClassNo	班级人数
1	200901001	2
2	200901002	2
3	200901003	2
4	200901901	2

图 5-37 分组统计

	课程号	该课程选课人数
1	0901025	2
2	0901169	2
3	0901170	3
4	2003003	3

图 5-38 练习 3 查询结果

【练习 4】统计各门课程学生的平时成绩平均分、期末成绩平均分。查询结果应如图 5-39 所示。

	课程号	平时成绩平均分	期末成绩平均分
1	0901025	96.000000	88.500000
2	0901169	82.500000	68.750000
3	0901170	81.333333	68.500000
4	2003003	75.000000	66.333333

图 5-39　练习 4 查询结果

3．对组进行筛选

对组筛选，须使用筛选子句 HAVING。

【例 5-17】查询出课程选课人数超过 2 人的课程编号。

分析该查询任务，判断课程选课人数是否超过 2 人，首先须知道各门课程的选课人数，所以先按课程编号 Cno 对 Score 表进行分组。分组统计人数后再选择出满足选课人数超过 2 人的组。

```
SELECT  Cno
FROM  Score
GROUP  BY  Cno
HAVING  COUNT(Sno)>2
```

查询结果如图 5-40 所示。

【注意】该查询任务实施前须分析清楚，先进行分组，然后使用 HAVING 子句进行筛选。而不是使用 WHERE 子句，在 WHERE 子句中绝对不能出现集函数。

【练习 5】查询出所有选修课程的平均期末成绩小于 50 分的学生学号。查询结果应如图 5-41 所示。

	Cno
1	0901170
2	2003003

图 5-40　对组进行筛选

	Sno
1	200931010100102

图 5-41　练习 5 查询结果

任务总结

若要对数据库表中数据进行统计计算，可使用集函数。若要对数据进行分组统计计算，则使用 GROUP BY 子句。若在表中数据分组后还要对这些组按条件进行筛选，输出满足条件的组，则使用 HAVING 子句。SELECT 语句语法格式为：

```
SELECT  [ALL|DISTINCT]  目标列表达式
FROM  表名
[WHERE  行条件表达式]
[GROUP  BY  分组列名]
[HAVING  组筛选条件表达式]
```

```
[ORDER  BY  排序列  [ASC|DESC]]
```

拓展练习

1．从 Dorm 表中查询所有男宿舍的总床位数。男宿舍指宿舍类别 DormType 值为‘男’。

2．从 CheckHealth 表中查询宿舍编号为‘LCB04N101’宿舍的被检查人员检查的次数。

3．从 CheckHealth 表中查询 2010 年 11 月份各宿舍的检查成绩的平均值。

4．从 Student 表中查询目前男生的人数。

5．从 Student 表中查询目前男女生的人数。

6．从 Dorm 表中查询出各楼栋的房间数。

7．从 Live 表中统计各个宿舍的现入住人数。

8．从 CheckHealth 表中统计各宿舍到目前为止的卫生检查的平均成绩。

9．从 CheckHealth 表中查询出到目前为止的卫生检查平均成绩超过 90 分的宿舍编号。

10．从 CheckHealth 表中查询宿舍被检查次数超过 3 次的宿舍编号。

任务 3　多表连接查询

任务提出

前面任务 1 中完成的查询只涉及一张表。而在实际使用中，查询往往是针对多个表进行的，可能涉及两张或更多张表。

任务分析

在关系型数据库中，将这种涉及两个或两个以上表的查询，称为多表连接查询。连接查询是关系数据库中最重要的查询。

连接查询根据返回的连接记录情况，分为"交叉连接"、"内连接"和"外连接"查询。

相关知识与技能

1．交叉连接

交叉连接是将连接的表的所有行进行组合。如两张表进行交叉连接，就是将第一张表的所有记录分别与第二张表的每条记录形成一条新记录，连接后的结果集中的记录数为两个表的记录数的乘积。

● 在旧式的 SQL 语句中，交叉连接的语法格式为：

```
SELECT  目标列表达式  FROM  表名1，表名2
```

● 在 ANSI SQL-92 中，交叉连接的语法格式为：

```
SELECT 目标列表达式 FROM 表名1 CROSS JOIN 表名2
```

建议使用 ANSI SQL-92 中的语法格式。

【例 5-18】交叉连接 Student 和 Score 表。

```
SELECT *
FROM Student CROSS JOIN Score
```

查询结果如图 5-42 所示。

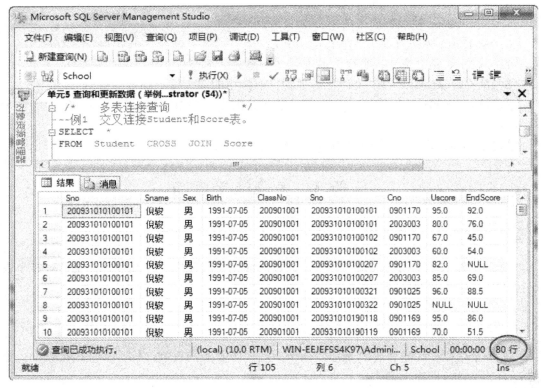

图 5-42 交叉连接 Student 和 Score 表

从查询结果中可以看出，交叉连接后的结果集中的记录数为两个表的记录数的乘积。而结果中的记录其实并没有意义。所以交叉连接在实际应用中一般是没有意义的，所以使用较少。

2. 内连接

内连接查询是返回多个表中满足连接条件的记录。根据连接条件中运算符的不同，分为等值连接查询和非等值连接查询。

连接条件指用来连接两个表的条件。连接条件指明两个表按照什么条件进行连接，其一般格式为：

```
<表名1.列名1> <比较运算符> <表名2.列名2>
```

其中比较运算符主要有=，>，>=，<，<=，! =。当比较运算符为"="时，称为等值连接。而用了其他运算符的连接，称为非等值连接。其中等值连接是实际应用中最常见的。

等值连接条件通常采用"主键列=外键列"的形式。如 Student 和 Score 表的连接，连接条件为 Student 表的主键 Sno 列等于 Score 表的外键 Sno 列：Student.Sno=Score.Sno。

连接条件的指定可在 FROM 子句或 WHERE 子句中。在旧式的 SQL 语句中，连接条件是在 WHERE 子句中指定的。其一般格式为：

```
FROM  表名1，表名2  WHERE  <连接条件>
```

在 ANSI SQL-92 中，连接条件是在 FROM 子句中指定的。其一般格式为：

```
FROM  表名1  [INNER]  JOIN  表名2  ON  <连接条件>
```

为了有助于将连接条件与 WHERE 子句中可能指定的行选择条件分开，建议使用在 FROM 子句中指定连接条件。

【例 5-19】连接 Student 和 Score 表，返回两张表中满足 Sno 相同的记录。

```
SELECT  *
FROM  Student JOIN  Score  ON  Student.Sno=Score.Sno
```

查询结果如图 5-43 所示。

	Sno	Sname	Sex	Birth	ClassNo	Sno	Cno	Uscore	EndScore
1	200093101010101	倪骏	男	1991-07-05	200901001	200931010100101	0901170	95.0	92.0
2	200931010100101	倪骏	男	1991-07-05	200901001	200931010100101	2003003	80.0	76.0
3	200931010100102	陈国成	男	1992-07-18	200901001	200931010100102	0901170	67.0	45.0
4	200931010100102	陈国成	男	1992-07-18	200901001	200931010100102	2003003	60.0	54.0
5	200931010100207	王康俊	女	1991-12-01	200901002	200931010100207	0901170	82.0	NULL
6	200931010100207	王康俊	女	1991-12-01	200901002	200931010100207	2003003	85.0	69.0
7	200931010100321	陈虹	女	1990-03-27	200901003	200931010100321	0901025	96.0	88.5
8	200931010100322	江苹	女	1990-05-04	200901003	200931010100322	0901025	NULL	NULL
9	200931010190118	张小芬	女	1991-05-24	200901901	200931010190118	0901169	95.0	86.0
10	200931010190119	林芳	女	1991-09-08	200901901	200931010190119	0901169	70.0	51.5

图 5-43 内连接 Student 和 Score 表

上述【例 5-19】内部连接 Student 和 Score 表，连接结果保留了两张表中的所有列。从查询结果中可以看出 Sno 列重复出现了两次，只要保留一个就可以了。

【例 5-20】查询所有学生的详细信息及其选课信息，查询结果包含两张表中的所有列，但去除重复列。

```
SELECT Student.*,Cno,UScore,EndScore
FROM  Student  JOIN  Score  ON  Student.Sno=Score.Sno
```

查询结果如图 5-44 所示。

	Sno	Sname	Sex	Birth	ClassNo	Cno	UScore	EndScore
1	200931010100101	倪骏	男	1991-07-05	200901001	0901170	95.0	92.0
2	200931010100101	倪骏	男	1991-07-05	200901001	2003003	80.0	76.0
3	200931010100102	陈国成	男	1992-07-18	200901001	0901170	67.0	45.0
4	200931010100102	陈国成	男	1992-07-18	200901001	2003003	60.0	54.0
5	200931010100207	王康俊	女	1991-12-01	200901002	0901170	82.0	NULL
6	200931010100207	王康俊	女	1991-12-01	200901002	2003003	85.0	69.0
7	200931010100321	陈虹	女	1990-03-27	200901003	0901025	96.0	88.5
8	200931010100322	江苹	女	1990-05-04	200901003	0901025	NULL	NULL
9	200931010190118	张小芬	女	1991-05-24	200901901	0901169	95.0	86.0
10	200931010190119	林芳	女	1991-09-08	200901901	0901169	70.0	51.5

图 5-44　自然连接 Student 和 Score 表

如【例 5-20】中的查询，按照两个表中的相同字段进行等值连接，且目标列中去掉了重复的属性列，但保留了所有不重复的属性列，将这类等值连接称为自然连接。

3．外连接

在内连接查询中，只有满足连接条件的记录才能作为结果输出，但有时用户也希望输出那些不满足连接条件的记录信息，如在上述【例 5-20】的 Student 表和 Score 表的连接，在图 5-21 的查询结果中没有关于'200931010100208'学生的信息，原因在于他没有选课，在 Score 表中没有相应的记录。但是有时我们想以 Student 表为主体列出每个学生的详细信息及其课程成绩信息，若某个学生没有选课，则只输出他的详细信息，他的课程成绩信息为空值即可。这就需要使用外连接。

外连接查询是除返回内部连接的记录以外，还在查询结果中返回左表或右表或左右表中不符合条件的记录。根据连接时保留表中记录的侧重不同分为"左外连接"、"右外连接"和"全外连接"。

（1）左外连接

左外连接是将左表中的所有记录分别与右表中的每条记录进行组合，结果集中除返回内部连接的记录以外，还在查询结果中返回左表中不符合条件的记录，并在右表的相应列中填上 NULL。

左外连接的一般格式为：

```
FROM  表名1  LEFT  [OUTER]  JOIN  表名2  ON  <连接条件>
```

【例 5-21】查询所有学生的详细信息及其选课信息，如果学生没有选课，也显示其详细信息。

```
SELECT  Student.*, Cno,UScore,EndScore
FROM  Student  LEFT  JOIN  Score  ON  Student.Sno=Score.Sno
```

查询结果如图 5-45 所示。

	Sno	Sname	Sex	Birth	ClassNo	Cno	UScore	EndScore
1	200931010100101	倪骏	男	1991-07-05	200901001	0901170	95.0	92.0
2	200931010100101	倪骏	男	1991-07-05	200901001	2003003	80.0	76.0
3	200931010100102	陈国成	男	1992-07-18	200901001	0901170	67.0	45.0
4	200931010100102	陈国成	男	1992-07-18	200901001	2003003	60.0	54.0
5	200931010100207	王康俊	女	1991-12-01	200901002	0901170	82.0	NULL
6	200931010100207	王康俊	女	1991-12-01	200901002	2003003	85.0	69.0
7	200931010100208	叶毅	男	1991-01-20	200901002	NULL	NULL	NULL
8	200931010100321	陈虹	女	1990-03-27	200901003	0901025	96.0	88.5
9	200931010100322	江苹	女	1990-05-04	200901003	0901025	NULL	NULL
10	200931010190118	张小芬	女	1991-05-24	200901901	0901169	95.0	86.0
11	200931010190119	林芳	女	1991-09-08	200901901	0901169	70.0	51.5

图 5-45　左外连接

（2）右外连接

和左外连接类似，右外连接将左表中的所有记录分别与右表中的每条记录进行组合，结果集中除返回内部连接的记录以外，还在查询结果中返回右表中不符合条件的记录，并在左表的相应列中填上 NULL。

右外连接的一般格式为：

FROM　表名 1　RIGHT　[OUTER]　JOIN　表名 2　ON　<连接条件>

可将上述【例 5-21】的左外连接修改为右外连接来实现。

```
SELECT Student.*,Cno,UScore,EndScore
FROM Score RIGHT JOIN Student ON Student.Sno=Score.Sno
```

（3）全外连接

全外连接将左表中的所有记录分别与右表中的每条记录进行组合，结果集中除返回内部连接的记录以外，还在查询结果中返回左右两个表中不符合条件的记录，并在左表或右边的相应列中填上 NULL。

全外连接的一般格式为：

FROM　表名 1　FULL　[OUTER]　JOIN　表名 2　ON　<连接条件>

任务实施

在实际应用中的连接查询一般为内连接查询，而等值连接是实际应用中最常见的，所以下面对内连接查询进行介绍。

1. 两张表的连接

【例 5-22】查询所有学生相关信息，包含学号、姓名、班级编号、班级姓名。

实现该查询，可按照以下步骤进行分析逐步实现。

步骤一：分析查询涉及的表，包括查询条件和查询结果涉及的表；

步骤二：如果是涉及多张表，分析确定表与表之间的连接条件；

步骤三：分析确定查询目标列表达式。

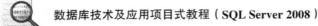

```
SELECT   Sno,Sname,Classno,Classname
FROM   Student  JOIN  Class  ON  Student.Classno=Class.Classno
```

查询执行结果如图 5-46 所示。

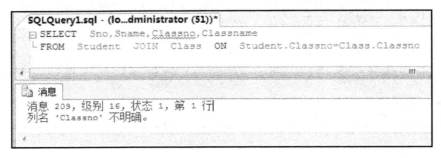

图 5-46　列名不明确

执行上述查询提示出错，错误消息如图 5-46 所示。原因是该查询引用了两个表 Student 和 Class，列名 Classno 在这两个表中重复出现了，对于在查询引用的多个表中重复的列名必须指定表名，即表名.列名。如果某个列名在查询用到的多个表中不重复，则该列名可以不用指定表名。

修改上述语句如下。

```
SELECT   Sno,Sname,Student.Classno,Classname
FROM   Student  JOIN  Class  ON  Student.Classno=Class.Classno
```

在旧式的 SQL 语句中，连接条件是在 WHERE 子句中指定的。该语句格式不提倡使用。上述【例 5-22】的语句可写为：

```
SELECT   Sno,Sname,Student.Classno,Classname
FROM   Student,Class
WHERE   Student.Classno=Class.Classno
```

【练习 1】查询所有学生选修课程的详细信息，结果包含学号、课程编号、课程名称、课程学分、平时成绩、期末成绩。查询结果应如图 5-47 所示。

	Sno	Cno	Cname	Credit	Uscore	EndScore
1	200931010100101	0901170	数据库技术与应用2	4.0	95.0	92.0
2	200931010100101	2003003	计算机文化基础	4.0	80.0	76.0
3	200931010100102	0901170	数据库技术与应用2	4.0	67.0	45.0
4	200931010100102	2003003	计算机文化基础	4.0	60.0	54.0
5	200931010100207	0901170	数据库技术与应用2	4.0	82.0	NULL
6	200931010100207	2003003	计算机文化基础	4.0	85.0	69.0
7	200931010100321	0901025	操作系统	4.0	96.0	88.5
8	200931010100322	0901025	操作系统	4.0	NULL	NULL
9	200931010190118	0901169	数据库技术与应用1	4.0	95.0	86.0
10	200931010190119	0901169	数据库技术与应用1	4.0	70.0	51.5

图 5-47　练习 1 查询结果

【例 5-23】查询计算机 093 班学生的学号和姓名。

实现该查询，可按照以下步骤进行分析逐步实现。

步骤一：分析查询涉及的表，包括查询条件和查询结果涉及的表。

步骤二：如果是涉及多张表，分析确定表与表之间的连接条件。

步骤三：分析查询是否针对所有记录，还是选择部分行。如果选择部分行，则确定行选择条件。

步骤四：分析确定查询目标列表达式。

```
SELECT  Sno,Sname
FROM  Student  JOIN  Class  ON  Student.Classno=Class.Classno
WHERE  ClassName='计算机093'
```

查询结果如图 5-48 所示。

	Sno	Sname
1	200931010100321	陈虹
2	200931010100322	江苹

图 5-48 带 WHERE 条件的两张表连接

【练习 2】查询课程名称中包含'数据库'的课程的学生成绩，结果包含学号、课程编号、课程名称、平时成绩、期末成绩。查询结果应如图 5-49 所示。

	Sno	Cno	Cname	Uscore	EndScore
1	200931010100101	0901170	数据库技术与应用2	95.0	92.0
2	200931010100102	0901170	数据库技术与应用2	67.0	45.0
3	200931010100207	0901170	数据库技术与应用2	82.0	NULL
4	200931010190118	0901169	数据库技术与应用1	95.0	86.0
5	200931010190119	0901169	数据库技术与应用1	70.0	51.5

图 5-49 练习 2 查询结果

【练习 3】查询所有课程的课程号、课程名和学生平时成绩，按照课程号升序排列，如果课程号相同，按照平时成绩降序排列。查询结果应如图 5-50 所示。

	Cno	Cname	Uscore
1	0901025	操作系统	96.0
2	0901025	操作系统	NULL
3	0901169	数据库技术与应用1	95.0
4	0901169	数据库技术与应用1	70.0
5	0901170	数据库技术与应用2	95.0
6	0901170	数据库技术与应用2	82.0
7	0901170	数据库技术与应用2	67.0
8	2003003	计算机文化基础	85.0
9	2003003	计算机文化基础	80.0
10	2003003	计算机文化基础	60.0

图 5-50 练习 3 查询结果

【练习 4】查询期末成绩有不及格课程的学生信息，结果包含学号、姓名、班级编号。查询结果应如图 5-51 所示。

	Sno	Sname	ClassNo
1	200931010100102	陈国成	200901001
2	200931010190119	林芳	200901901

图 5-51　练习 4 查询结果

【练习 5】查询选修了'数据库技术与应用 1'课程的学生的人数。查询结果应如图 5-52 所示。

	选修人数
1	2

图 5-52　练习 5 查询结果

【练习 6】统计各专业学生的人数，结果包含专业名称、该专业人数。查询结果应如图 5-53 所示。

	Specialty	该专业人数
1	电子商务	2
2	计算机应用技术	6

图 5-53　练习 6 查询结果

2. 两张表以上的连接

多表连接可能涉及三张表或更多表的连接。连接实现的步骤是：先两张表进行连接形成虚表 1，然后虚表 1 与第三张表进行连接形成虚表 2，然后虚表 2 与第四张表进行连接，……，形成虚表 n，最后对虚表 n 进行查询得出查询结果。

【例 5-24】查询所有学生的学号、姓名、班级名称、选修的课程编号及平时成绩。

实现该查询，可按照以下步骤进行分析逐步实现。

步骤一：分析查询涉及的表，包括查询条件和查询结果涉及的表。

步骤二：如果涉及多张表，分析确定表与表之间的连接条件，先两张表进行连接，然后与第三张表进行连接。

步骤三：分析查询是否针对所有记录，还是选择部分行。如果选择部分行，则确定行选择条件。

步骤四：分析确定查询目标列表达式。

```
SELECT  Student.Sno,Sname,ClassName,Cno,Uscore
FROM  Class  JOIN  Student  ON  Class.ClassNo = Student.ClassNo
JOIN  Score  ON  Student.Sno=Score.Sno
```

查询结果如图 5-54 所示。

	Sno	Sname	ClassName	Cno	Uscore
1	200931010100101	倪骏	计算机091	0901170	95.0
2	200931010100101	倪骏	计算机091	2003003	80.0
3	200931010100102	陈国成	计算机091	0901170	67.0
4	200931010100102	陈国成	计算机091	2003003	60.0
5	200931010100207	王康俊	计算机092	0901170	82.0
6	200931010100207	王康俊	计算机092	2003003	85.0
7	200931010100321	陈虹	计算机093	0901025	96.0
8	200931010100322	江苹	计算机093	0901025	NULL
9	200931010190118	张小芬	电商091	0901169	95.0
10	200931010190119	林芳	电商091	0901169	70.0

图 5-54 三张表的连接

【练习 7】查询班级编号为'200901001'班学生的基本信息及其选课信息，结果包含学号、姓名、性别、课程编号、课程名称。查询结果应如图 5-55 所示。

	Sno	Sname	Sex	Cno	Cname
1	200931010100101	倪骏	男	0901170	数据库技术与应用2
2	200931010100101	倪骏	男	2003003	计算机文化基础
3	200931010100102	陈国成	男	0901170	数据库技术与应用2
4	200931010100102	陈国成	男	2003003	计算机文化基础

图 5-55 练习 7 查询结果

【练习 8】查询'计算机 092'班学生的基本信息及其选课信息，结果包含学号、姓名、性别、课程编号、课程名称。查询结果应如图 5-56 所示。

	Sno	Sname	Sex	Cno	Cname
1	200931010100207	王康俊	女	0901170	数据库技术与应用2
2	200931010100207	王康俊	女	2003003	计算机文化基础

图 5-56 练习 8 查询结果

任务总结

多表连接查询是关系数据库中最重要的查询。连接查询分为交叉连接、内连接和外连接查询。其中内连接查询是实际应用中最常用的。

到现在为止，数据查询的相关知识技能已经介绍完了。SELECT 语句的一般格式为：

```
SELECT  [ALL|DISTINCT]  目标列表达式
FROM  表名1  [JOIN  表名2  ON  表名1.列名1=表名2.列名2]
[WHERE  行条件表达式]
[GROUP  BY  分组列名]
```

[HAVING　组筛选条件表达式]
[ORDER　BY　排序列名　[ASC|DESC]]

实施查询任务的步骤，可按照以下步骤进行分析逐步实现。

步骤一：分析查询涉及的表。包括查询条件和查询结果涉及的表，确定是单表查询还是多表查询。确定 FROM 子句中的表名。

步骤二：如果是多表查询，分析确定表与表之间的连接条件，即确定 FROM 子句中 ON 后面的连接条件。

步骤三：分析查询是否针对所有记录，还是选择部分行。即对行有没有选择条件，如果是选择部分行，使用 WHERE 子句，确定 WHERE 子句中的行条件表达式。

步骤四：分析查询是否要进行分组统计计算。如果需要分组统计，则使用 GROUP BY 子句，确定分组的列名。然后分析分组后是否要对组进行筛选，如果需要，则使用 HAVING 子句，确定组筛选条件。

步骤五：确定查询目标列表达式，即确定查询结果包含的列名或列表达式，即确定 SELECT 子句后的目标列表达式。

步骤六：分析是否要对查询结果进行排序，如果需要排序则使用 ORDER　BY 子句，确定排序的列名和排序方式。

拓展知识

1. 合并结果集

UNION 运算符用于将两个或多个检索结果合并成一个结果。

【例 5-25】合并女生的学号、姓名信息和男生的学号、姓名信息。

```
SELECT  Sno,Sname  FROM  Student WHERE  Sex='女'
UNION
SELECT  Sno,Sname  FROM  Student WHERE  Sex='男'
```

【注意】当使用 UNION 时，所有 SELECT 查询的目标列的列数和列的顺序必须相同，同时，所有 SELECT 查询的目标列按顺序对应列的数据类型必须兼容。

如以下语句就不正确，因为第一个 SELECT 查询的目标列有两列，而第二个 SELECT 查询的目标列只有一列，列数不相同。

```
SELECT  Sno,Sname  FROM  Student WHERE  Sex='女'
UNION
SELECT  Sno  FROM  Student  WHERE  Sex='男'
```

2. 嵌套查询

在一个 SELECT 查询中，在其 WHERE 子句中的行条件表达式或 HAVING 子句中的组筛选条件中，可含有另一个 SEELCT 语句，这种查询称为嵌套查询。

【例 5-26】查询'数据库技术与应用 1'课程学生的选课信息。

```
SELECT  *
```

```
FROM  Score
WHERE  Cno=(SELECT  Cno
FROM  Course
WHERE  Cname='数据库技术与应用 1')
```

上述嵌套查询中，内层查询语句 SELECT　Cno　FROM　Course　WHERE Cname='数据库技术与应用 1'是嵌套在外层查询 SELECT　*　FROM　Score　WHERE Cno 的 WHERE 条件中。外层查询又称为父查询，内层查询又称为子查询。

嵌套查询的求解方法是由里到外处理。在上述嵌套查询中，先求解出内层查询 SELECT　Cno　FROM　Course　WHERE　Cname='数据库技术与应用 1'的结果为 '0901169'，然后再求解外层查询 SELECT　*　FROM　Score　WHERE　Cno='0901169' 的结果。

上述【例 5-26】中的查询可以使用连接查询实现。连接查询语句如下。

```
SELECT  Score.*
FROM  Score  JOIN  Course  ON  Score.Cno=Course.Cno
WHERE  Cname='数据库技术与应用 1'
```

嵌套查询一般可以用连接查询替代，但有些不能替代，如下面【例 5-24】中的嵌套查询。使用嵌套查询逐步求解，层次清楚，易于理解，具备结构化程序设计的优点。

3. 返回单值的子查询

子查询只返回单个值。父查询与子查询之间可以用>、<、=、>=、<=、!=或<>等比较运算符进行连接。

【例 5-27】查询出与'陈国成'同班的学生详细信息。

```
SELECT  *
FROM  Student
WHERE  ClassNo=(SELECT  ClassNo
               FROM  Student
               WHERE  Sname='陈国成')
```

【例 5-28】查询出选修'2003003'课程且平时成绩低于本课程平时成绩的平均值的学生学号。

```
SELECT  Sno
FROM  Score
WHERE  Cno='2003003'  AND  Uscore<(SELECT AVG(Uscore)
                                  FROM  Score
                                  WHERE  Cno='2003003')
```

4. 返回多个值的子查询

返回多个值的子查询常用的是使用 IN 谓词。

【例 5-29】查询出选修了课程编号为'0901169'课程的学生姓名和班级编号。

```
SELECT  Sname,ClassNo
FROM  Student
WHERE  Sno  IN(SELECT  Sno
               FROM  Score
               WHERE  Cno='0901169')
```

【例 5-30】查询出选修了'数据库技术与应用 1'课程的学生姓名和班级编号。

```
SELECT  Sname,ClassNo
FROM  Student
WHERE  Sno  IN(SELECT  Sno
               FROM  Score
               WHERE  Cno=(SELECT  Cno
                           FROM  Course
                           WHERE  Cname='数据库技术与应用 1'))
```

【注意】SQL 语言允许多层嵌套查询，即一个子查询中还可以嵌套其他子查询。需要特别指出的是，子查询的 SELECT 语句中不能使用 ORDER BY 子句，ORDER BY 子句永远只能对最终的查询结果进行排序。

拓展练习

1．从 Dorm 和 Live 表中查询所有学生的详细住宿信息，结果包含学号 Sno、宿舍编号 DormNo、楼栋 Build、房间号 RoomNo、入住日期 InDate。

2．从 Dorm 和 Live 表中查询住在'龙川北苑 04 南'楼栋（即字段 Build 的值为'龙川北苑 04 南'）的学生的学号 Sno 和宿舍编号 DormNo。

3．从 Dorm、CheckHealth 表中查询所有宿舍在 2010 年 10 月份的卫生检查情况，结果包含楼栋 Build、宿舍编号 DormNo、房间号 RoomNo、检查时间 CheckDate、检查人员 CheckMan、检查成绩 Score、存在问题 Problem。

4．从 Dorm、CheckHealth 表中查询'龙川北苑 04 南'楼栋各宿舍的卫生检查平均成绩，结果包含宿舍编号、平均成绩。

5．从 Dorm、CheckHealth 表中查询'龙川北苑 04 南'楼栋的宿舍在 2010 年 10 月份的卫生检查情况，结果包含宿舍编号 DormNo、房间号 RoomNo、检查时间 CheckDate、检查人员 CheckMan、检查成绩 Score、存在问题 Problem。

6．从 Dorm、CheckHealth 表中查询'龙川北苑 04 南'楼栋的宿舍在 2010 年 10 月份的卫生检查成绩不及格的宿舍个数。

7．从 Dorm、Live、Student 表中查询所有学生的基本信息及其住宿信息，结果包含学号 Sno、姓名 Sname、性别 Sex、宿舍编号 DormNo、楼栋 Build、房间号 RoomNo、入住日期 InDate。

8．从 Dorm、Live、Student 表中查询姓名为'王康俊'学生的住宿信息，结果包含宿舍编号 DormNo、房间号 RoomNo、入住日期 InDate。

9．从 Dorm、Live、Student、Class 表中查询所有学生的详细信息及其住宿信息，结果包含学号 Sno、姓名 Sname、性别 Sex、班级编号 ClassNo、班级名称 ClassName、宿舍编号 DormNo、楼栋 Build、房间号 RoomNo、入住日期 InDate。

10．从 Dorm、Live、Student、Class 表中查询'计算机应用技术'专业所有学生的入住信息，结果包含学号 Sno、姓名 Sname、性别 Sex、班级编号 ClassNo、班级名称 ClassName、宿舍编号 DormNo、楼栋 Build、房间号 RoomNo、入住日期 InDate。查询结果按照班级编号升序排列，同班的按照学号升序排列。

任务 4　数据更新

任务提出

对数据的操作除了常用的查询操作外，还包括日常必做的插入数据、修改数据、删除数据等操作。插入数据、修改数据、删除数据操作统称为数据更新。

任务分析

在数据操作中，操作的对象都是记录，而不是记录中的某个数据。所以插入数据是指往表中插入一条记录或多条记录，修改数据是指对表中现有记录进行修改，删除数据是指删除指定的记录。插入记录对应的 SQL 语句是 INSERT 语句，修改记录对应的 SQL 语句是 UPDATE 语句，删除记录对应的 SQL 语句是 DELETE 语句。

相关知识与技能

1．插入一条记录

INSERT 插入记录分为两种形式：一种是插入单个元组，即插入一条记录；另一种是插入查询结果，根据查询结果插入一个或多个元组。

插入一条记录的 INSERT 语句的格式为：

```
INSERT  INTO  表名[(列名1,列名2,……,列名n)]
VALUES  (常量1,……,常量n)
```

其功能是：将 VALUES 后面的常量插入到表中新记录的对应列中。其中常量 1 插入到表新记录的列名 1 中，常量 2 插入到列名 2 中，……，常量 n 插入到列名 n 中。即表名后面列名的顺序与 VALUES 后面常量的顺序须一一对应。

2．插入查询结果

可通过插入查询结果一次性地成批插入大量数据。插入子查询结果的 INSERT 语句的格式为：

```
INSERT  INTO  表名[(列名1,列名2,……,列名n)]
SELECT  查询语句
```

其功能是：将 SELECT 查询语句查询的结果插入到表中，前提是该表必须已经存在，而且表中的字段数据类型和长度都要与查询结果中的字段一致。

3. 使用 INTO 子句生成表

INTO 子句实现创建一个新表，并将查询结果存放到该新表中。新表不能事先存在，新表的结构包括列名、数据类型和长度都由 SELECT 查询语句决定。INTO 子句置于 SELECT 子句之后，FROM 子句之前。其语句格式为：

```
SELECT  [ALL|DISTINCT]  目标列表达式
INTO  新表名
FROM  表名1  [JOIN  表名2  ON  表名1.列名1=表名2.列名2]
[WHERE  行条件表达式]
[GROUP  BY  分组列名]
[HAVING  组筛选条件表达式]
[ORDER  BY  排序列名  [ASC|DESC]]
```

4. UPDATE 语句

UPDATE 语句的作用是对指定表中的现有记录进行修改。其语句格式为：

```
UPDATE  表名
SET  列名1=<修改后的值>[,列名2=<修改后的值>,……]
[WHERE  行条件表达式]
```

其功能是：对表中满足 WHERE 条件的记录进行修改，由 SET 子句将修改后的值替换相应列的值。若不使用 WHERE 子句，则修改所有记录的指定列的值。<修改后的值>可以是具体的常量值，也可以是表达式。

【注意】UPDATE 后面的表名只能是一个表名。

5. DELETE 语句

DELETE 语句的作用是删除指定表中满足条件的记录。其语句格式为：

```
DELETE  FROM  表名
[WHERE  行条件表达式]
```

其功能是：删除表中满足 WHERE 条件的所有记录。如果不使用 WHERE 子句，则删除表中的所有记录，但表仍然存在。如果要删除表，则使用 DROP TABLE 子句。

【注意】DELETE FROM 后面的表名只能是一个表名。

任务实施

1. 插入一条记录

【例 5-31】往 Student 表中插入一条新记录，其中学号为'200931010190125'、姓名为'陈红'，性别为'女'，班级编号为'200901901'。

```
INSERT  INTO  Student (Sno,Sname,Sex,ClassNo)
VALUES  ('200931010190125','陈红','女','200901901')
```

【注意】字符型常量和日期时间型常量必须用单引号括起来，数值型常量则不需要单引号括起来。如果表中的某些属性列在 INSERT 子句中的表名后没有出现，则新记录中的这些列中的值为空值 NULL。如【例 5-31】中往 Student 表插入一条记录，Birth 字段没有出现。则该新记录中的 Birth 列中的值为 NULL。

表中不允许空（NOT　NULL）的列，必须有相应的值插入，否则会出错。例如，只往 Student 表中插入 Sno 和 Sname，运行出错，如图 5-57 所示。

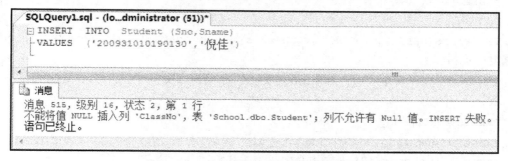

图 5-57　将 NULL 值插入到不允许有空值的列

【例 5-32】往 Student 表中插入一条新记录，其中学号为'200931010190120'、姓名为'何园'，性别为'男'，出生年月为'1991/11/18'，班级编号为'200901901'。

```
INSERT  INTO  Student (Sno,Sname,Sex,Birth,ClassNo)
VALUES  ('200931010190120','何园','男','1991/11/18', '200901901')
```

【注意】当插入表中所有列的数据时，INSERT 语句中表名后面的列名可以省略，但插入数据的顺序必须与表中列的顺序完全一致，否则不能省略表名后面的列名。

如【例 5-32】完成往 Student 表中插入一条新记录，该条记录包含了 Student 表中所有列的数据，而且插入数据的顺序与表中列的顺序完全一致，则可以把 Student 表名后面的列名(Sno，Sname,Sex,Birth,ClassNo)省略。即可以将【例 5-32】的 INSERT 语句简化为如下语句：

```
INSERT  INTO  Student
VALUES  ('200931010190120','何园','男','1991/11/18', '200901901')
```

【练习 1】往 Class 表中插入所在班级的信息，往 Student 表中插入本人的基本信息。

2. 插入查询结果

【例 5-33】假如已为班级编号为'200901001'的班级学生单独建了一个空表 JSJ，其中包含学号、姓名、性别和出生年月四个字段，字段的数据类型和长度都与 Student 表相同，现要从 Student 表中查询出该班学生信息并插入到 C1 表中。

```
INSERT  INTO  JSJ (Sno,Sname,Sex,Birth)
```

```
SELECT  Sno,Sname,Sex,Birth
FROM  Student
WHERE  ClassNo='200901001'
```

【注意】通过 INSERT 语句往表中插入查询结果，可以实现一次性地成批插入大量数据。但前提是新表必须已经存在，而且表中的字段数据类型和长度都要与查询结果中的字段一致。如上述【例 5-33】中的表 JSJ 原来不存在，必须先创建该表，再执行 INSERT 语句。

```
--创建 JSJ 表
USE School
IF EXISTS(SELECT * FROM sysobjects  WHERE  NAME='JSJ' and TYPE='U') --
判断表是否存在
    DROP  TABLE JSJ   --如果存在，删除该表
GO
CREATE  TABLE JSJ
(Sno nvarchar(15) PRIMARY KEY,
Sname    nvarchar(10) NOT NULL,
Sex      nchar(1) NOT NULL CHECK(Sex='男' or Sex='女'),
Birth    datetime)
GO
INSERT INTO JSJ(Sno,Sname,Sex,Birth)
SELECT Sno,Sname,Sex,Birth  FROM  Student  WHERE ClassNo='200901001'
```

如果要同时实现创建新表和插入查询结果这两个操作，则可使用 INTO 子句。

3．使用 INTO 子句创建新表并插入查询结果

【例 5-34】创建班级编号为'200901002'的班级学生信息表，表名为 JSJ2。

```
SELECT  Sno,Sname,Sex,Birth
INTO  JSJ2
FROM  Student
WHERE  ClassNo='200901002'
```

运行结果如图 5-58 所示。

【练习 2】创建'数据库技术与应用 1'课程的选课情况表，表中信息包含学生学号、平时成绩、期末成绩，表名为 SjkXk。

【注意】一般 INTO 子句用于创建临时表，在表名前加上#号为临时表，临时表暂时存放在 tempdb 数据库的临时表中，临时表会随着系统的退出而消失。

【例 5-35】创建各门课程的平均期末成绩临时表，要求表中列出各门课程的课程名称和平均期末成绩。

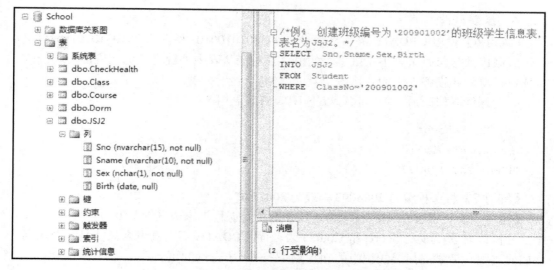

图 5-58　使用 INTO 子句创建新表并插入查询结果

```
SELECT  Cname,AVG(EndScore) 平均期末成绩
INTO  #平均成绩表
FROM  Course  join  Score  on  Course.Cno=Score.Cno
GROUP  BY  Cname
```

【注意】使用 SELECT　INTO 插入数据，如果 SELECT 查询结果为空时，则创建一个空表。

【练习 3】创建各门课程的选课情况临时表，要求表中列出各门课程的课程编号、课程名称、学生的学号、平时成绩和期末成绩。

4. 修改一条记录的值

【例 5-36】将 Sno 为'200931010100102'、Cno 为'0901170'的期末成绩修改为 60 分。

```
UPDATE  Score
SET  EndScore=60
WHERE  Sno='200931010100102'  AND  Cno='0901170'
```

【练习 4】增加 Sno 为'200931010100207'、Cno 为'0901170'的期末成绩为 90 分。

【练习 5】增加 Sno 为'200931010100322'、Cno 为'0901025'的平时成绩为 80 分，期末成绩为 84 分。

5. 修改多条记录的值

【例 5-37】将修改了课程编号为'2003003'且期末成绩小于 90 分的学生的期末成绩统一加 10 分。

```
UPDATE  Score
SET  EndScore=EndScore+10
WHERE  Cno='2003003'  AND  EndScore<90
```

6. 级联修改

【练习6】使用 UPDATE 语句将学号'200931010100101'修改为'201031010100150'。

级联修改指修改主表中主键字段的值，其对应从表中外键字段的相应值自动修改。具体已在单元 4 任务 5 中的 4.修改记录中介绍。

设置好级联修改后，编写执行以下 UPDATE 语句。

```
UPDATE  Student
SET  Sno='201031010100150'
WHERE  Sno='200931010100101'
```

【练习7】将课程编号'2003003'修改为'2003180'。

【思考题】将课程'数据库技术与应用 1'的所有课程期末成绩置为 0 分。

分析该习题，涉及 Score 和 Course 表，而 UPDATE 后面的表名只能是一个表名。该如何实现？请学习拓展知识中的知识点 1——带子查询的更新。

7. 删除一条或多条记录

【例 5-38】删除 Sno 为'200931010100322'的学生选修课程编号为'0901025'的课程的选课记录。

```
DELETE  FROM  Score
WHERE  Sno='200931010100322'  AND  Cno='0901025'
```

【练习8】从课程表中删除课程名称为'思政概论'的记录。

8. 级联删除

【练习9】因学号为'200931010100102'的学生退学，在数据库中删除该学生的所有相关记录。

级联删除指删除主表中的记录，其对应子表中的相应记录自动删除。具体已在单元 4 任务 5 中的 3.删除记录中介绍。

设置好级联删除后，编写执行以下 DELETE 语句。

```
DELETE  FROM  Student
WHERE  Sno='200931010100102'
```

【练习10】从课程表中删除课程名称为'数据库技术与应用 2'的记录。

【思考题】删除课程'数据库技术与应用 1'的所有选课记录。

分析该习题，涉及 Score 和 Course 表，而 DELETE 后面的表名只能是一个表名。该如何实现？请学习拓展知识中的知识点 2—带子查询的删除。

任务总结

数据更新包括插入记录、修改记录和删除记录。插入记录的 SQL 语句为 INSERT 语句，修改记录的语句为 UPDATE 语句，删除记录的语句为 DELETE 语句。在进行数据更新时要保证数据库中数据的一致性，可使用级联修改和级联删除。

拓展知识

1. 带子查询的更新

子查询可以嵌套在 UPDATE 语句中，用以构造执行修改操作的条件。

【例 5-39】将课程'数据库技术与应用 1'的所有课程期末成绩置为 0 分。

```
UPDATE  Score
SET  EndScore=0
WHERE Cno=(SELECT Cno
          FROM  Course
          WHERE Cname='数据库技术与应用')
```

【例 5-40】将课程'数据库技术与应用 1'的所有课程期末成绩置为空（NULL）。

```
UPDATE  Score
SET  EndScore=NULL
WHERE Cno=(SELECT Cno
          FROM  Course
          WHERE Cname='数据库技术与应用')
```

2. 带子查询的删除

子查询同样可以嵌套在 DELETE 语句中，用以构造执行删除操作的条件。

【例 5-41】删除课程'数据库技术与应用 1'的所有选课记录。

```
DELETE  FROM  Score
WHERE  Cno=(SELECT Cno
           FROM  Course
           WHERE  Cname='数据库技术与应用')
```

拓展练习

1. 往宿舍表 Dorm 中添加你所在宿舍的信息。
2. 往入住表 Live 中添加你入住宿舍的信息。
3. 统计各个宿舍的现入住人数，将统计结果存放到临时表中，表名为#LiveNum。
4. 从 Dorm、Live、Student、Class 表中查询'计算机应用技术'专业所有学生的入住信息，结果包含学号 Sno、姓名 Sname、班级名称 ClassName、宿舍编号 DormNo、楼栋 Build、房间号 RoomNo、入住日期 InDate，并将查询结果存放到临时表 #ApplicationLive 中。
5. 从 Dorm、CheckHealth 表中查询'龙川北苑 04 南'楼栋各宿舍的卫生检查平均成绩，结果包含宿舍编号和平均成绩，并将查询结果存放到临时表#NanCheck 中。
6. 将 CheckHealth 表中 2010 年 11 月 19 检查的卫生检查成绩统一加 10 分。
7. 将宿舍编号'XSY01111'修改为'X01111'。

8．在 Dorm 表中增加宿舍编号为'LCN04B310'的宿舍电话，电话号码为 '82266777'。

9．将学号为'200931010190118'的学生的宿舍调整到宿舍编号为'LCN04B408'的宿舍 中(提示：在 Live 表中修改)。

10．学号为'200931010190119'的学生退学了，从数据库中删除该生的所有相关 记录。

任务5 使用图形工具进行数据操作

任务提出

对表中数据的查询和更新操作，除了通过在 SQL 编辑器中编写 SQL 语句外，也可 以在 SQL Server Management Studio 中的查询设计器下进行。

任务分析

在查询设计器中可以进行数据的插入、删除、修改和查询操作。

相关知识与技能

1．查询设计器

（1）打开 SSMS，展开指定的服务器实例，展开"数据库"节点，再展开"表"节 点，选中要查看的某张表，例如"Student"表，单击鼠标右键，从弹出的菜单中选择 "编辑前 200 行"命令，则打开查询设计器的结果窗口，如图 5-59 所示。

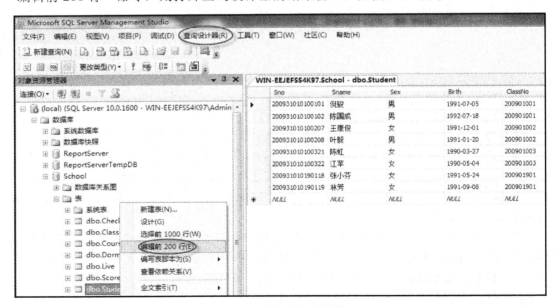

图 5-59 启动查询设计器

（2）然后通过工具栏上的查询设计器的 4 个窗格按钮显示和隐藏查询设计器中的关系图窗格、条件窗格、SQL 窗格和结果窗格，如图 5-60 所示。

图 5-60 查询设计器工具栏

或者单击菜单中的"查询设计器"（如图 5-59 所示）中的"窗格"子菜单。查询设计器窗口如图 5-61 所示。

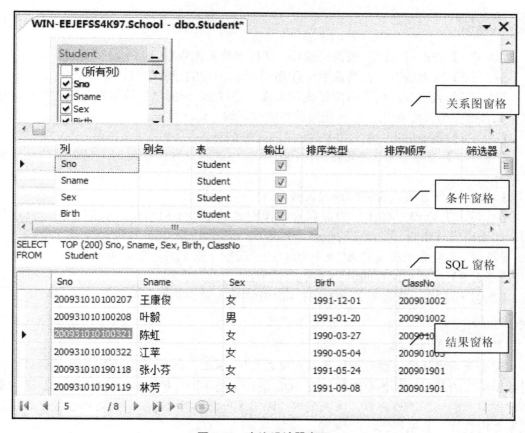

图 5-61 查询设计器窗口

【注意】如果工具栏中没有"查询设计器"工具栏，则选择 SSMS 的主菜单"视图"→"工具栏"→"查询设计器"。

（3）可单击工具栏上的"更改查询类型"按钮，然后在快捷菜单中选择下列命令之一，如图 5-62 所示。

- "选择"命令：建立 SELECT……FROM 语句。
- "插入结果"命令：建立 INSERT……SELECT 语句。
- "插入值"命令：建立 INSERT……VALUES 语句。

图 5-62 更新类型

- "更新"命令：建立 UPDATE 语句。
- "删除"命令：建立 DELETE 语句。
- "生成表"命令：建立 SELECT……INTO……FROM 语句。

（4）可单击查询设计器工具栏中的"添加表"按钮 🔲 在关系图窗格中添加要操作的表。

（5）选择要操作的列和筛选条件，在条件窗格或 SQL 窗格中操作。如果要分组统计，单击查询设计器工具栏中的"添加分组依据"按钮 🔳。

（6）单击查询设计器工具栏中的"运行"按钮 ！，运行当前数据操作。

任务实施

【练习1】查询所有课程的课程编号、课程名称和课程学分。

【练习2】查询所有课程名称中含有'数据库'的课程的课程编号、课程名称。

【练习3】查询课程的平时成绩或期末成绩超过 90 分的学生的学号和课程编号，查询结果按照学号升序排列，学号相同的按照课程编号降序排列。

【练习4】查询出年龄超过 20 岁女生的详细信息。

【练习 5】查询学号为'200931010100101'学生的所有选修课程的平时成绩的总分和平均分。

【练习6】统计各门课程的选课人数。

【练习 7】查询所有课程的课程号、课程名和学生平时成绩，按照课程号升序排列，如果课程号相同，按照平时成绩降序排列。

【练习8】创建班级编号为'200901003'的班级学生信息表，表名为 JSJ3。

【练习9】将所有课程的学生平时成绩清空。

【练习10】删除学号为'200931010100101'的所有选课记录。

任务总结

使用查询设计器实现数据操作其实可以使用 SQL 语句实现。不同的数据管理软件对数据操作的图形工具各有差异，而 SQL 语句是通用的。所以数据操作的 SQL 语句是本课程学习的一块重点内容，须能根据实际需求熟练编写 SQL 语句对单表或多表进行数据查询统计、数据更新。

单元 6　创建视图和索引

视图（View）是一种基本数据库对象，为用户提供了一个可以检索数据表中数据的方式。使用视图可以简化查询操作、提高数据安全性等。索引是另一个重要的数据库对象，通过索引可以快速访问表中的记录，大大提高了数据库的查询性能。

本单元的任务是学习和完成视图、索引的创建和管理。本单元包含的学习任务和单元学习目标具体如下。

学习任务

- 任务 1　创建视图
- 任务 2　利用视图简化查询操作
- 任务 3　通过视图更新数据
- 任务 4　管理和维护视图
- 任务 5　创建索引
- 任务 6　管理和维护索引

学习目标

- 理解视图概念和优点
- 能灵活使用图形工具及 CREATE　VIEW 语句创建视图
- 能使用视图对表数据操作：查询、添加、修改、删除等
- 能使用视图简化查询操作
- 理解索引的优缺点和分类
- 能灵活使用图形工具及 CREATE　INDEX 语句创建索引

任务 1　创建视图

任务提出

单元 5 中介绍的数据操作实现了对表数据的查询和更新。除了直接对表数据进行查询和更新外，还可以使用视图实现数据查询和更新。使用视图可以大大简化数据查询操作。尤其是对于实现复杂查询，视图非常有用。

任务分析

在创建视图之前须先了解视图的有关概念，然后创建视图，再通过视图进行查询、更新操作。

相关知识与技能

1. 视图概念

视图作为一种基本的数据库对象，通过将定义好的查询作为一个视图对象存储在数据库中。视图中的 SELECT 查询语句可以对一张表或多张表的数据查询，也可以是对数据的汇总统计，还可以是对另一个视图或表与视图的数据查询。视图是由表派生的，派生表被称为视图的基本表，简称基表。

视图创建好后，可以和表一样，可以对它进行查询和更新，也可以在视图的基础上继续创建视图。而和表不同的是在数据库中只存储视图的定义而不存储对应的数据。视图中的数据只存储在表中，数据是在引用视图时动态产生的。因此视图也称为虚表。

2. 使用图形工具创建视图

可使用 SQL Server Management Studio 的图形工具来创建视图。使用图形工具创建视图步骤如下。通过创建视图"GirlInfo"（该视图中包含所有女生的学号和姓名）来逐步介绍。

（1）选择"新建视图"命令。展开指定的服务器实例，展开"数据库"节点，再展开要创建视图的数据库 School，选择数据库对象"视图"，右击选择"新建视图"（见图 6-1）。

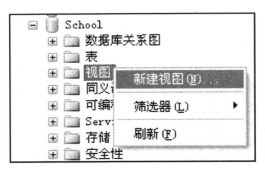

图 6-1　选择"新建视图"命令

（2）选择视图的来源。在"添加表"对话框中选择视图的来源（如图 6-2 所示）。视图的数据来源可以是一个或多个表，也可以是其他视图。

（3）选择视图包含的列（即输出的列）。

方法 1：在如图 6-3 所示的"关系图窗格"中，通过选中相应表的相应列左边的复选框，来选择视图中包含的列。

方法 2：先在"条件窗格"中的"表"栏上选择表或视图，然后在"列"栏上选择列名。

方法 3：在"SQL 窗格"中的 SELECT 子句中输入列名。

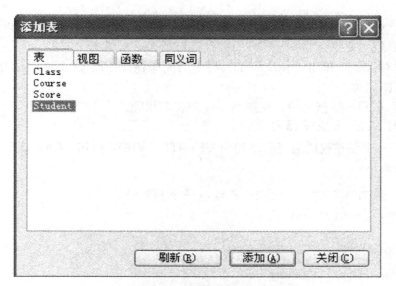

图 6-2　为创建视图添加数据来源

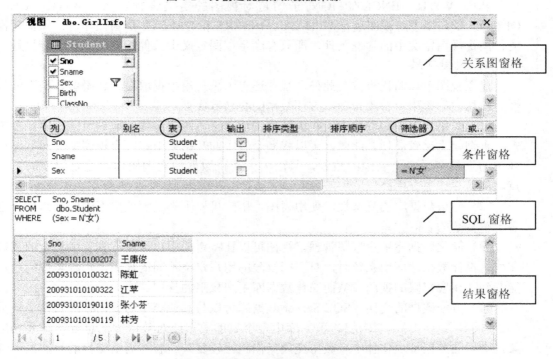

图 6-3　在视图设计器窗口中设置

【注意】如果某列要包含在视图列中，"条件窗格"中该列对应的"输出"栏中的复选框必须选中。

（4）设置连接和查询条件。在对应列的"条件窗格"的"筛选器"栏中，输入筛选条件。

（5）预览视图返回的结果集。单击工具栏上的"视图设计器"工具栏中的"运行"按钮，看其是否满足要求。返回的结果在"结果窗格"中显示。

（6）保存视图。单击"标准"工具栏中的"保存"按钮，在"选择名称"对话框中输入视图名称。

【注意】在同一数据库中，视图名不能和表名相同。

3. CREATE VIEW 语句

SQL 语言中创建视图的对应语句为 CREATE VIEW 语句。CREATE VIEW 语句的基本语法如下：

```
CREATE  VIEW    视图名[(视图列名1,...视图列名n)]
   [WITH  ENCRYPTION]
   AS
   SELECT  语句
   [WITH  CHECK  OPTION]
```

其中 WITH ENCRYPTION 子句是对视图的定义进行加密。WITH CHECK OPTION 子句用于对视图进行 UPDATE、INSERT 和 DELETE 更新操作时，保证所操作的行满足视图定义中的筛选条件，即只有满足视图定义中条件的更新操作才能执行。

4. 视图作用

建立视图可以简化查询，此外，视图还有为用户集中提取数据、隐蔽数据库的复杂性、简化数据库用户权限管理、方便数据的交换等优点。

（1）为用户集中提取数据。在大多数的情况下，用户查询的数据可能存储在多个表中，查询起来比较烦琐。此时，可以将多个表中的数据集中在一个视图中，然后通过对视图的查询查看多个表中的数据，从而大大简化数据的查询操作。这是视图的主要优点。具体在任务 2 中介绍。

（2）隐蔽数据库的复杂性。使用视图，用户可以不必了解数据库中的表结构，也不必了解复杂的表间关系。

（3）简化数据库用户权限管理。视图可以让特定的用户只能看到表中指定的数据行和列。设计数据库应用系统时，对不同权限的用户定义不同的视图，每种类型的用户只能看到其相应权限的视图，从而简化数据库用户权限的管理。

（4）方便数据的交换。SQL Server 数据库可以与其他类型的数据管理软件交换数据（数据的导入/导出），若需要将数据库中多个表的数据或对数据的汇总统计结果导出到其他类型的数据管理软件中，数据交换操作就比较复杂。若将需要交换的数据集中到一个视图内，再将该视图中的数据导出到其他类型的数据管理软件中，就简单多了。具体在任务 4 中介绍。

任务实施

1. 使用图形工具创建视图

【例 6-1】创建视图 BoyInfo，该视图中包含班级编号为'200901001'的班中所有男生的详细信息。完成的视图设计器窗口如图 6-4 所示。

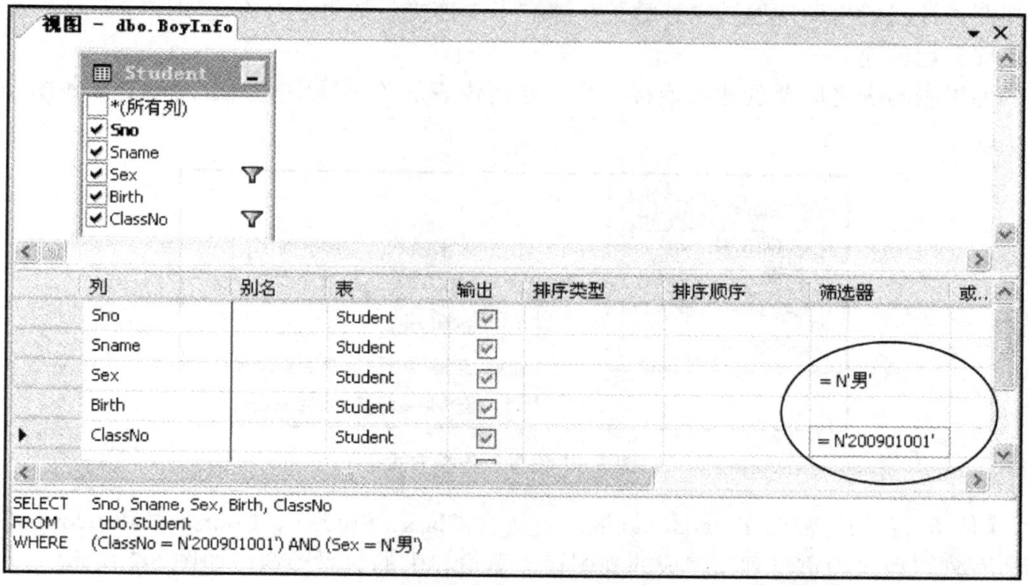

视图 - dbo.BoyInfo
Student
*(所有列)
Sno
Sname
Sex
Birth
ClassNo
列
别名
表
输出
排序类型
排序顺序
筛选器
或..
Sno Student
Sname Student
Sex Student = N'男'
Birth Student
ClassNo Student = N'200901001'
SELECT Sno, Sname, Sex, Birth, ClassNo
FROM dbo.Student
WHERE (ClassNo = N'200901001') AND (Sex = N'男')

图 6-4 视图 BoyInfo 的设计器窗口

【注意】如果查询的条件有多个，这多个条件若要同时满足，则必须写在“筛选器”栏中的同一列。如果多个条件不是同时满足（即或者的关系），则写在不同列中。

【练习 1】创建视图 CourseInfo，该视图中包含所有课程名称中含有'数据库'的课程的课程编号和课程名称。

【例 6-2】创建视图 CourseDetail，该视图中包含 Course 表和 Score 表中的所有列，但去除重复列。完成的视图设计器窗口如图 6-5 所示。

视图 - dbo.CourseDetail
Course
*(所有列)
Cno
Cname
Credit
Hour
Score
*(所有列)
Sno
Cno
Uscore
EndScore
列
别名
表
输出
排序类型
Cno Course
Cname Course
Credit Course
Hour Course
Sno Score
Uscore Score
EndScore Score

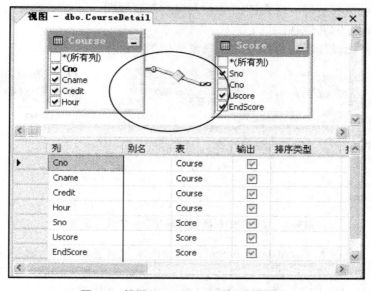

图 6-5 视图 CourseDetail 的设计器窗口

由于 Course 和 Score 表在创建表时已经设置了主键和外键，所以，两个表一添加到视图设计器就自动地通过主外键关系建立了内连接。如果没有事先创建好表间关系，就需要自己创建。

如果表与表之间要创建外连接，只需在两张表的关系线中直接右击设置，如图 6-6 所示。

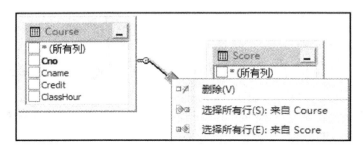

图 6-6　设置表连接方式

【例 6-3】创建视图 Details，该视图中包含 Class、Student、Course 表和 Score 表中的所有列，但去除重复列。完成的视图设计器窗口中的关系图窗格如图 6-7 所示。

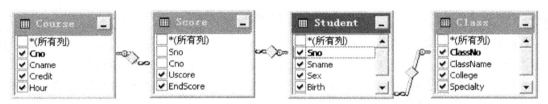

图 6-7　视图设计器窗口中的关系图窗格

【注意】可使用已经创建好的视图 CourseDetail 来简化 Details 的创建操作。视图创建好后，就可以像表一样，在视图的基础上继续创建视图。即视图的来源可以是表，也可以是已经创建好的其他视图。

修改后的视图设计器窗口中的关系图窗格如图 6-8 所示。

图 6-8　修改后的视图设计器窗口中的关系图窗格

【例 6-4】创建视图 EachClassNumber，该视图中包含各班级的学生人数。

该视图中的 SELECT 语句须进行分组统计。先单击"视图设计器"工具栏中的"添加分组依据"按钮，在"条件窗格"中会增加"分组依据"栏。完成的视图设计器窗口如图 6-9 所示。

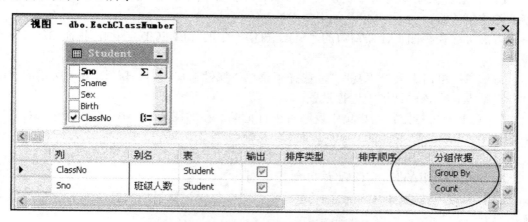

图 6-9 EachClassNumber 的视图设计器窗口

【练习 2】创建视图 EachCourseScore，该视图中包含各门课程的课程名称、平时成绩的平均分和期末成绩的平均分信息。

【例 6-5】创建视图 FailInfo，该视图中包含期末成绩有不及格的学生的学号。完成的视图设计器窗口如图 6-10 所示。

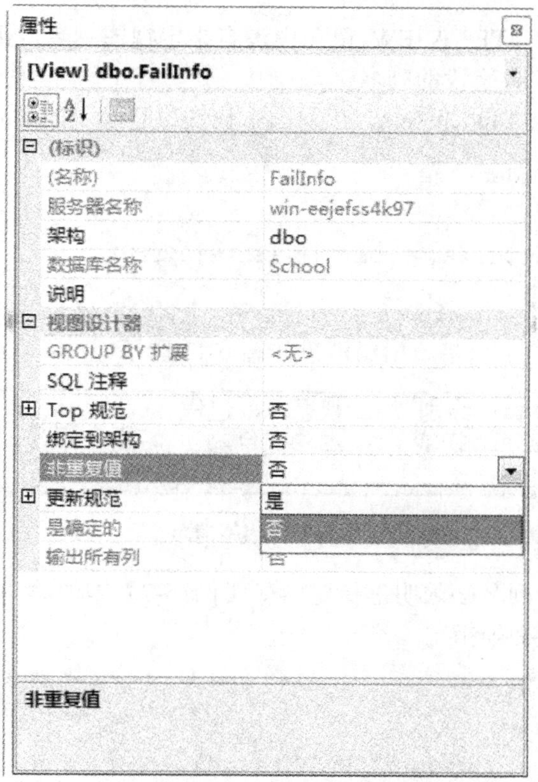

图 6-10 "属性"对话框

【注意】如果某学生有多门课程不及格，则结果集中就会出现完全相同的行了，所有去除重复的行。

方法 1：在视图设计器窗口的"SQL 窗格"中的 SELECT 子句中添加 DISTINCT 短语。

方法 2：单击主菜单"视图"，选择子菜单"属性窗口"，打开如图 6-8 所示的"属性"对话框，在该对话框中进行设置。

【注意】若要指定在结果集中返回若干行记录，在如图 6-10 所示的"属性"对话框中的"TOP 规范"下面的"（最前面）"设置为"是"，然后在下面输入行数或百分比数。

2．使用 CREATE VIEW 语句创建视图

【例 6-6】创建视图 ComputerInfo，该视图中包含计算机应用技术专业学生的学号和姓名。

```
CREATE  VIEW  ComputerInfo
AS
SELECT  Sno,Sname
FROM  Class  JOIN  Student  ON  Class.ClassNo=Student.ClassNo
WHERE  Specialty='计算机应用技术'
```

【注意】如果 CREATE VIEW 语句中没有指定视图列名，则该视图的列名默认为 SELECT 语句目标列中各字段的列名。

【例 6-7】创建视图 StudentAge，该视图中包含所有学生的学号、姓名和年龄。

```
CREATE  VIEW  StudentAge
AS
SELECT  Sno,Sname,YEAR(GETDATE())-YEAR(Birth)
FROM  Student
```

运行以上语句，提示出错，出错消息如图 6-11 所示。

```
消息 4511，级别 16，状态 1，过程 StudentAge，第 3 行
创建视图或函数失败，因为没有为列 3 指定列名。
```

图 6-11 出错消息

【注意】视图中的列名必须明确指定。如【例 6-7】中的第 3 列为计算表达式，默认为"无列名"，所以必须指定。

```
CREATE  VIEW  StudentAge
AS
SELECT  Sno,Sname,YEAR(GETDATE())-YEAR(Birth)  年龄
FROM  Student
```

或修改为：

```
CREATE  VIEW  StudentAge(Sno,Sname,年龄)
AS
SELECT  Sno,Sname,YEAR(GETDATE())-YEAR(Birth)
FROM  Student
```

【练习3】创建视图 GirlInfo，该视图中包含所有女生的详细信息（Student 表中的所有列）。迫使通过视图执行的所有数据修改语句必须符合视图定义中设置的条件。

【提示】WITH CHECK OPTION 子句可迫使通过视图执行的所有数据修改语句必须符合视图定义中设置的条件。

任务总结

创建视图其实是将数据查询作为一个视图对象保存起来。视图可看做是一个能把焦点定在用户感兴趣的数据上的监视器。视图中没有存储数据，在数据库中，表是唯一存储数据的数据库对象。建立视图有很多作用，具体在后面的任务中介绍。

拓展练习

使用图形工具或 CREATE VIEW 语句创建以下视图。

1. 创建视图 LiveDetail，该视图中包含 Dorm 表和 Live 表中的所有列，但去除重复列。

2. 创建视图 CheckDetail，该视图中包含 Dorm 表、Live 表和 CheckHealth 表中的所有列，但去除重复列。

3. 创建视图 DormDetail，该视图中包含 Dorm 表、Live 表、CheckHealth 表、Class 和 Student 表中的所有列，但去除重复列。

任务 2　利用视图简化查询操作

任务提出

视图最大的优点是简化查询操作，那到底如何简化查询操作呢？

任务分析

视图创建好后，可以和表一样，对它进行查询。在大多数的情况下，用户查询的数据可能存储在多个表中，查询起来比较烦琐。此时，可以将多个表中的数据集中在一个视图中，然后通过对视图的查询查看多个表中的数据，从而大大简化数据的查询操作。

任务实施

【例 6-8】查询所有年龄大于 20 岁的学生的学号、姓名和年龄。

该查询可以在 Student 表上进行，查询语句为：

```
SELECT  Sno,Sname,Birth
FROM  Student
WHERE  YEAR(GETDATE())-YEAR(Birth)>20
```

通过对创建好的视图 StudentAge 进行查询，来简化上述查询语句。

```
SELECT  *
FROM  StudentAge
WHERE  年龄>20
```

【例 6-9】查询所有学生的学号、姓名、班级名称、选修的课程编号及平时成绩。

原直接对表查询的 SQL 语句为：

```
SELECT  Student.Sno,Sname,ClassName,Cno,Uscore
FROM  Class  JOIN  Student  ON  Class.ClassNo = Student.ClassNo
JOIN  Score  ON  Student.Sno=Score.Sno
```

通过对创建好的视图 Details 进行查询，来简化上述查询语句。

```
SELECT  Sno,Sname,ClassName,Cno,Uscore
FROM  Details
```

【练习 1】查询班级编号为'200901001'班学生的基本信息及其选课信息，结果包含学号、姓名、性别、课程编号、课程名称。(建议对视图 Details 进行查询)

【练习 2】查询班级编号为'200901001'的班级人数。(建议对视图 EachClassNumber 进行查询)

任务总结

多表连接查询是关系数据库中最重要的查询。而多表连接查询往往比较复杂，使用视图可以大大简化查询。

拓展练习

通过创建好的已有视图，再次来完成单元 5 任务 3 的拓展练习，体会利用视图简化查询操作。

1. 查询所有学生的详细住宿信息，结果包含学号 Sno、宿舍编号 DormNo、楼栋 Build、房间号 RoomNo、入住日期 InDate。

2. 查询住在'龙川北苑 04 南'楼栋（即字段 Build 的值为'龙川北苑 04 南'）的学生的学号 Sno 和宿舍编号 DormNo。

3．查询所有宿舍在 2010 年 10 月份的卫生检查情况，结果包含楼栋 Build、宿舍编号 DormNo、房间号 RoomNo、检查时间 CheckDate、检查人员 CheckMan、检查成绩 Score、存在问题 Problem。

4．查询'龙川北苑 04 南'楼栋各宿舍的卫生检查平均成绩，结果包含宿舍编号、平均成绩。

5．查询'龙川北苑 04 南'楼栋的宿舍在 2010 年 10 月份的卫生检查情况，结果包含宿舍编号 DormNo、房间号 RoomNo、检查时间 CheckDate、检查人员 CheckMan、检查成绩 Score、存在问题 Problem。

6．查询'龙川北苑 04 南'楼栋的宿舍在 2010 年 10 月份的卫生检查成绩不及格的宿舍个数。

7．查询所有学生的基本信息及其住宿信息，结果包含学号 Sno、姓名 Sname、性别 Sex、宿舍编号 DormNo、楼栋 Build、房间号 RoomNo、入住日期 InDate。

8．查询姓名为'王康俊'学生的住宿信息，结果包含宿舍编号 DormNo、房间号 RoomNo、入住日期 InDate。

9．查询所有学生的详细信息及其住宿信息，结果包含学号 Sno、姓名 Sname、性别 Sex、班级编号 ClassNo、班级名称 ClassName、宿舍编号 DormNo、楼栋 Build、房间号 RoomNo、入住日期 InDate。

10．查询'计算机应用技术'专业所有学生的入住信息，结果包含学号 Sno、姓名 Sname、性别 Sex、班级编号 ClassNo、班级名称 ClassName、宿舍编号 DormNo、楼栋 Build、房间号 RoomNo、入住日期 InDate。查询结果按照班级编号升序排列，同班的按照学号升序排列。

任务 3 通过视图更新数据

任务提出

视图创建好后，可以和表一样，可以对它进行查询和更新。更新操作包括插入（INSERT）、修改（UPDATE）和删除（DELETE）操作。

任务分析

虽说可以对视图进行更新，但由于视图是不实际存储数据的虚表，因此对视图的更新，最终要转换为对表的更新。如果不能转换为对表的更新，则该视图更新操作不能执行。

任务实施

【例 6-10】将视图 BoyInfo 中倪骏同学的出生年月修改为 1991 年 8 月 16 日。

```
UPDATE  BoyInfo  SET  Birth='1991/8/16'
```

```
WHERE   Sname='倪骏'
```

转换为对基本表 Student 表的修改。

```
UPDATE   Student   SET   Birth='1991/8/16'
WHERE   Sname='倪骏'
```

【例 6-11】往视图 CourseDetail 中添加一条记录。

```
INSERT   INTO  CourseDetail(Cno,Cname,Credit,ClassHour,Sno,Uscore,EndScore)
VALUES('0901180','软件工程',4,60,'200931010100101',80,60)
```

运行以上语句，提示出错，出错消息如图 6-12 所示。

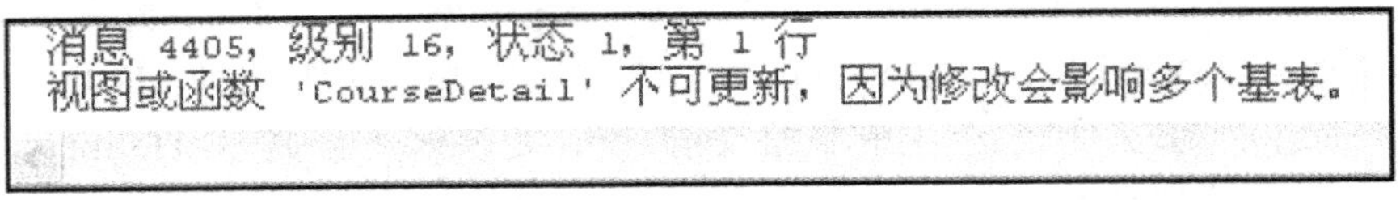

消息 4405，级别 16，状态 1，第 1 行
视图或函数 'CourseDetail' 不可更新，因为修改会影响多个基表。

图 6-12　出错消息

原因是上述修改操作会影响两个基表。

【注意】通过视图更新数据时，需要注意以下几点：

➢ 通过视图更新数据时，必须要能转换为对基表的更新，即必须符合更新基表的条件。

➢ 修改视图中的数据时，不能同时修改两个或者多个基表。若要对基于两个或多个基表的视图中的数据进行修改，每次修改都必须只能影响一个基表。

➢ 不能修改那些通过计算得到的字段，例如包含计算值或者集函数的字段。

为了防止用户通过视图，有意或无意地对不属于视图范围内的基表数据进行修改，可以在视图定义时，加上 WITH   CHECK   OPTION 子句。例如单元 6 任务 1 的练习 3 创建的视图 GirlInfo。这样通过视图增、删、改数据时，系统将检查视图定义中的条件，若不满足此条件，则拒绝执行该操作。

【例 6-12】往 GirlInfo 表中添加一条男生记录。

```
INSERT   INTO  GirlInfo
VALUES('200931010100118','李四','男','1991/6/8','200901001')
```

运行以上语句，提示出错，出错消息如图 6-13 所示。

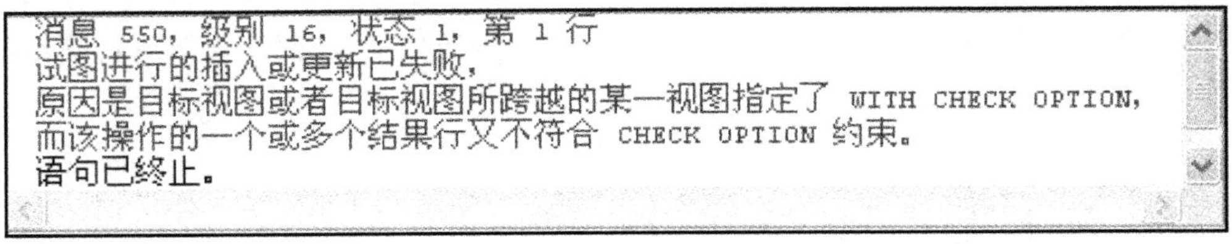

消息 550，级别 16，状态 1，第 1 行
试图进行的插入或更新已失败，
原因是目标视图或者目标视图所跨越的某一视图指定了 WITH CHECK OPTION，
而该操作的一个或多个结果行又不符合 CHECK OPTION 约束。
语句已终止。

图 6-13　出错消息

任务总结

视图创建好后，可以和表一样，对它进行查询和更新。更新操作包括插入（INSERT）、修改（UPDATE）和删除（DELETE）操作。但须注意的是对视图的更新是受限的，因为视图是不实际存储数据的虚表，因此对视图的更新，最终要转换为对表的更新。

任务 4　管理和维护视图

任务提出

视图的管理和维护包括查看视图的定义、查看视图与其他数据库对象的依赖关系、修改视图、重命名视图、删除视图等。

建议该任务要求学生自主学习。

任务分析

视图的管理和维护可使用 SQL Server Management Studio 的图形工具或使用 SQL 语句实现。

任务实施

1. 导出视图数据

若现需要将涉及多个表的数据或对数据的汇总统计结果导出到一个 EXCEL 表格中。若直接对表的数据导出，导出后还需要对导出后的数据进行整理；若将需要交换的数据集中到一个视图内，再将该视图中的数据导出到 EXCEL 表格，就简单多了。

【例 1】将视图 EachClassNumber（该视图中包含各班级的学生人数）中的数据导出到 D:\汇总.xls 工作簿中。

具体操作步骤如下。

步骤一：在"对象资源管理器"窗口中，右击数据库对象"School"，在快捷菜单中选择"任务"→"导出数据"。

步骤二：在"选择数据库源"对话框中，选择"School"数据库，如图 6-14 所示。

步骤三：在"选择目标"对话框中，选择 D:\汇总.xlsx，如图 6-15 所示。

步骤四：在"选择源表和源视图"对话框中，在"源"中选择视图 EachClassNumber，在"目标"中输入"各班人数"，如图 6-16 所示。

步骤五：选择"立即执行"，选择"完成"。即完成数据的导出。

【练习 1】将视图 EachCourseScore（该视图中包含各门课程的课程名称、平时成绩的平均分和期末成绩的平均分信息）中的数据导出到 D:\汇总.xls 工作簿中。

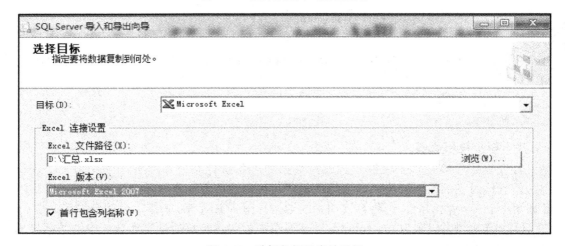

图 6-14　选择数据导出的数据源

图 6-15　选择数据导出的目标

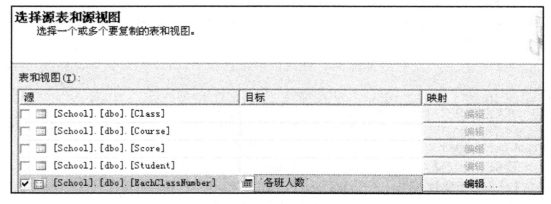

图 6-16　选择要导出数据的视图

2．查看视图的定义信息

（1）使用 SSMS 的图形工具查看

右击要查看的视图，在弹出的快捷菜单（如图 6-17 所示）中选择"设计"命令，则打开视图设计器窗口，在窗口中可以查看视图的定义信息。

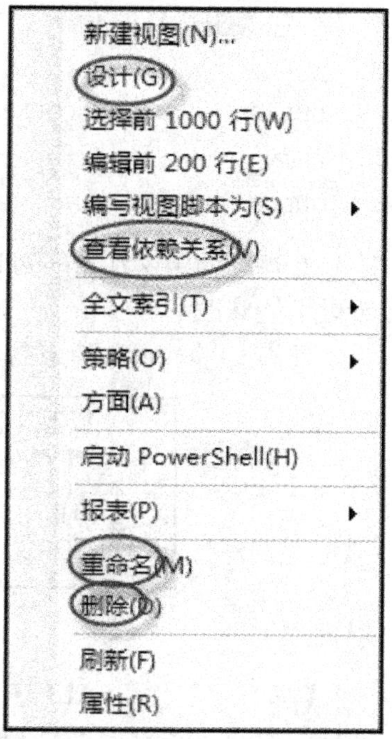

（2）使用 sp_helptext 查看

使用系统存储过程 sp_helptext 查看视图定义信息的语法格式如下：

```
[EXECUTE] sp_helptext 视图名
```

【练习 2】分别使用 SSMS 的图形工具和 sp_helptext 查看视图 CourseDetail 和视图 Details 的定义信息。

3．查看视图与其他对象的依赖关系

如果想知道视图的数据来源或了解视图依赖于哪些数据库对象，则需要查看视图与其他对象的依赖关系。

（1）使用 SSMS 的图形工具查看

右击要查看的视图，在弹出的快捷菜单（如图 6-17 所示）中选择"查看依赖关系"命令。

（2）使用 sp_depends 查看

使用系统存储过程 sp_depends 查看视图与其他数据对象之间的依赖关系，其语法格式如下：

```
[EXECUTE] sp_depends 视图名
```

图 6-17　视图右键快捷菜单

【练习 3】分别使用 SSMS 的图形工具和 sp_depends 查看视图 CourseDetail 和视图 Details 与其他对象的依赖关系。

4．修改视图的定义

（1）使用 SSMS 的图形工具修改视图的定义

右击要修改的视图，在弹出的快捷菜单（如图 6-17 所示）中选择"修改"命令，则打开视图设计器窗口，在该窗口可以修改视图的定义。修改后注意保存。

（2）使用 ALTER VIEW 语句修改视图定义

可使用 ALTER　VIEW 语句修改视图的定义，其语法格式如下。

```
ALTER VIEW   视图名
    [WITH ENCRYPTION]
    AS
    SELECT  语句
    [WITH CHECK OPTION]
```

【例 2】通过 ALTER VIEW 语句修改视图 EachClassNumber，对视图的定义进行加密。

```
ALTER  VIEW  EachClassNumber
WITH  ENCRYPTION
AS
SELECT  ClassNo,COUNT(Sno)  AS  班级人数
FROM  Student
GROUP  BY  ClassNo
```

对视图的定义加密，可以保证其定义不会被任何人（包括视图的拥有者）查看。当然更不能修改了。

使用 sp_helptext 查看视图 EachClassNumber 的定义信息，结果如图 6-18 所示。

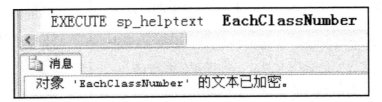

图 6-18　视图加密不能查看定义信息

【练习 4】使用 ALTER VIEW 语句修改视图 BoyInfo，对视图的定义进行加密。并使用 sp_helptext 查看该视图的定义信息。

5. 重命名视图

（1）使用 SSMS 的图形工具重命名视图

右击要重命名的视图，在弹出的快捷菜单（如图 6-15 所示）中选择"重命名"命令。

（2）使用 sp_rename 重命名视图

使用系统存储过程 sp_rename 重命名视图，其语法格式如下：

[EXECUTE] sp_rename 原视图名,新视图名

【练习 5】重命名视图 FailInfo，修改后的视图名为 xushanchu。

6. 删除视图

（1）使用 SSMS 的图形工具删除视图

右击要删除的视图，在弹出的快捷菜单（如图 6-17 所示）中选择"删除"命令。删除视图不会影响基表中的数据。

（2）使用 DROP VIEW 语句删除视图

可使用 DROP VIEW 语句删除视图，其语法格式如下。

```
DROP  VIEW  视图名1[,……视图名n]
```

【练习 6】删除上面练习 4 重命名后的视图 xushanchu。

通过对视图加密来保护视图的安全性。视图的维护可使用 SSMS 的图形工具或使用 SQL 语句实现。

任务5　创建索引

用户对数据库的操作最频繁的是数据查询。一般情况下，数据库在进行查询操作时需要对整个表进行数据搜索。当表中的数据很多时，按顺序搜索数据就需要很长的时间，这就造成了服务器的资源浪费。为了提高检索数据的能力，数据库引入了索引机制。

若要在一本书中查找所需信息，应首先查找书的目录，找到该信息所在的页码，然后再查阅该页码的信息，无须阅读整本书。在数据库中查找数据也一样，为了加快查询速度，创建索引，通过搜索索引找到特定的值，然后跟随指针到达包含该值的行，从而提高数据检索速度。本任务先理解 SQL Server 2008 的数据访问方法，然后理解创建索引的优缺点和索引分类，再来根据实际需求创建和维护索引。

1. 数据的访问

SQL Server 提供了两种数据访问的方法。

（1）表扫描法

在没有建立索引的表内进行数据访问时，SQL Server 2008 通过表扫描法来获取所需要的数据。当 SQL Server 2008 执行表扫描时，它从表的第一行开始进行逐行查找，直到找到符合查询条件的行。显然，使用表扫描法所消耗的时间直接与数据表中存放的数据量成正比。若数据表中存在大量的数据时，使用表扫描将造成系统响应时间过长。

（2）索引法

在建有索引的表内进行数据访问时，当进行以索引列为条件的数据查询时，它会先通过搜索索引树来查找所需行的存储位置，然后通过查找的结果提取所需的行。显然使用索引加速了对表中数据行的检索，减少了数据访问时间。

2. 创建索引的优缺点

（1）创建索引的好处

①加快数据查询。在表中创建索引后，当进行以索引列为条件的数据查询时，将大大提高查询的速度。这也告诉我们，应在那些经常用来作为查询条件的列上建立索引；相反的，不经常作为查询条件的列则可以不建索引。

②加快表的连接、排序和分组工作。进行表的连接、排序和分组工作，要涉及数据的查询工作，因此，建立了索引，提高了数据的查询速度，从而也加快了表的连接、排序和分组工作。

（2）创建索引的不足

①创建索引要花费时间和占用存储空间。创建索引需要占用存储空间，如创建聚簇索引需要占用的存储空间是数据库表占用空间的 1.2 倍。在建立索引时，数据被复制以便建立聚簇索引，索引建立后，再将旧的未加索引的表数据删除。创建索引也需要花费时间。

②创建索引会减慢数据修改速度。因为每当执行一次数据的插入、删除和更新操作，就要维护索引。修改的数据越多，涉及维护索引的开销也就越大。如果将一些数据行插入到一个已经放满行的数据页面上，还必须将这个数据页面中最后一些数据移到下一个页面中去，这样，还必须改变索引页中的内容，以保持数据顺序的正确性。这就是对索引的维护。由于修改数据时要动态维护其索引，所以，对建立了索引的表执行修改操作要比未建立索引的表执行修改操作所花的时间要长。因此，创建索引虽然可以加快数据查询的速度，但是却会减慢数据修改的速度。

创建索引有好处，但也存在不足，所以不能在每个字段上都建立索引。一般在经常用于搜索的列、经常用于排序的列上创建索引。若某列值的区分度不大，只有几种取值，则不建议在该列上创建索引。如性别只有两种取值（男、女），就不建议在性别列上创建索引。数据不多的表也没有必要创建索引。

3．索引分类

（1）聚集索引和非聚集索引

根据索引的顺序与数据表的物理顺序是否相同，可以把索引分成两种类型：聚集索引与非聚集索引。

聚集索引会对表进行物理排序，聚集索引中，表中各行的物理顺序与索引表的顺序相同。一张表只能包含一个聚集索引。当建立主键约束时，如果表中没有聚集索引，则 SQL Server 自动会在主键列上创建聚集索引。实际应用中一般为定义成主键约束的列建立聚集索引。聚集索引与新华字典中的按拼音检索类似。

非聚集索引不会对表进行物理排序。如果表中不存在聚集索引，则表是未排序的。在表中，最多可以建立 250 个非聚集索引或者 249 个非聚集索引和 1 个聚集索引。非聚集索引与新华字典中的按笔画检索类似。

在创建了聚集索引的表中执行查询操作会比只创建了非聚集索引的表上执行查询速度快。但是，执行修改操作则比只创建了非聚集索引的表上执行的速度慢，因为需要更多的时间来维护聚集索引。

（2）唯一索引和非唯一索引

唯一索引不允许两行具有相同的索引值，包括不能有两个空值 NULL，而非唯一索引则不存在这样的限制。在创建表或修改表时，如果添加了一个主键或唯一约束，则 SQL Server 自动会在约束列上创建一个唯一索引。

4．使用图形工具创建索引

在"对象资源管理器"窗格中依次展开"数据库"→"表"，右击"索引"节点，单击"新建索引"命令（如图 6-19 所示），打开"新建索引"对话框（如图 6-20 所示）。

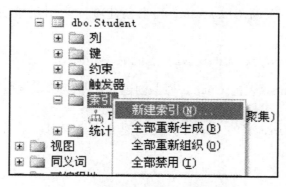

图 6-19 选择"新建索引"命令

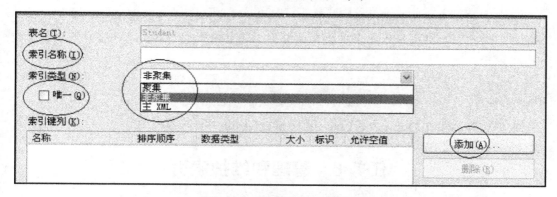

图 6-20 "新建索引"对话框

在"新建索引"对话框中，输入索引名称；选择索引类型（聚集、非聚集），选择是否为"唯一索引"；单击"添加"按钮，选择需要创建索引的列（一列或多列）。

5. CREATE INDEX 语句

创建索引的对应 SQL 语句为 CREATE INDEX 语句。CREATE INDEX 语句的基本语法如下：

```
CREATE  [UNIQUE][CLUSTERED|NONCLUSTERED]  INDEX  索引名
ON  表名（列名 1[，列名 2……]）
```

其 中 ， UNIQUE ： 唯 一 索 引 选 项 。 CLUSTERED ： 聚 集 索 引 选 项 。 NONCLUSTERED：非聚集索引选项。默认为非聚集索引。

任务实施

1. 使用图形工具创建索引

【练习 1】查看 School 数据库表中的现有索引，观察索引的索引名称、索引类型等。

【练习 2】在 Student 表的 Sname 列上创建非聚集索引，索引名称为：IX_ Student_

Sname。

2．使用 CREATE　INDEX 语句创建索引

【例 1】在 Class 表的 ClassName 列上创建唯一索引，索引名称为：IX_Class_ClassName。

```
CREATE  UNIQUE INDEX  IX_Class_ClassName  ON  Class(ClassName)
```

【练习 3】在 Course 表的 Cname 列上创建非聚集索引，索引名称为：IX_Course_Cname。

【练习 4】在 Course 表的 Credit 列上创建非聚集索引，索引名称为：IX_Course_Credit。

任务总结

　　创建索引可以加快数据的检索速度。一张表上只能创建一个聚集索引，但可以创建多个非聚集索引。SQL Server 自动会在主键列上建立聚集唯一索引，在唯一约束列上建立唯一索引。

拓展练习

　　根据实际需求在 Dorm 表、Live 表、CheckHealth 表上创建索引。

任务 6　管理和维护索引

任务提出

　　索引的管理和维护包括查看索引信息、重命名索引、删除索引等。建议该任务要求学生自主学习。

任务分析

　　索引的管理和维护可使用 SSMS 的图形工具或使用 SQL 语句实现。

任务实施

1．查看索引信息

（1）使用 SSMS 的图形工具查看

右击要查看的索引，在弹出的快捷菜单中选择"属性"命令。

（2）使用 sp_helpindex 查看

可使用系统存储过程 sp_helpindex 查看表上的索引信息，其语法格式如下：

```
[EXECUTE]  sp_helpindex  表名
```

【练习 1】分别使用 SSMS 的图形工具和 sp_helpindex 查看 school 数据库中各表中的索引信息。

2．重命名索引

（1）使用 SSMS 的图形工具重命名索引

右击要重命名的索引，在弹出的快捷菜单中选择"重命名"命令。

（2）使用 sp_rename 重命名索引

可使用系统存储过程 sp_rename 重命名索引，其语法格式如下：

```
[EXECUTE] sp_rename '表名.索引名','新索引名'
```

【练习 2】分别使用 SSMS 的图形工具和 sp_rename 重命名 School 数据库中的索引。

3．删除索引

（1）使用 SSMS 的图形工具删除索引

右击要删除的索引，在弹出的快捷菜单中选择"删除"命令。

（2）使用 DROP　INDEX 语句删除索引

可使用 DROP　INDEX 语句删除索引，其语法格式如下。

```
DROP  INDEX  表名.索引名[,……n]
```

【注意】不能删除由主键约束或唯一约束创建的索引。这些索引必须通过删除主键约束或唯一约束，由系统自动删除。

【练习 3】使用 SSMS 的图形工具或 DROP　INDEX 语句删除 Student 表上的索引。

任务总结

索引的管理和维护较简单，记住：不能删除由主键约束或唯一约束创建的索引。这些索引必须通过删除主键约束或唯一约束，由系统自动删除。

拓展知识

索引可加快数据检索速度，可比较创建索引之前的查询速度和创建索引之后的查询速度。

获取查询时间的格式如下：

```
DECLARE  @d  datetime
SET  @d=getdate()
SELECT 查询语句
SELECT  datediff(ms,@d,getdate())
```

可到网上下载一个数据量较大的数据库做一下试验，来测在以下的情况下各种查询的速度表现：①仅在主键上建立聚集索引；②在主键上建立聚集索引，在其他列建立非聚集索引。

附录1 "学生成绩管理子系统"数据库表结构

Class（ClassNo，ClassName，College，Specialty，EnterYear）

字段名	字段说明	数据类型	长度	是否允许为空	约束
ClassNo	班级编号	nvarchar	10	否	主键
ClassName	班级名称	nvarchar	30	否	
College	所在学院	nvarchar	30	否	
Specialty	所属专业	nvarchar	30	否	
EnterYear	入学年份	int		是	

Student（Sno，Sname，Sex，Birth，ClassNo）

字段名	字段说明	数据类型	长度	是否允许为空	约束
Sno	学号	nvarchar	15	否	主键
Sname	姓名	nvarchar	10	否	
Sex	性别	nchar	1	否	值只能为男或者女
Birth	出生年月	date		是	
ClassNo	班级编号	nvarchar	10	否	外键，参照 Class 表的 ClassNo

Course（Cno，Cname，Credit,ClassHour）

字段名	字段说明	数据类型	长度	是否允许为空	约束
Cno	课程编号	nvarchar	10	否	主键
Cname	课程名称	nvarchar	30	否	
Credit	课程学分	numeric（4,1）		是	值大于 0
ClassHour	课程学时	int		是	值大于 0

Score（Sno，Cno，Uscore，EndScore）

字段名	字段说明	数据类型	长度	是否允许为空	约束
Sno	学号	nvarchar	15	否	主属性，参照 Student 表的 Sno
Cno	课程编号	nvarchar	10	否	主属性，参照 Course 表的 Cno
Uscore	平时成绩	numeric（4,1）		是	值在 0—100
EndScore	期末成绩	numeric（4,1）		是	值在 0—100

附录 2 "学生成绩管理子系统"数据库表记录

Class 表中记录

ClassNo	ClassName	College	Specialty	EnterYear
200901001	计算机 091	信息工程学院	计算机应用技术	2009
200901002	计算机 092	信息工程学院	计算机应用技术	2009
200901003	计算机 093	信息工程学院	计算机应用技术	2009
200901901	电商 091	信息工程学院	电子商务	2009
200901902	电商 092	信息工程学院	电子商务	2009
200905201	网络 091	信息工程学院	计算机网络技术	2009
200905202	网络 092	信息工程学院	计算机网络技术	2009
200907301	软件 091	信息工程学院	软件技术	2009

Student 表中记录

Sno	Sname	Sex	Birth	ClassNo
200931010100101	倪骏	男	1991-7-5	200901001
200931010100102	陈国成	男	1992-7-18	200901001
200931010100207	王康俊	女	1991-12-1	200901002
200931010100208	叶毅	男	1991-1-20	200901002
200931010100321	陈虹	女	1990-3-27	200901003
200931010100322	江苹	女	1990-5-4	200901003
200931010190118	张小芬	女	1991-5-24	200901901
200931010190119	林芳	女	1991-9-8	200901901

Course 表中记录

Cno	Cname	Credit	ClassHour
0901169	数据库技术与应用 1	4	56
0901170	数据库技术与应用 2	4	56
2003003	计算机文化基础	4	56

续表

Cno	Cname	Credit	ClassHour
4102018	数据库课程设计 B	1.5	30
0901038	管理信息系统 F	4	60
0901191	操作系统原理	1.5	30
0901025	操作系统	4	60
0901020	网页设计	4	56
2003001	思政概论	2	30

Score 表中记录

Sno	Cno	Uscore	EndScore
200931010100101	0901170	95	92
200931010100102	0901170	67	45
200931010100207	0901170	82	
200931010190118	0901169	95	86
200931010190119	0901169	70	51.5
200931010100101	2003003	80	76
200931010100102	2003003	60	54
200931010100207	2003003	85	69
200931010100321	0901025	96	88.5
200931010100322	0901025		

附录3 "学生住宿管理子系统" 数据库表结构

Dorm(DormNo,Build,StoreyNo,RoomNoNo,BebsNum,DormType,Tel)

字段名	字段说明	数据类型	长度	是否允许为空	约束
DormNo	宿舍编号	nvarchar	10	否	主键
Build	楼栋	nvarchar	10	否	
Storey	楼层	nvarchar	2	否	
RoomNo	房间号	nvarchar	4	否	
BebsNum	总床位数	smallint		是	值大于0
DormType	宿舍类别	nvarchar	2	是	
Tel	宿舍电话	nvarchar	15	是	

Live(Sno,DormNo，BedNo，InDate,OutDate)

字段名	字段说明	数据类型	长度	是否允许为空	约束
Sno	学号	nvarchar	15	否	主属性，参照 Student 表的主键 Sno
DormNo	宿舍编号	nvarchar	10	否	主属性，参照 Dorm 表的主键 DormNo
BedNo	床位号	nvarchar	2	否	
InDate	入住日期	Date		否	主属性
OutDate	离寝日期	Date		是	离寝日期必须迟于入住时间

CheckHealth(CheckNo，DormNo,CheckDate,CheckMan,Score,Problem)

字段名	字段说明	数据类型	长度	是否允许为空	约束
CheckNo	检查号	int(identity)		否	主键
DormNo	宿舍编号	nvarchar	10	否	

字段名	字段说明	数据类型	长度	是否允许为空	约束
CheckDate	检查时间	datetime		否	默认值为当前系统时间
CheckMan	检查人员	nvarchar	10	否	
Score	成绩	numeric(5,2)		否	在 0~100 之间
Problem	存在问题	nvarchar	50	是	

附录4 "学生住宿管理子系统" 数据库表记录

Dorm 表中记录

DormNo	Build	Storey	RoomNo	BedsNum	DormType	Tel
LCB04N101	龙川北苑 04 南	1	101	6	男	15067078589
LCB04N421	龙川北苑 04 南	4	421	6	男	13750985609
LCN02B206	龙川南苑 02 北	2	206	6	男	15954962783
LCN02B313	龙川南苑 02 北	3	313	6	男	15954962783
LCN04B408	龙川南苑 04 北	4	408	6	女	15958969333
LCN04B310	龙川南苑 04 北	4	310	6	女	
XSY01111	学士苑 01	1	111	6	女	15218761131

Live 表中记录

Sno	DormNo	BedNo	InDate	OutDate
200931010100101	LCB04N101	1	2010/9/10	
200931010100102	LCB04N101	2	2010/9/10	
200931010100207	LCN04B310	4	2010/9/10	
200931010100208	LCB04N421	2	2010/9/10	
200931010100321	LCN04B408	4	2010/9/11	
200931010100322	LCN04B408	5	2010/9/20	
200931010190118	XSY01111	3	2010/9/10	
200931010190119	XSY01111	6	2010/9/10	

CheckHealth 表中记录

CheckNo	DormNo	CheckDate	CheckMan	Score	Problem
1	LCB04N101	2010/11/19	余经纬	80	床上较凌乱
2	LCB04N101	2010/10/20	余经纬	60	地面脏乱
3	LCB04N421	2010/12/2	余经纬	50	地面脏乱、有大功率电器
4	LCN04B408	2010/11/19	周荃	90	桌上排放欠整齐
5	LCN04B310	2010/10/20	周荃	75	床上较凌乱
6	XSY01111	2010/11/19	陈静泓	83	地面不够整洁、桌上较乱
7	XSY01111	2010/10/20	赵倩	70	地面脏乱
8	LCN04B408	2010/12/2	周荃	95	

附录 5　SQL Server 2008 常用函数

1. 字符串函数

函数名称	参数	示例	说明
ascii	(字符串表达式)	select ascii('abc') 返回 97	返回字符串中最左侧字符的 ASCII 码
char	(整数表达式)	select char(97) 返回 a	把 ASCII 码转换为字符，返回介于 0 和 255 之间的整数。如果该整数表达式不在此范围内，将返回 NULL 值
charindex	(字符串表达式 1, 字符串表达式 2[, 整数表达式])	select charindex('ab','BCabTabD') 返回 3 select charindex('ab','BCabTabD',4) 返回 6	在字符串 2 中查找字符串 1，如果存在，返回第一个匹配的位置，如果不存在，返回 0。如果字符串 1 和字符串 2 中有一个是 null 则返回 null。 可以指定在字符串 2 中查找的起始位置
difference	(字符串表达式 1, 字符串表达式 2)	Select difference('Green','Greene') 返回 4	返回一个 0 到 4 的整数值，指示两个字符表达式之间的相似程度。0 表示几乎不同或完全不同，4 表示几乎相同或完全相同。注意相似并不代表相等
left	(字符串表达式,整数表达式)	select left('abcdefg',2) 返回 ab	返回字符串中从左边开始指定个数的字符
right	(字符串表达式,整数表达式)	select right('abcdefg',2) 返回 fg	返回字符串中从右边开始指定个数的字符
len	(字符串表达式)	select len ('abcdefg')返回 7 select len ('abcdefg ') 返回 7	返回指定字符串表达式的字符数，其中不包含尾随空格
lower	(字符串表达式)	select lower ('ABCDEF') 返回 abcdef	返回大写字符数据转换为小写的字符表达式
upper	(字符串表达式)	select upper ('abcdef') 返回 ABCDEF	返回小写字符数据转换为大写的字符表达式
ltrim	(字符串表达式)	select ltrim (' abc') 返回 abc	返回删除了前导空格之后的字符表达式

续表

函数名称	参数	示例	说明
rtrim	(字符串表达式)	select rtrim ('abc ') 返回 abc	返回删除了尾随空格之后的字符表达式
reverse	(字符串表达式)	select reverse ('abcde') 返回 edcba	返回指定字符串反转后的新字符串
space	(整数表达式)	select 'a'+space(2)+'b' 返回 a b	返回由指定数目的空格组成的字符串
stuff	(字符串表达式 1,开始位置,长度,字符串表达式 2)	select stuff('abcdef',2,2,'123') 返回 a123def	在字符串表达式 1 中在指定的开始位置删除指定长度的字符，并在指定的开始位置处插入字符串表达式 2，返回新字符串
substring	(字符串表达式,开始位置,长度)	select substring('abcdef',2,2)返回 bc	返回子字符串
replace	(字符串表达式 1,字符串表达式 2,字符串表达式 3)	select replace('abcttabchhabc','abc','123') 返回 123tt123hh123	用字符串表达式 3 替换字符串表达式 1 中出现的所有字符串表达式 2 的匹配项，返回新的字符串

2. 日期和时间函数

函数名称	参数	示例	说明
dateadd	(日期部分,数字,日期)	select dateadd (year,45,'1990-12-11') 返回 2035-12-11 00:00:00.000 select dateadd (month,45,'1990-12-11') 返回 1994-09-11 00:00:00.000 select dateadd (mm,45,'1990-12-11') 返回 1994-09-11 00:00:00.000 select dateadd (qq,12,'1990-12-11') 返回 1993-12-11 00:00:00.000 select dateadd (hh,12,'1990-12-11') 返回 1990-12-11 12:00:00.000 select dateadd (yy,−12,'1990-12-11') 返回 1978-12-11 00:00:00.000	返回给指定日期加上一个时间间隔后的新的日期值 数字：用于与指定的日期部分相加的值。如果指定了非整数值，则将舍弃该值的小数部分，舍弃时不遵循四舍五入 日期：指定的原日期
datediff	(日期部分,开始日期,结束日期)	Select datediff(yy,'1990-12-11','2008-9-10') 返回 18 datediff (mm,'2007-12-11','2008-9-10') 返回 9	返回两个指定日期的指定日期部分的差的整数值 在计算时由结束日期减去开始日期

续表

函数名称	参数	示例	说明
datename	(日期部分,日期)	select datename(mm,'2007-12-11') 返回 12 select datename(dw,'2007-12-11') 返回星期二 select datename(dd, '2007-12-11') 返回 11	返回表示指定日期的指定日期部分的字符串 dw 表示一星期中星期几，wk 表示一年中的第几个星期，dy 表示一年中的第几天
datepart	(日期部分,日期)	select datepart(mm,'2007-12-11') 返回 12 select datepart(dw,'2007-12-11') 返回 3 select datepart(dd, '2007-12-11') 返回 11	返回表示指定日期的指定日期部分的整数 wk 表示一年中的第几个星期，dy 表示一年中的第几天，dw 表示一星期中星期几，返回整数默认 1 为星期天
getdate	无参数	select getdate() 返回当前系统日期和时间	返回当前系统日期和时间
day	(日期)	select day('2007-12-11') 返回 11	返回一个整数，表示指定日期的天的部分。等价于 datepart(dd,日期)
month	(日期)	select month('2007-12-11') 返回 12	返回一个整数，表示指定日期的月的部分。等价于 datepart(mm,日期)
year	(日期)	select year('2007-12-11') 返回 2007	返回一个整数，表示指定日期的年的部分。 等价于 datepart(yy,日期)
getutcdate	无参数	select getutcdate() 返回 2009-04-28 10:57:24.153	返回表示当前的 UTC(世界标准时间)时间。即格林尼治时间（GMT）

3. 数学函数

函数名称	参数	示例	说明
abs	(数值表达式)	select abs(-23.4) 返回 23.4	返回指定数值表达式的绝对值（正值）
pi	无参数	select pi()返回 3.14159265358979	返回 π 的值
ceiling	(数值表达式)	select ceiling(5.44)返回 6 select ceiling(-8.44)返回-8	返回大于或等于指定数值表达式的最小整数
floor	(数值表达式)	select floor(5.44)返回 5 select floor(-8.44)返回-9	返回小于或等于指定数值表达式的最大整数
power	(数值表达式 1,数值表达式 2)	select power(5,2)返回 25	返回数值表达式 1 的数值表达式 2 次幂
sqrt	(数值表达式)	select sqrt(25)返回 5	返回数值表达式的平方根

续表

函数名称	参数	示例	说明
rand	([整数表达式])	select rand(100) 返回 0.715436657367485 select rand() 返回 0.28463380767982 select rand() 返回 0.0131039082850364	返回从 0 到 1 之间的随机 float 值。整数表达式为种子，使用相同的种子产生的随机数相同即使用同一个种子值重复调用 RAND() 会返回相同的结果。不指定种子则系统会随机生成种子

4. 数据类型转换函数

函数名称	参数	示例	说明
convert	(数据类型 [(长度)], 表达式 [,样式])	select convert(nvarchar,123) 返回 123 select '年龄：' +convert(nvarchar,23) 返回年龄：23 （注意：如果想要在结果中正确显示中文需要在给定的字符串前面加上 N，加 N 是为了使数据库识别 Unicode 字符） 返回 04 28 2009 10:21PM select convert(nvarchar ,getdate(),101) 返回 04/28/2009 select convert(nvarchar ,getdate(),120) 返回 2009-04-28 12:22:21 Select convert(nvarchar(10) ,getdate(),120) 返回 2009-04-28	将一种数据类型的表达式显式转换为另一种数据类型的表达式 长度：如果数据类型允许设置长度，可以设置长度 例如 varchar(10)样式：用于将日期类型数据转换为字符数据类型的日期格式的样式
Cast	(表达式 as 数据类型[(长度)])	select cast(123 as nvarchar) 返回 123 select N'年龄:'+cast(23 as nvarchar) 返回 年龄：23	将一种数据类型的表达式显式转换为另一种数据类型的表达式

说明：以上两种函数功能类似，但是 convert 在进行日期转换时还提供了丰富的样式，cast 只能进行普通的日期转换。

5. 系统函数

函数名称	参数	示例	说明
newid	无参数	select newid()返回 2E6861EF-F4DB-4FFE-85EA-638242F2E5F2	返回一个 GUID（全局唯一表示符）值
isnumeric	(任意表达式)	select isnumeric(1111)返回 1 select isnumeric('123rr')返回 0 select isnumeric('123')返回 1	判断表达式是否为数值类型或者是否可以转换成数值。是返回 1，不是返回 0

续表

函数名称	参数	示例	说明
Isnull	(任意表达式 1,任意表达式 2)	select isnull(null,N'没有值') 返回没有值 select isnull(N'具体的值',N'没有值') 返回具体的值	如果任意表达式 1 不为 NULL，则返回它的值；否则，在将任意表达式 2 的类型转换为任意表达式 1 的类型（如果这两个类型不同）后，返回任意表达式 2 的值
Isdate	（任意表达式）	select isdate(getdate())返回 1 select isdate('1988-1-1')返回 1 select isdate('198')返回 0	确定输入表达式是否为有效日期或可转成有效的日期。 是返回 1，不是返回 0

综合实践练习

套卷 1

1. 创建数据库 student。
2. 创建学生表，表名：学生

字段名	数据类型	约束
学号	char(8)	主键
姓名	char(20)	不允许空
性别	char(2)	不允许空，值只能为男或女
出生日期	datetime	允许空

3. 创建成绩表，表名：成绩

字段名	数据类型	约束
学号	char(8)	主键，参照学生表的学号
课程名	varchar(30)	主键
成绩	real	允许空，值在 0~100 之间

4. 往学生表中插入以下记录：

学号：95001，姓名：张三，性别：男，出生日期：1985-9-10

往成绩表中插入以下记录：

学号：95001， 课程名：数据库原理， 成绩：80

学号：95001， 课程名：SQL Server， 成绩：

5. 统计选修"数据库原理"该门课程的学生的平均分、最高分、最低分。
6. 分别统计各门课程的平均分、最高分。
7. 根据实际情况为成绩表的成绩字段创建索引，索引名为 cjindex。
8. 创建视图 view1，查询缺少成绩的学生的学号和相应的课程名。
9. 创建视图 view2，查询出所有学生的学号、姓名、性别和年龄。

套卷 2

1. 创建数据库 student。
2. 在 student 数据库中创建学生信息 student 表，结构如下：

student 表

列名	数据类型	宽度	空否	约束	备注
sno	char	5	N	主键	学号
sname	char	10	N		姓名
sex	char	2	Y	只能为"男"或"女"，默认值为"男"	性别
sbirth	smalldatetime		Y		出生日期

3. 在 student 数据库中创建选课 sc 表，结构如下：

sc 表

列名	数据类型	宽度	空否	约束	备注
Sno	char	5	N	主键；外键：参照 student 中的主键 sno	学号
Cname	char	30	N	主键	课程名称
Grade	decimal	精度：5，小数位数：1	Y		成绩

4. 往表中插入以下记录：

表 student 中的数据

sno	Sname	sex	sbirth
95001	李勇	男	1980-8-9

表 sc 中数据

sno	cname	grade
95001	数据库原理	92
95001	数据结构	58

5. 查询出所有姓李，并且名为单个字的学生的基本信息。
6. 使用外部连接，查询每个学生基本信息及其选课情况，如果学生没有选课，也显示其基本信息。
7. 查询选修了两门及两门以上课程的学生的学号。提示：使用 group by 和 having 子句。
8. 创建视图 view1，查询缺少成绩的学生的学号和相应的课程名称。

9. 创建视图 view2，查询出所有学生的学号、姓名、性别和年龄。

套卷 3

1. 创建数据库 student。
2. 在 student 数据库中创建学生信息 student 表，结构如下：

student 表

列名	数据类型	宽度	空否	约束	备注
sno	char	5	N	主键	学号
sname	char	10	Y		姓名
sex	char	2	Y	只能为"男"或"女"，默认值为"男"	性别
sbirth	smalldatetime		Y		出生日期

3. 在 student 数据库中创建选课 sc 表，结构如下：

sc 表

列名	数据类型	宽度	空否	约束	备注
sno	char	5	N	主键；外键：参照 student 中的主键 sno	学号
cname	char	30	N	主键	课程名称
grade	decimal	精度：5，小数位数：1	Y		成绩

4. 往表中插入以下记录：

表 student 中的数据

sno	sname	sex	sbirth
95001	李勇	男	1980-8-9

表 sc 中数据

sno	cname	grade
95001	数据库原理	92
95001	数据结构	58

5. 查询有选课记录的所有学生的学号，用 distict 限制结果中的学号不重复。

6. 创建视图 view1，查询出所有学生的学号、姓名、年龄。

7. 将 view1 的所有学生年龄增加一岁。思考：能否实现，如果不能实现指明原因？

8. 创建一个带 with check option 参数的视图 view2，其内容是查询所有女生的基本信息。

9. 使用 INSERT 语句向 view2 中插入数据（'95003'，'张三'，'男'）。

思考：能否实现，如果不能实现指明原因？

套卷 4

1. 创建数据库 gxc。

2. 在 gxc 数据库中创建商品表，表名：sp。结构如下：

sp 表

列名	数据类型	宽度	空否	约束	备注
bh	char	20	N	主键	商品编号
mc	varchar	50	N		商品名称
xkc	real		Y		现库存量
sj	money		Y		现销售价格

3. 在 gxc 数据库中创建供应表，表名：gy。结构如下：

gy 表

列名	数据类型	宽度	空否	约束	备注
ddh	char	10	N	主键	订单号
bh	char	20	N	主键，外键：参照商品表的主键 bh	商品编号
sl	float		N	值大于 0	进货数量
jg	money		Y		进价
jsj	datetime		Y	默认值为当前系统时间	进货时间

4. 往表中插入以下记录：

sp 表中的数据

bh	mc	xkc	sj
2000000341316	精品红富士	200	3.50
6930504300198	甜酒酿	50	2.00

gy 表中的数据

ddh	bh	sl	jg	jsj
2007001	2000000341316	80	3.00	2007-6-1
2007001	6930504300198	30	1.70	2007-6-1

5．查询"精品红富士"最近一次进货的进价。提示：可按照进货时间排序。

6．创建视图 view1，查询库存不足的商品基本信息，库存不足指现库存量小于50。

7．根据实际情况为商品表的现库存量字段创建索引，索引名为 kcindex。

套卷 5

1．数据库与表的操作

创建数据库 student，数据文件和日志文件保存在考试文件夹下的名为"数据文件"的文件夹中。在 student 数据库中创建表 student，表结构要求如下：

字段名	字段数据类型	字段大小	约束
sno	char	5	主键
sname	char	10	非空
ssex	char	2	（'男'，'女'）
sbirth	datetime		
saddress	varchar	100	

代码以 create.sql 文件保存考试文件夹的'代码'文件夹中。

操作结束，请分离数据库 student。

2．数据操作

首先请附加数据库'教学管理'

（1）列出计算机软件专业的女生的信息。

（2）列出选修了"04"号课程的成绩在 90 分以上（含 90）的 2000 届学生的成绩信息。

（3）列出每位学生的学号，姓名，年龄。

（4）列出选修了"01" 号课程并成绩在 80 到 90 分之间的学生的学号，姓名。

（5）列出每位同学的最高分、最低分、总分、平均分。

（6）数据更新操作。将选修了'计算机网络'课程的学生成绩全加 5。

代码以 select.sql 文件保存考试文件夹的'代码'文件夹中。

3．视图与索引操作

创建'男生的平均成绩'视图，运行查看视图结果。

操作结束，请分离数据库'教学管理'。

套卷 6

1．数据库与表的操作

创建数据库 student，数据文件和日志文件保存在考试文件夹下的名为"数据文件"的文件夹中。在 student 数据库中创建表 course，表结构要求如下：

字段名	字段数据类型	字段大小	约束
cno	char	5	主键
cname	char	10	非空
ccredit	smallint		[0,100]

代码以 create.sql 文件保存考试文件夹的'代码'文件夹中

操作结束，请分离数据库 student。

2．数据操作

首先请附加数据库'教学管理'

（1）列出计算机软件专业的女生的信息。

（2）列出课程名含"计算机"并总学时在 60 以上的课程信息。

（3）列出每位学生的学号，姓名，年龄。

（4）选修了"01"号课程并成绩在 90 分以上或者 60 分以下的学生的学号，姓名。

（5）列出每位同学的最高分、最低分、总分、平均分。

（6）数据更新操作

将选修了'计算机网络'课程的学生成绩全加 5。

代码以 select.sql 文件保存考试文件夹的'代码'文件夹中

3．视图与索引操作

创建'数据库课程的平均成绩'视图，运行查看视图结果。

操作结束，请分离数据库'教学管理'。

套卷 7

1．数据库与表的操作

创建数据库 student，数据文件和日志文件保存在考试文件夹下的名为"数据文件"的文件夹中。在 student 数据库中创建表 student，表结构要求如下：

字段名	字段数据类型	字段大小	约束
Sno	char	5	主键
Sname	char	10	非空
Ssex	char	2	（'男'，'女'）
Sbirth	datetime		
Saddress	varchar	100	

代码以 create.sql 文件保存考试文件夹的'代码'文件夹中

操作结束，请分离数据库 student。

2．数据操作

首先请附加数据库'教学管理'

（1）列出专业含"计算机"的男生的学号，姓名和专业。

（2）列出选修了"04"号课程的成绩在 90 分以上（含 90）的 2000 届学生的成绩信息。

（3）列出每位学生的学号，姓名，年龄。

（4）列出选修了"01" 号课程并成绩在 80 到 90 分之间的学生的学号，姓名。

（5）列出每门课程的最高分、最低分、总分、平均分。

（6）数据更新操作。将选修了'数据库'课程成绩在 60 分以下的学生成绩全加 5。

代码以 select.sql 文件保存考试文件夹的'代码'文件夹中

3．视图与索引操作

在'课程档案'的'课程名'字段上创建唯一聚集索引，索引名为 'uq_clu_classname'。

操作结束，请分离数据库'教学管理'。

套卷 8

1．数据库与表的操作

创建数据库 student，数据文件和日志文件保存在考试文件夹下的名为"数据文件"的文件夹中。在 student 数据库中创建表 course，表结构要求如下：

字段名	字段数据类型	字段大小	约束
cno	char	5	主键
cname	char	10	非空
ccredit	smallint		[0,100]

代码以 create.sql 文件保存考试文件夹的'代码'文件夹中

操作结束，请分离数据库 student。

2．数据操作

首先请附加数据库'教学管理'

（1）列出姓"王"女生的学号，姓名，性别，专业。

（2）列出课程名含"计算机"并总学时在 60 以上的课程信息。

（3）列出考试成绩为空学生的学号，课程号。

（4）列出选修了"01" 号课程并成绩在 80 到 90 分之间的学生的学号，姓名。

（5）列出每位同学的最高分、最低分、总分、平均分。

（6）数据更新操作。将选修了'数据库'课程成绩在 60 分以下的学生成绩全加 5。

代码以 select.sql 文件保存考试文件夹的'代码'文件夹中。

3．视图与索引操作

创建'男生的平均成绩'视图，运行查看视图结果。

操作结束，请分离数据库'教学管理'。

套卷 9

1．数据库与表的操作

创建数据库 student，数据文件和日志文件保存在考试文件夹下的名为"数据文件"的文件夹中。在 student 数据库中创建表 course，表结构要求如下：

字段名	字段数据类型	字段大小	约束
cno	char	5	主键
cname	char	10	非空
ccredit	smallint		[0,100]

代码以 create.sql 文件保存考试文件夹的'代码'文件夹中

操作结束，请分离数据库 student。

2．数据操作

首先请附加数据库'教学管理'

（1）列出专业含"计算机"的男生的学号，姓名和专业。

（2）列出选修了"04"号课程的成绩在 90 分以上（含 90）的 2000 届学生的成绩信息。

（3）列出每位学生的学号，姓名，年龄。

（4）列出选修了"01" 号课程并成绩在 90 分以上或者 60 分以下的学生的学号，姓名。

（5）列出每位同学的最高分、最低分、总分、平均分。

（6）数据更新操作。将选修了'数据库'课程成绩在 60 分以下的学生成绩全加 5。

代码以 select.sql 文件保存考试文件夹的'代码'文件夹中

3．视图与索引操作

创建'数据库课程的平均成绩'视图，运行查看视图结果。

操作结束，请分离数据库'教学管理'。

套卷 10

1．数据库与表的操作

创建数据库 student，数据文件和日志文件保存在考试文件夹下的名为"数据文件"的文件夹中。在 student 数据库中创建表 student，表结构要求如下：

字段名	字段数据类型	字段大小	约束
Sno	char	5	主键
Sname	char	10	非空
Ssex	char	2	('男','女')
Sbirth	datetime		
Saddress	varchar	100	

代码以 create.sql 文件保存考试文件夹的'代码'文件夹中

操作结束，请分离数据库 student。

2．数据操作

首先请附加数据库'教学管理'

（1）列出专业含"计算机"的男生的学号，姓名和专业。

（2）列出课程名含"计算机"并总学时在 60 以上的课程信息。

（3）列出考试成绩为空学生的学号，课程号。

（4）列出选修了"02"、"03"、"05"号课程的学生的学号，姓名和成绩。

（5）列出每门课程的最高分、最低分、总分、平均分。

（6）数据更新操作。将选修了'计算机网络'课程的学生成绩全加 5

代码以 select.sql 文件保存考试文件夹的'代码'文件夹中。

3．视图与索引操作

创建'数据库课程的平均成绩'视图，运行查看视图结果。

操作结束，请分离数据库'教学管理'。

套卷 11

1．数据库与表的操作

创建数据库 student，数据文件和日志文件保存在考试文件夹中。在 student 数据库中创建表 course，表结构要求如下：

字段名	字段数据类型	字段大小	约束
cno	char	5	主键
cname	char	10	非空
ccredit	smallint		[0,100]

代码以 create.sql 文件保存考试文件夹的'代码'文件夹中

操作结束，请分离数据库 student。

2．数据操作

首先请附加数据库'教学管理'

（1）列出姓"王"女生的学号，姓名，性别，专业。

（2）列出选修了"04"号课程的成绩在 90 分以上（含 90）的 2000 届学生的成绩信息。

（3）列出每位学生的学号，姓名，年龄。

（4）列出选修了"01" 号课程并成绩在 90 分以上或者 60 分以下的学生的学号，姓名。

（5）列出每位同学的最高分、最低分、总分、平均分。

（6）数据更新操作。将选修了'计算机网络'课程成绩在 60 分以上的学生成绩全加 5。

代码以 select.sql 文件保存考试文件夹的'代码'文件夹中。

3．视图与索引操作

创建'计算机网络课程的平均成绩'视图，运行查看视图结果。

操作结束，请分离数据库'教学管理'。

套卷 12

1．数据库与表的操作

创建数据库 school，数据文件和日志文件保存在考试文件夹下的名为"数据文件"的文件夹中。在 school 数据库中创建表 teacher，表结构要求如下：

字段名	字段数据类型	字段大小	约束
Tno	char	5	主键
Tname	char	10	非空
Tsex	char	2	（'男'，'女'）
Tbirth	datetime		
Taddress	varchar	100	

代码以 create.sql 文件保存考试文件夹的'代码'文件夹中

操作结束，请分离数据库 school。

2．数据操作

首先请附加数据库'教学管理'

（1）列出姓"孙"女生的学号，姓名，性别，专业。

（2）列出选修了"01"号课程的成绩在 90 分以上（含 90）的 1998 届学生的成绩信息。

（3）列出男生的学号，姓名，年龄。

（4）列出选修了"04" 号课程并成绩在 70 到 80 分之间的学生的学号，姓名。

（5）列出学生总人数在 3 人以上（含）的专业及人数并按人数降序排列。

（6）数据更新操作。将选修了'财务管理'课程的学生成绩全加 5。

代码以 select.sql 文件保存考试文件夹的'代码'文件夹中。

3．视图与索引操作

在'课程档案'的'课程名'字段上创建惟一聚集索引，索引名为'uq_clu_classname'。

操作结束，请分离数据库'教学管理'。

套卷 13

1．创建数据库：为"图书借阅系统"创建后台数据库：

（1）数据库名为 TSJY。

（2）主数据文件逻辑名称为 TSJY，存放在 C 盘根目录下，初始大小为 3MB，文件增长不受限制，增长量为 1MB。

（3）事务日志文件逻辑名称为 TSJY_log，存放在 C 盘根目录下，初始大小为 1MB，文件增长最大为 5MB，增长量为 10%。

2．创建表

在 TSJY 数据库中创建如下三张表，表结构如下：

（1）表名：XS，存放学生基本信息。

字段名	数据类型	长度	是否为空	约束	说明
XH	Char	6	否	主键	学号
XM	Char	10	否		姓名
XB	Char	2	否	默认值为'男'	性别
ZY	Varchar	20	是		专业名称
CSRQ	Smalldatetime		是		出生日期

创建名为 CK_XS 的 check 约束，设置性别字段的值只能为'男'或者'女'。

（2）表名：TS，存放图书基本信息。

字段名	数据类型	长度	是否为空	约束	说明
SH	Char	6	否	主键	书号
SM	Varchar	40	否		书名
CBS	Varchar	30	是		出版社
ZB	Char	8	是		主编
DJ	Smallmoney		是		定价
ZT	Char	4	否	默认值为'在馆'，	状态

创建名为 CK_TS 的 check 约束，设置状态字段的值只能为'在馆'或者'借出'。

（3）表名：JY，存放学生借阅图书信息。

字段名	数据类型	长度	是否为空	约束	说明
LSH	Bigint		否	标识列，标识种子为1，标识增长量为1 主键	流水号
XH	Char	6	否	外键（参照 XS 表的 XH，关系名为 FK_JY_XS）	学号
SH	Char	6	否	外键（参照 TS 表的 SH，关系名为 FK_JY_TS）	书号
JSRQ	Smalldatetime		否	默认值为当前系统时间 getdate()	借书日期

3．导入数据将考生文件夹中的 xs.xls 中的数据导入到 TSJY 数据库中的 XS 表。

4．在 TSJY 数据库中创建视图

（1）视图 View1：查询出姓 '李' 学生的学号、姓名。

（2）视图 View2：分别统计出男、女生的人数，给查询结果的字段取别名为：性别、人数。

5．编写 SQL 脚本，对 TSJY 数据库进行操作。每小题必须分开保存。

（1）使用 insert 语句添加往 TS 表添加如下数据，保存该 SQL 脚本为 1.SQL。

SH	SM	CBS	ZB	DJ	ZT
P10001	经营策略分析	机械工业出版社	马岚	23	在馆
P10002	电子商务教程	电子工业出版社	陈保安	20	在馆

（2）查询 '在馆' 图书的基本信息，包括 SH、SM、CBS、ZB、DJ。保存该 SQL 脚本为 2.SQL。

（3）查询所有图书的基本信息，包括 SH、SM、CBS、ZB、DJ，结果按照出版社降序排列，如果出版社相同，按照定价降序排列。保存该 SQL 脚本为 3.SQL。

（4）创建索引：为了能快速查询出某个出版社出版的图书信息，在相应表中的字段中创建索引，索引名为 SY。

完全备份数据库 TSJY，备份文件名为 SJKBF.BAK。最后分离 TSJY 数据库。

理论试题与习题

单元 1　搭建数据库开发环境

1. 数据库技术是从 20 世纪（　　　）年代末期开始发展的。

A. 60　　　　　　　　　　　　　　B. 70

C. 80　　　　　　　　　　　　　　D. 90

2. 下面没有反映数据库优点的是（　　　）。

A. 数据面向应用程序　　　　　　　B. 数据冗余度低

C. 数据独立性高　　　　　　　　　D. 数据共享性好

3. （　　　）是位于用户与操作系统之间的一层数据管理软件,数据库在建立、使用和维护时由其统一管理、统一控制。

A. DBMS　　　　　　　　　　　　B. DB

C. DBS　　　　　　　　　　　　　D. DBA

4. （　　　）是长期存储在计算机内有序的、可共享的数据集合。

A. DATA　　　　　　　　　　　　B. INFORMATION

C. DB　　　　　　　　　　　　　D. DBS

5. 文字、图形、图像、声音、学生的档案记录、货物的运输情况等，这些都是（　　　）。

A. DATA　　　　　　　　　　　　B. INFORMATION

C. DB　　　　　　　　　　　　　D. 其他

6. （　　　）是数据库系统的核心组成部分，它的主要用途是利用计算机有效地组织数据、存储数据、获取和管理数据。

A. 数据库　　　　　　　　　　　　B. 数据

C. 数据库管理系统　　　　　　　　D. 数据库管理员

7. 在数据管理技术的发展过程中，经历了人工管理阶段、文件系统阶段和数据库系统阶段，在这几个阶段中，数据独立性最高的是（　　　）阶段。

A. 人工管理　　　　　　　　　　　B. 文件系统

C. 数据库系统　　　　　　　　　　D. 数据项管理

8. DB 中存储的是（　　　）。

A. 数据　　　　　　　　　　　　　B. 数据模型

C. 数据与数据间的联系　　　　　　D. 信息

9. DBS 的特点是（　　　）、数据独立、减少数据冗余、避免数据不一致和加强了数据保护。

    A．共享　　　　　　　　　　B．存储

    C．应用　　　　　　　　　　D．保密

  10．SQL Server 是（　　　）。

    A．数据　　　　　　　　　　B．数据库管理系统

    C．数据库　　　　　　　　　D．数据库系统

  11．数据库 DB、数据库系统 DBS、数据库管理系统 DBMS 三者之间的关系是
（　　　）。

    A．DBS 包括 DB 和 DBMS　　　B．DBMS 包括 DB 和 DBS

    C．DB 包括 DBS 和 DBMS　　　D．DBS 就是 DB，也就是 DBMS

  12．要想使 SQL Server 2008 数据库管理系统开始工作，必须首先启动（　　　）。

    A．SQL Server 服务　　　　　　B．查询设计器

    C．SSMS　　　　　　　　　　D．数据导入和导出程序

单元2　设计数据库

  13．数据独立性最高的应用是基于（　　　）。

    A．文件系统　　　　　　　　B．层次模型

    C．网状模型　　　　　　　　D．关系模型

  14．目前三种基本的数据模型有（　　　）。

    A．层次模型、网状模型、关系模型　　B．对象模型、网状模型、关系模型

    C．网状模型、对象模型、层次模型　　D．层次模型、关系模型、对象模型

  15．关系数据模型的三个组成部分中，不包括（　　　）。

    A．数据完整性　　　　　　　B．数据结构

    C．数据操作　　　　　　　　D．并发控制

  16．下面列出的数据模型中，哪一种是数据库系统中最早出现的数据模型？
（　　　）

    A．关系模式　　　　　　　　B．层次模型

    C．网状模型　　　　　　　　D．面向对象模型

  17．关系数据模型的三个要素是（　　　）。

    A．关系数据结构、关系操作集合和关系规范化理论

    B．关系数据结构、关系规范化理论和关系完整性的约束

    C．关系规范化理论、关系操作集合和关系完整性约束

    D．关系数据结构、关系操作集合和关系完整性约束

  18．E-R 模型用于数据库设计的哪一个阶段？（　　　）

    A．需求分析　　　　　　　　B．概念结构设计

    C．逻辑结构设计　　　　　　D．物理结构设计

  19．SQL Server 是一个（　　　）的数据库管理系统。

A．关系型   B．网状型

C．层次型   D．以上都不是

20．二维表由行和列组成，每一列表示关系的一个（   ）。

A．属性   B．元组

C．集合   D．记录

21．二维表由行和列组成，每一行表示关系的一个（   ）。

A．属性   B．字段

C．集合   D．记录

22．在关系数据库中，一个关系对应（   ）。

A．一张表   B．一个数据库

C．一张报表   D．一个模块

23．用二维表格形式来表示实体及实体间联系的数据模型称为（   ）。

A．面向对象数据模型   B．关系模型

C．层次模型   D．网状模型

24．SQL Server 的字符型系统数据类型主要包括（   ）。

A．Int、money、char   B．datetime、binary、int

C．char、varchar、text   D．char、varchar、int

25．下面是合法的 smallint 数据类型数据的是（   ）。

A．223.5   B．32768

C．-345   D．58345

单元 3 　创建和管理数据库

26．SQL Server 2008 的所有系统级信息存储于哪个数据库（   ）。

A．master   B．model

C．tempdb   D．msdb

27．SQL Server 的数据文件可以分为（   ）。

A．重要文件和次要文件   B．主数据文件和次数据文件

C．初始文件和最大文件   D．初始文件和增长文件

28．SQL Server 数据库有且只有一个（   ）。

A．主数据文件   B．次数据文件

C．日志文件   D．索引文件

29．关系数据库的查询语言是（   ）。

A．HTML   B．SQL

C．XML   D．Visual Basic

30．SQL 语言通常称为（   ）。

A．结构化查询语言   B．结构化控制语言

C．结构化定义语言   D．结构化操纵语言

31．下列关于 SQL 语言的叙述中，错误的是（   ）。

A．SQL 语言是一种面向记录操作的语言

B．SQL 语言具有灵活强大的查询功能

C．SQL 语言是一种非过程化的语言

D．SQL 语言功能强，简洁易学

32．SQL Server 中的编程语言是（   ）语言。

A．Transact-SQL   B．ANSI SQL

C．PL-SQL   D．MSSQL

33．Transact-SQL 对标准 SQL 的扩展主要表现为（   ）。

A．加入了程序控制结构和变量

B．加入了建库和建表语句

C．提供了分组(GROUP BY)查询功能

D．提供了 Min、Max 等统计函数

34．SQL Server 提供的单行注释语句是使用（   ）开始的一行内容。

A．"/*"   B．"--"

C．"{"   D．"/"

35．标准 SQL 语言本身不提供的功能是（   ）。

A．数据定义   B．查询

C．修改、删除   D．绑定到数据库

36．语句"USE master GO SELECT * FROM sysfiles GO"包括（   ）个批处理。

A．1   B．2

C．3   D．4

37．若要创建一个数据库，应该使用的语句是（   ）。

A．create database   B．create table

C．create index   D．create view

38．数据库管理系统的数据操纵语言(DML)所实现的操作一般包括（   ）。

A．建立、授权、修改   B．建立、授权、删除

C．建立、插入、修改、排序   D．查询、插入、修改、删除

39．使用语句 CREATE DATABASE LWZZ 创建的数据文件放在（   ）。

A．SQL Server 的默认路径下   B．D 盘

C．E 盘   D．C 盘

40．如果在创建数据库语句 CREATE DATABASE 中包括 filegrowth=20%，则表示（   ）。

A．初始值为 20M   B．增长方式为 20M

C．增长方式为 20%   D．最大值为 20%

41．SQL Server 创建一个新的数据库时，复制的系统数据库为（   ）。

A．msdb 数据库   B．Master 数据库

C．Model 数据库   D．Tempdb 数据库

单元 4　创建和管理表

42．SQL Server 中表和数据库的关系是（　　）。

A．一个数据库可以包含多个表　　　　B．一个表只能包含两个数据库

C．一个表可以包含多个数据库　　　　D．一个数据库只能包含一个表

43．以下关于关系数据库表的性质说法错误的是（　　）。

A．数据项不可再分　　　　　　　　　B．同一列数据项要有相同的数据类型

C．记录的顺序可以任意排列　　　　　D．字段的顺序不可以任意排列

44．表在数据库中是一个非常重要的数据对象，它是用来（　　）各种数据内容。

A．显示　　　　　　　　　　　　　　B．查询

C．检索　　　　　　　　　　　　　　D．存放

45．语句 "ALTER TABLE 表名　ADD　列名　列的描述" 可以向表中（　　）。

A．删除一个列　　　　　　　　　　　B．添加一个列

C．修改一个列　　　　　　　　　　　D．添加一张表

46．语句 DROP　TABLE 可以（　　）。

A．删除一张表　　　　　　　　　　　B．删除一个视图

C．删除一个索引　　　　　　　　　　D．删除一个游标

47．数据库的完整性是指数据的（　　）。

A．正确性和相容性　　　　　　　　　B．合法性和不被恶意破坏

C．正确性和不被非法存取　　　　　　D．合法性和和相容性

48．"学号" 字段中含有 "1" "2" "3" ……等值，则在表的设计器中，该字段可以设置成数值类型，也可以设置为（　　）类型。

A．money　　　　　　　　　　　　　B．char

C．text　　　　　　　　　　　　　　D．datetime

49．在 SQL 语言中 PRIMARY　KEY 的作用是（　　）。

A．定义主键　　　　　　　　　　　　B．定义外部码

C．定义处部码的参照表　　　　　　　D．确定主键类型

50．以下关于外键和相应的主键之间的关系，正确的是（　　）。

A．外键并不一定要与相应的主键同名

B．外键一定要与相应的主键同名

C．外键一定要与相应的主键同名而且唯一

D．外键一定要与相应的主键同名，但并不一定唯一

51．现有一个关系：借阅（书号、书名，库存数，读者号，借期，还期），假如同一本书允许一个读者多次借阅，但不能同时对一种书借多本。则该关系模式的主键是（　　）。

A．书号　　　　　　　　　　　　　　B．读者号

C．书号，读者号　　　　　　　　　　D．书号，读者号，借期

52．在书店的 "图书" 表中，定义了：书号、书名，作者号，出版社号，价格等属性，其主键应是（　　）。

A．书号   B．作者号

C．出版社号   D．书号，作者号

53．设有关系模式 EMP(职工号，姓名，年龄，技能)，假设职工号唯一，每个职工有多项技能，则 EMP 表的主键是（   ）。

A．职工号   B．姓名，技能

C．技能   D．职工号，技能

54．现有一个关系：选修（学号，姓名，课程号，课程名，平时成绩，期末成绩，学期成绩），其中一个学生可以选修多门课程，而一门课程可以被多个学生选修，则该关系的主键是（   ）。

A．学号   B．课程号

C．学号，课程号   D．课程号，学期成绩

55．SQL Server 不可以在以下哪种数据类型的字段中创建主键（   ）。

A．text   B．char

C．smallint   D．datetime

56．表中某一字段设为主键后，则该字段值（   ）。

A．必须是有序的   B．可取值相同

C．不能取值相同   D．可为空

57．选课表中[学号，课程号]设为主键后，则该组字段值（   ）。

A．都可为空   B．学号不能为空,课程号可为空

C．课程号不能为空,学号可为空   D．两字段值皆不能为空

58．下面有关主键的叙述正确的是（   ）。

A．表必须定义主键

B．一个表中的主键可以是一个或多个字段

C．在一个表中主键只可以是一个字段

D．表中的主键的数据类型可以是任何类型

59．参照完整性的作用是（   ）控制。

A．字段数据的输入   B．记录中相关字段之间的数据有效性

C．表中数据的完整性   D．相关表之间的数据一致性

60．下列哪一种约束确保表的对应的字段的值在某一范围内？（   ）

A．DEFUALT   B．CHECK

C．PRIMARY KEY   D．FOREIGN KEY

61．SQL 语言中，删除表的对应语句是（   ）。

A．delete   B．create

C．drop   D．alter

62．SQL 语言中，修改表中数据的语句是（   ）。

A．update   B．alert

C．select   D．delete

63．在 T-SQL 语言中，若要修改某张表的结构，应该使用的语句是（   ）。

A．alter database   B．create database

C．create table   D．alter table

单元5　查询和更新数据

64．SQL 语言的数据操纵语句包括 SELECT、INSERT、UPDATE 和 DELETE 等，其中最重要的也是使用最频繁的语句是（　　　）。

A．SELECT
B．INSERT
C．UPDATE
D．DELETE

65．最基本的 select 语句可以只哪两个子句（　　　）。

A．select ,from
B．select,group by
C．select ,where
D．select,order by

66．在 SQL 语言中，用于排序的子句是（　　　）。

A．SORT BY
B．ORDER BY
C．GROUP BY
D．WHERE

67．在 select 查询语句中如果要对得到的结果中某个字段按降序处理,则就使用（　　　）参数。

A．asc
B．desc
C．between
D．in

68．在 Select 语句中，如果要过滤结果集中的重复行，可以在字段列表前面加上（　　　）。

A．group by
B．order by
C．desc
D．distinct

69．下面字符串能与通配符表达式[ABC]_a 进行匹配的是（　　　）。

A．BCDEF
B．A_BCD
C．Aba
D．A%a

70．在 SQL Server 中，函数 Count 是用来对数据进行（　　　）。

A．求和
B．求平均值
C．求个数
D．求最小值

71．对表中相关数据进行求和需用到的函数是（　　　）。

A．SUM
B．MAX
C．COUNT
D．AVG

72．正确的表达式是（　　　）。

A．[教师工资]　between　2000　and　3000

B．[性别]= '男'　or　='女'

C．[教师工资]>2000[教师工资]<3000

D．[性别] like '男'　= [性别]= '女'

73．在 SQL 语句中，与表达式"仓库号 in('wh1', 'wh2')"功能相同的表达式是（　　　）。

A．仓库号='wh1'　and　仓库号='wh2'

B．仓库号!= 'wh1' or 仓库号!= 'wh2'

C. 仓库号='wh1' or 仓库号='wh2'

D. 仓库号!= 'wh1' and 仓库号!= 'wh2'

74．若要查询成绩为 60-80 分之间（包括 60 分，不包括 80 分）的学生的信息，成绩字段的查询准则应设置为（　　　）。

A．>60 or <80

B．>=60 And <80

C．>60 and <80

D．IN(60,80)

75．若要查询"学生"数据表的所有记录及字段，其 SQL 语句应是（　　　）。

A．select 姓名 from 学生

B．select ＊ from 学生

C．select * from 学生 where 1=2

D．以上皆不可以

76．如果在查询中需要查询所有姓李的学生的名单，使用的关键字是（　　　）。

A．LIKE

B．MATCH

C．EQ

D．＝

77．设选课关系的关系模式为：选课（学号，课程号，成绩）。下述 SQL 语句中（　　　）语句能完成"求选修课超过 3 门课的学生学号"。

A．SELECT 学号 FROM 选课 WHERE COUNT（课程号）>3 GROUP BY 学号

B．SELECT 学号 FROM 选课 HAVING COUNT（课程号）>3 GROUP BY 学号

C．SELECT 学号 FROM 选课 GROUP BY 学号 HAVING COUNT（课程号）>3

D．SELECT 学号 FROM 选课 GROUP BY 学号 WHERE COUNT（课程号）>3

78．要查询 book 表中所有书名中包含"计算机"的书籍情况，可用（　　　）语句。

A．SELECT * FROM book WHERE book_name LIKE '*计算机*'

B．SELECT * FROM book WHERE book_name LIKE '%计算机%'

C．SELECT * FROM book WHERE book_name ='计算机*'

D．SELECT * FROM book WHERE book_name ='计算机%'

79．假设某数据库表中有一个姓名字段，查询姓名为小明或小东的记录的准则为（　　　）。

A．Not IN('小明', '小东')

B．'小明' and '小东'

C．not '小明' and not '小东'

D．'小明' or '小东'

80．假设某数据库表中有一个地址字段，查找地址中含有'泉州'两个字的记录的准则是（　　　）。

A．Not '_泉州'

B．Not '泉州%'

C．Like '_泉州_'

D．Like '%泉州%'

81．查询条件中:性别='女' and 工资额>2000 的意思是（　　　）。

A．性别为女并且工资额大于 2000 的记录

B．性别为女或者工资额大于 2000 的记录

C．性别为女并非工资额大于 2000 的记录

D．性别为女或者工资额大于 2000，且二者择一的记录

82．条件语句：Where 性别＝'男' 在查询中的意思是（　　　）。

A．将字段性别中的男性记录显示出来　B．将字段性别中的男性记录删除

C. 拷贝字段性别中的男性记录　　　　D. 将字段性别中的男性记录进行替换

83. 查看部门为长安商品公司的且实发工资为 2000 元以上（不包括 2000）员工的记录,条件表达式为（　　）。

　　A. 部门='长安商品公司' AND 实发工资>2000

　　B. 部门='长安商品公司' AND 实发工资>=2000

　　C. 部门=长安商品公司 AND 实发工资>=2000

　　D. 实发工资>2000　OR 部门='长安商品公司'

84. 合法的表达式是（　　）。

　　A. 教师编号　不等于　'00%'

　　B. 性别 in ('男', '女')

　　C. 基本工资>=1000　基本工资<=10000

　　D. 性别='男'　or ='女'

85. 设关系数据库中表 S 的结构为 s(sname,cname,grade)，其中 sno 为学生姓名，cno 为课程名，二者均为字符型，grade 为成绩，数值型，取值范围 0~100。若要把姓名为张三、课程名为化学、成绩为 80 分的新记录插入到 s 表中，则可用如下哪个语句（　　）。

　　A. add into s values('张三','化学','80')　B. insert into s values(张三,化学)

　　C. insert s values('化学','张三',80)　　　D. insert into s values('张三','化学',80)

86. 若要将多个 SELECT 语句的检索结果合并成一个结果集，可使用（　　）语句。

　　A. DISTINCT　　　　　　　　　　　　B. UNION

　　C. ORDER BY　　　　　　　　　　　　D. LEFT OUTER JOIN

87. 查询中分组的关键词是（　　）。

　　A. ORDER BY　　　　　　　　　　　　B. LIKE

　　C. HAVING　　　　　　　　　　　　　D. GROUP BY

88. SELECT 语句中与 HAVING 子句通常同时使用的是（　　）子句。

　　A. GROUP BY　　　　　　　　　　　　B. WHERE

　　C. ORDER BY　　　　　　　　　　　　D. 无需配合

89. 以下句子 Select title as 职位,AVG(wage) as 平均工资 from employee group by title 说法正确的是（　　）。

　　A. 句子语法上没有错误　　　　　　B. 句子语法上有错误

　　C. 句子语法上有错误,但是可以运行　D. 句子中没有使用聚合函数

90. 使用 SQL 语句进行分组检索时，为了去掉不满足条件的分组，应当（　　）。

　　A. 使用 where 子句　　　　　　　　B. 在 group by 后面使用 having 子句

　　C. 先使用 where 子句，再使用 having 子句

　　D. 先使用 having 子句，再使用 where 子句

91. 在 select 查询语句中的 like 'DB_'表示（　　）。

　　A. 长度为 3 的以'DB'开头的字符串

　　B. 长度为 2 的以'DB'开头的字符串

C. 任意长度的以'DB'开头的字符串

D. 长度为 3 的以'DB'开头第三个字符为'_'的字符串

92. Select emp_id,emp_name,sex,title,wage from employee order by emp_name 句子得到的结果集是按（   ）排序。

A. emp_id

B. emp_name

C. sex

D. wage

93. 如果要查询公司员工的平均收入，则使用以下哪个聚合函数（   ）。

A. sum()

B. ABS()

C. count()

D. avg()

94. Select count(*) from employee 语句得到的结果是（   ）。

A. 某个记录的信息

B. 全部记录的详细信息

C. 所有记录的条数

D. 得到 3 条记录

95. 以下句子 Select title   from employee where AVG(wage)>100 说法正确的是（   ）。

A. 句子语法上没有错误

B. 句子语法上有错

C. 句子语法上有错误,但是可以运行

D. 句子中没有使用聚合函数

96. 使用 SELECT top 5 * FROM employee 语句得到的结果集中有（   ）条记录。

A. 10

B. 2

C. 5

D. 6

97. 在 T-SQL 的查询语句中如要指定列的别名,以下语句中错误的是（   ）。

A. SELECT   列别名=原列名   FROM   数据源

B. SELECT   原列名   as   列别名   FROM   数据源

C. SELECT   原列名   列别名   FROM   数据源

D. SELECT   原列名   to   列别名   FROM   数据源

98. SQL 中,下列涉及空值的操作,不正确的是（   ）。

A. age IS NULL

B. age IS NOT NULL

C. age = NULL

D. NOT (age   IS NULL)

单元 6 创建视图和索引

99. 视图名称（   ）与该用户拥有的任何表的名称相同。

A. 不得

B. 有可能

C. 可以

D. 根据需要

100. SQL 中的视图提高了数据库系统的（   ）。

A. 完整性

B. 并发控制

C. 隔离性

D. 安全性

101. 视图是一种常用的数据对象，它是提供（   ）和（   ）数据的另一种途径，可以简化数据库操作。

    A．查看，存放   B．检索，插入

    C．插入，存放   D．存放，更新

102．下列选项都是系统提供的存储过程，其中可用来查看视图定义信息的存储过程是（　　）。

    A．sp_helptext   B．sp_helpindex

    C．sp_bindrule   D．sp_rename

103．索引是在基本表的列上建立的一种数据库对象，它同基本表分开存储，使用它能够加快数据的（　　）速度。

    A．插入   B．修改

    C．删除   D．查询

104．数据库中存放两个关系：教师（教师编号，姓名）和课程（课程号，课程名，教师编号），为快速查出某位教师所讲授的课程，应该（　　）。

    A．在教师表上对教师编号建索引   B．在课程表上对课程号建索引

    C．在课程表上对教师编号建索引   D．在教师表上对姓名建索引

105．在 SQL Server 中，索引的顺序和数据表的物理顺序相同的索引是（　　）。

    A．聚集索引   B．非聚集索引

    C．主键索引   D．唯一索引

106．"CREATE Unique INDEX AAA On 学生表（学号）"将在学生表上创建名为 AAA 的（　　）。

    A．唯一索引   B．聚集索引

    C．复合索引   D．唯一聚集索引

107．要删除 mytable 表中的 myindex 索引，可以使用（　　）语句。

    A．DROP　myindex   B．DROP　mytable.myindex

    C．DROP INDEX　mytable.myindex   D．DROP INDEX　myindex

108．为数据表创建索引的目的是（　　）

    A．提高查询的检索性能   B．创建唯一索引

    C．创建主键   D．归类

109．在创建表时可以用（　　）来创建唯一索引。

    A．设置主键约束，设置唯一约束   B．Create table，Create index

    C．设置主键约束，Create index   D．以上都可以

110．如果一个表中记录的物理存储顺序与索引的顺序一致，则称此索引是（　　）

    A．非聚集索引   B．唯一索引

    C．聚集索引   D．非唯一索引

111．以下哪种情况应尽量创建索引（　　）。

    A．在 Where 子句中出现频率较高的列   B．具有很多 NULL 值的列

    C．记录较少的基本表   D．需要更新频繁的基本表

单元 7　数据库设计

数据库设计是软件开发中不可缺少的环节。计算机处理问题的模式可以简单地描述成：程序=算法+数据结构，算法涉及的是操作流程，数据结构涉及的是数据的组织模式。计算机世界的操作对应了现实世界中的"动"，即活动，包括各种变换、处理、加工等；数据对应了现实世界中的"静"，即现实世界中固化的实体、对象及固化于对象的特征属性等。数据库设计的过程，是一个把现实世界中，需要管理的实体、对象、属性等事物的静态特性分析抽取，建立并优化一个可以在计算机上实现的数据模型的过程。

良好的数据库设计：

- 节省数据的存储空间；
- 能够保证数据的完整性；
- 方便进行数据库应用系统的开发。

糟糕的数据库设计：

- 数据冗余、存储空间浪费；
- 内存空间浪费；
- 数据更新和插入的异常。

现实世界存在内外复杂的联结关系，势必要求对数据库进行设计。其过程步骤基本如下：

- 需求分析：分析客户的业务和数据处理需求。
- 概要设计：设计数据库的 E-R 模型图，确认需求信息的正确和完整。
- 详细设计：将 E-R 图转换为多张表，进行逻辑设计，并应用数据库设计的三大范式进行审核。

电子商务是网络时代非常活跃的活动，与大家的生活也越来越密不可分。网上商城是电子商务的核心元素与组成，是日常电子商务活动的基础平台，即常见熟悉，同时又应用广泛，因而选择网上商城系统的数据库作为设计案例进行教学。数据库设计的基本学习任务已经在上篇开展，本篇以介绍需求并给出设计任务为主，根据给定的任务要求及资料，采用由学生进行自主数据库设计的模式编排。

网上商城系统是一套客户购物和支付平台，基本业务要求包括：用户注册与登录，购物车管理，留言管理，销售排行榜和商品浏览排行榜，商品收藏管理，支付平台模拟，热门搜索词，广告图片管理，商品排序，友情链接，商品分类管理，商品信息管理，特价商品管理，订单管理，会员管理，系统用户管理等功能。

本单元包含的学习任务和单元学习目标具体如下：

学习目标

- 明确需求分析的任务及方法
- 能结合需求分析结果进行数据库概要设计
- 能根据概要设计结果进行数据库逻辑设计
- 明确关系规范模式的判定标准及优化

任务 1　需求分析

任务提出

　　数据库设计的过程，是从现实世界的用户实际的需求调查出发，进行分析抽取适合计算机世界表现的数据模型的过程。需求分析的任务是收集并分析建立数据模型所需的资料，对用户需求调查与分析的准确程度，直接影响了后续数据库设计及结果的合理性与实用性。

任务分析

　　需求分析是数据库设计的第一步，也是最关键的难度最高的一步，因为本阶段的任务是从不确定的现实世界抽取出较为确定的用户需求，明确系统的总体目标，即系统要做什么，具体涉及的活动，活动的流程，及活动涉及的人、事物等。顺利完成本阶段任务需要的能力：系统方法、调查方法、分析整理、相关图表工具的使用。

相关知识与技能

　　1. 系统

　　系统一词，广泛存在于自然界、人类社会与人类思维的描述中，任何所见的事物，都可视为一个系统，如生态系统、行政系统、教育系统等。

　　系统定义：由相互作用和相互依赖的若干组成部分或要素结合而成的，具有特定功能的有机整体，包含 3 个基本要点。

　　（1）要素：系统由要素构成。要素可能是个体、元件、零件、软件中的子系统、模块、函数、过程等。

　　（2）联系：系统要素之间存在各种联系。如一个软件系统按功能可以划分为许多子系统，这些子系统又可以划分为更小的子系统、模块，同时子系统、模块之间通过接口进行通信建立联系。

（3）功能与目的：系统实现一定的功能与目标，特别是人造系统，总有一定的目的性。如网上商城系统的目标，购物车模块的目标等。

系统简化模型如图 7-1 所示。

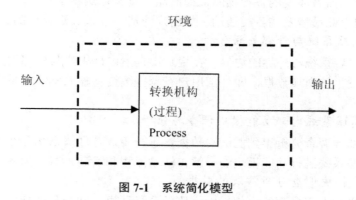

图 7-1　系统简化模型

【举例】

输入：查询条件

输出：查询结果

过程：select 语句的执行

2. 系统方法

系统方法是用整体全局观看待问题，由整体到局部，再由局部回归整体。具体方法步骤如下。

（1）复杂问题简单化—系统分解与简化。自上而下，逐层分解。需注意子系统之间、模块之间的边界与接口。

（2）从简单做起—系统集成。自下而上，联通共享集成。

先分解再集成的系统方法，将系统分解成易于实现的子系统，示意图如图 7-2 所示，在数据库设计过程中，尤其概念结构设计中非常重要。

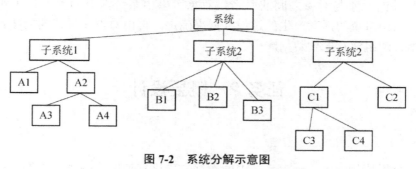

图 7-2　系统分解示意图

任务实施

1. 网上商城系统相关要素调查与分析

网上商城系统是一个人机系统，涉及的要素可以如下几个角度去调查分析。

- 用户-组织、部门、人等。
- 物品-网上商城涉及的各种物品，如商品、货架、购物车等。
- 活动-网上商城涉及的各类活动，如用户注册、登录、选择商品、下订单等。

2. 网上商城系统与外部关联分析

确定网上商城系统与外界的边界，在用户上划清内部用户与外部用户，及外部用户与系统内部将发生的交换数据，即外部用户有哪些数据将输入系统，系统有哪些数据输出流向外部用户。

3. 网上商城系统内部功能模块调查与分析

根据第一部分调查分析得到的活动数据，进一步调查理清系统存在哪些活动流程，以此对网上商城系统进行功能模块的分解，活动流程和活动，对应为各子系统。

4. 按功能模块调查分析涉及的数据

根据上一步网上商城系统内部功能模块的分析结果，针对具体功能模块展开详细调查与分析，从中分析抽取出各模块的数据，主要如下几类。

- 用户数据

各功能模块涉及的系统内外的人、组织、部门等实体类。

- 物品数据

各功能模块涉及的商品、店内设施等相关用品数据。

- 活动过程产生的数据

各功能模块中涉及的活动，及活动的参与者，涉及的物品，由活动产生的数据。

以上各部分按功能模块分开调查分析并描述。同组成员可依此进行分工。

任务总结

数据库需求分析阶段的主要任务是确定在数据库中存储哪些数据，所需的数据主要包括系统相关的对象与对象之间的联系，对象可以由系统涉及的人、物等实体对象确定，联系可以由系统的活动产生的过程数据来确定。再由数据库设计的后续建模阶段将需要的数据合理组织存储到数据库中。

任务 2　概要设计

任务提出

在需求分析的基础上，针对系统中的数据专门进行抽取、分类、整合，建立数据模型。针对现实世界与计算机世界的不同表达思维，在设计过程中把数据模型进行分层，一层面向现实世界的问题描述的概念模型，一层是面向计算机世界实现的逻辑模型。概要设计阶段的任务是根据需求分析的结果进行概念模型的设计。

任务分析

本课程中的概要设计采用实体-联系方法（Entity-Relationship）对信息世界进行建模，得到概念模型。该方法用 E-R 图来描述现实世界的概念模型，称 E-R 方法或 E-R 模型。顺利完成本阶段任务需要的知识与技能有：概念模型、系统方法、分析与抽象、E-R 图绘制。

相关知识与技能

1. 信息世界的基本概念

● 信息的三个世界

现实世界：存在人脑之外的客观世界。

信息世界：现实世界在人脑中的反应。

数据世界：信息世界中的信息在计算机中的数据存储。

图 7-3 表示了数据库设计的过程及概念间的相互对应。

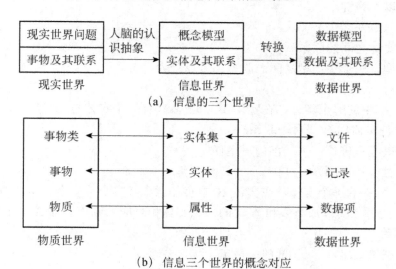

（a）信息的三个世界

（b）信息三个世界的概念对应

图 7-3 数据库设计的过程及概念间的相互对应

● 概念模型

概念模型用于信息世界的建模，是现实世界到信息世界的第一层抽象，是用户与数据库设计人员之间进行交流的语言，因此概念模型一方面应该具有较强的语义表达能力，能够方便、直接地表达应用中的各种语义知识，另一方面它还应该简单、清晰、易于用户理解。

● 实体（实体集/实体型/实体值）

实体：客观存在且可区别于其他对象的事物。可以是具体的对象，如产品、用户、仓库、购物车等，也可以是抽象的事件，如订货、购物等。

实体集：相同类型和性质的实体集合。如网上商城中的所有工作人员，所有商品等。

实体型：用于描述和抽象同一实体集共同特征的实体名及其属性名的集合。如所有客户可以抽取成为一个用户（用户 ID，用户登录名，用户密码，密码提示，密码提示答案，性别，地址，电子邮件，邮编，账户余额）的实体型。

实体值：某个实体的取值。如（1，"mike"，"1234"，"who are you from"，"sun"，"男"，"太阳系"，"sun@sunsye.com"，"10001"，120.00）就是用户 mike 的实体值。

● 属性

属性：实体所具有的某一特性。

一个实体可以由若干个属性来刻画。如用户实体可以由属性用户 ID，用户登录名，用户密码，密码提示，密码提示答案，性别，地址，电子邮件，邮编，账户余额等来描述。

● 键

能唯一标识实体的属性集。如用户实体中的用户 ID，用户登录名，当它们取值唯一时，就可以作为键。

● 联系（联系类型）

联系：实体之间的联系。

联系类型：两个实体型之间的联系。可以分为三类。

（1）一对一（1：1）

实体集 A 中的每个实体，在实体 B 中至多只有一个实体与之对应，反之亦然，则称实体集 A 与实体集 B 一对一联系。

举例：班级—班长　　　部门—主任

（2）一对多（1：n）

实体集 A 中的每个实体，在实体 B 中有任意个（零个或多个）实体与之相对应，而对于 B 中的每个实体却至多和 A 中的一个实体相对应，则称实体 A 与 B 之间的联系是一对多联系。

举例：班级—寝室　　　部门—员工

（3）多对多（m：n）

实体集 A 中的每个实体，在实体 B 中有任意个（零个或多个）实体与之相对应，反之亦然，则称实体集 A 与实体集 B 多对多联系。

举例：学生—寝室　　　订单—商品　　　购物车—商品

2. 实体-联系方法

实体-联系方法是最常用的概念模型表示方法，该方法直接从现实世界抽象出实体及其之间的联系，并用实体-联系图（简称 E-R 图）表示。用 E-R 图表示的概念模型又称为 E-R 模型（实体-联系模型）。

3. E-R 图

E-R 图中的基本元素有：实体、联系、属性，分别用的表示符号如图 7-4 所示。

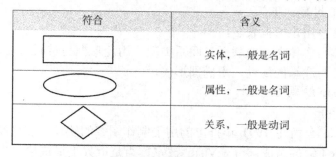

符合	含义
	实体，一般是名词
	属性，一般是名词
	关系，一般是动词

图 7-4　E-R 图基本符号

实体型：带实体名的矩形框，如图 7-5 所示。

图 7-5　实体矩形表示图

属性：带属性名的椭圆形框表示，并用无向边将其与相应的实体连接起来，如图 7-6 所示。

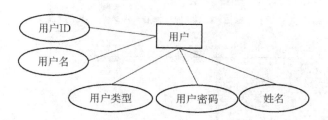

图 7-6　实体及属性表示图

联系：带联系名的菱形框，并用+直线将联系与相应的实体相连接，且在直线靠近实体的那端标上联系的类型，1：n 或 1：1 或 n：m。1：1 表示一对一联系，1：n 表示一对多联系，m：n 表示多对多联系，如图 7-7 所示。

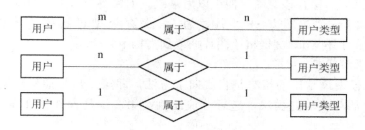

图 7-7　联系表示图

【注意】联系本身也是一种实体，也可以有属性。如果一个联系具有属性，则这些属性也要用无向边与该联系连接起来。

E-R 图的绘制过程如下：

■ 确定实体，用矩形框表示。

■ 确定实体与实体之间的联系及联系类型，用菱形框与带联系类型的直线表示。

■ 确定实体与联系的属性，用椭圆形表示。

4．使用 Visio 绘制 E-R 图

（1）Visio 简介

Visio 是 Visio 公司在 1991 年推出的用于制作图表的软件。在微软公司的 Office97 中就集成了 Visio4.0 的组成部分。Visio 被宣称为是世界上最快捷、最容易使用的流程图软件，是所有软件设计者必不可少的工具，可以用它制作的流程图包括电路流程图、工艺流程图、程序流程图、组织结构图、商业行销图、办公室布局图、方位图等。

（2）使用 Visio 绘制 E-R 图

打开 Visio2010，选择菜单："文件" → "新建"，模板选择"基本流程图"，在绘图窗口左侧的"基本流程图形状"中可以选择"矩形"和"菱形"。

然后在绘图工具栏中可以找到"椭圆"和"直线"，如图 7-8 所示。

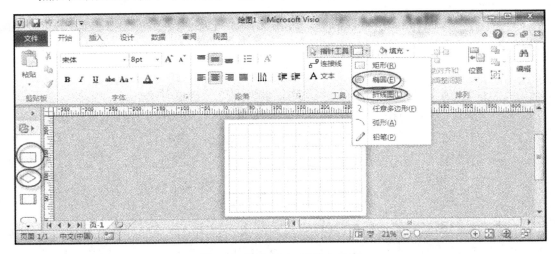

图 7-8　使用 Visio 绘制 E-R 图

E-R 绘制好后，保存该原图，便于以后修改。如果要将该 E-R 图插入到 Word 文档中，则选择菜单："文件" → "另存为"，保存类型可选择"增强型图元文件（*.emf）"，然后打开 Word 文档将该图片插入到文档中。

5．设计概念模型

设计概念模型最常用的策略是自底向上方法，即第一步是抽象数据并设计分 E-R 图，即按业务活动或功能模块，进行分块绘制；第二步是合并分 E-R 图，生成总的 E-R 图。

（1）设计分 E-R 图

步骤 1：确定实体。客观存在可区别于其他对象的事物。

步骤 2：确定实体间的联系及联系类型。

步骤 3：确定实体及联系的属性。

实际上实体与属性是相对而言的，很难有截然划分的界限。同一事物，在一种应用环境中作为"属性"，在另一种应用环境中就必须作为"实体"。例如，学校中的专业，在某种应用环境中，它只是作为"学生"实体的一个属性，表明一个学生属于哪个专业；而在另一种环境中，由于需要考虑一个专业主任、专业特点、专业培养目标、教师人数等，这时它就需要作为实体了。一般来说，在给定的应用环境中：

①属性不能再具有需要描述的性质。即属性必须是不可分的数据项，不能再由另一些属性组成。

②属性不能与其他实体具有联系。联系只能发生在实体之间。

符合上述两条特性的事物一般作为属性对待。为了简化 E-R 图，现实世界中的事物凡能够作为属性对待的，应尽量作为属性。

（2）合并分 E-R 图

各个局部应用所面向的问题不同，且通常由不同的设计人员进行分 E-R 图设计，这就导致各个分 E-R 图之间必定会存在许多不一致的地方，因此合并分 E-R 图时并不能简单地将各个分 E-R 图画到一起，而是必须着力消除各个分 E-R 图中的不一致，以形成一个能为全系统中所有用户共同理解和接受的统一的概念模型。

合理消除各分 E-R 图之间的冲突是合并分 E-R 图的主要工作与关键所在，各分 E-R 图之间的冲突主要有三类：属性冲突、命名冲突、结构冲突。然后消除不必要的冗余。

■ 属性冲突

①属性域冲突。属性值的类型、取值范围不同。如在用户管理分 E-R 模型中，用户 ID 定义为整数；而在部门人员管理分 E-R 模型中，用户 ID 定义为字符型。或者属性编码的方式也不同，如有效期，有的直接用日期，有的可能用间隔时间。

②属性取值单位冲突。同种商品的单位不统一，采用的标准不一致。如重量单位，有的采用公斤，有的采用斤，有的采用克。

属性冲突理论上好解决，实际中主要通过讨论协商。

■ 命名冲突

①同名异义。不同意义的对象在不同的局部应用中具有相同的名字。

比如网上商城系统中，管理人员的用户类型和客户的用户类型，虽然都是用户类型，实际上对应的含义不尽相同。

②异名同义。同一意义的对象在不同的局部应用中具有不同的名字。

如用户属于某种用户类型，也有称用户属于某种用户类别，实际上表达的都是用户与用户类型之间的联系。

命名冲突可能发生在实体、联系或属性各级上，其中属性一级上最常见。处理方法类似属性冲突，以讨论协商为主。

■ 结构冲突

①同一对象在不同应用中具有不同的抽象。同是用户类型，可以作为实体存在，也可以作为属性存在。

解决方法：属性变换为实体或实体变换为属性。

②同一实体在不同分 E-R 图中所包含的属性个数和属性排列、次序不尽相同。如销售中的商品所包含的属性与库存中的商品所需的属性及侧重点都将有所不同。

解决方法：根据应用的语义对实体联系的类型进行综合调整。

任务实施

1. 学生信息管理系统的 E-R 图设计

学生信息管理系统的数据库设计已在上篇的单元 2 中描述，但考虑到数据库设计内容对于初学者来说较难理解，所以直接给出了数据库设计结果，没有介绍设计过程，接下来的任务是对学生信息管理系统进行数据库概要设计。

【例1】学生成绩管理系统的 E-R 图设计。

学生成绩管理系统的需求分析简要描述如下。

学生成绩管理是学生信息管理的重要一部分，也是学校教学工作的重要组成部分。学生成绩管理系统的开发能大大减轻教务管理人员和教师的工作量，同时能使学生及时了解选修课程成绩。该系统主要包括学生信息管理、课程信息管理、成绩管理等，具体功能如下：

①完成数据的录入和修改，并提交数据库保存。其中的数据包括班级信息、学生信息、课程信息、学生成绩等。

班级信息包括班级编号、班级名称、学生所在的学院名称、专业名称、入学年份等。学生信息包括学生的学号、姓名、性别、出生年月等。课程信息包括课程编号、课程名称、课程的学分、课程学时等。各课程成绩包括各门课程的平时成绩、期末成绩、总评成绩等。

②实现基本信息的查询。包括班级信息的查询、学生信息的查询、课程信息的查询和成绩的查询等。

③实现信息的查询统计。主要包括各班学生信息的统计、学生选修课程情况的统计、开设课程的统计、各课程成绩的统计、学生成绩的统计等。

根据需求分析进行系统 E-R 图设计，按照如下步骤展开。

步骤 1：确定实体型。

实体型有：学生、班级、课程。

步骤 2：确定实体间的联系及联系类型。

学生——班级：因为 1 个学生属于 1 个班，而 1 个班有多个学生，为 n：1 的联系。

学生——课程：1 个学生可以选修多门课程，1 门课程有多个学生选修，为 n：m 的联系。

步骤 3：确定实体型及联系的属性。

实体型的属性：

学生：学号、姓名、性别、出生年月

班级：班级编号、班级名称、学生所在的学院名称、专业名称、入学年份

课程：课程编号、课程名称、课程的学分、课程学时

联系的属性：

学生选修课程：平时成绩、期末成绩。

步骤 4：绘制 E-R 图，整合修改完善。

绘制完成的 E-R 图如图 7-9 所示。

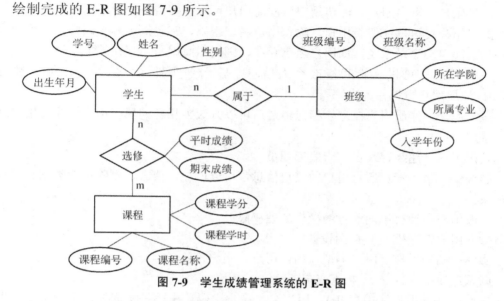

图 7-9 学生成绩管理系统的 E-R 图

【练习1】学生住宿管理系统的 E-R 图设计。

学生住宿管理系统的需求分析简要描述如下。

学生的住宿管理面对大量的数据信息，要简化烦琐的工作模式，使管理更趋合理化和科学化，就必须运用计算机管理信息系统，以节省大量的人力和物力，避免大量重复性的工作。该系统主要包括学生信息管理、宿舍管理、学生入住管理、宿舍卫生管理等。具体功能如下：

①完成数据的录入和修改，并提交数据库保存。其中的数据包括班级信息、学生信息、宿舍信息、入住信息、卫生检查信息等。

班级信息包括班级编号、班级名称、学生所在的学院名称、专业名称、入学年份等。学生信息包括学生的学号、姓名、性别、出生年月等。宿舍信息包括宿舍所在的楼栋、所在楼层、房间号、总床位数、宿舍类别、宿舍电话等。入住信息包括入住的宿舍、床位、入住日期、离开宿舍时间等。卫生检查信息包括检查的宿舍、检查时间、检查人员、检查成绩、存在的问题等。

②实现基本信息的查询。包括班级信息的查询、学生信息的查询、宿舍信息的查询、入住信息的查询和宿舍卫生情况等。

③实现信息的查询统计。主要包括各班学生信息的统计、学生住宿情况的统计、各班宿舍情况统计、宿舍入住情况统计、宿舍卫生情况统计等。

要求：根据需求分析进行系统 E-R 图设计。

2．网上商城系统用户管理模块 E-R 图设计

（1）用户需求描述

用户管理的需求分析基本描述如下。

用户分站内用户与站外用户两大类。

站外用户：匿名用户、注册用户；注册用户可以按消费额分为不同星级的用户。

匿名用户：可以注册新用户，输入用户名、密码、密码提示和密码答案，第一次注册成功后即自动登录系统，如用户名已存在，则提示此用户已存在的提示框。

注册用户：可以编辑和修改个人信息，输入真实姓名、地址、邮编、性别和Email；注册用户可以修改密码。

星级用户：注册用户在进行相应消费后可以升级为相应的星级用户。注册用户默认为一星用户。

站内用户：超级管理员、一般管理员

超级管理员：管理所有用户的账户信息，可以添加、修改、删除用户类别、用户等新记录。

一般用户：拥有不同业务的操作处理权限。

（2）用户管理模块 E-R 图设计

实体：站外用户、用户类型、站内用户、用户角色。

联系：属于（1：n）、拥有（m：n）。

属性：站外用户（用户 ID，用户名，用户密码，密码提示问题，密码提示问题答案，账户金额，消费额，用户类别，性别，地址，电子邮件，邮编）；用户类型（用户级别，用户星级）；站内用户（用户 ID，登录名，密码）；用户角色（角色 ID，权限名）。

用户管理模块 E-R 图如图 7-10 所示。

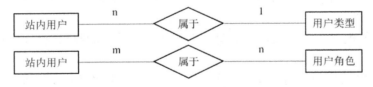

图 7-10 用户管理模块 E-R 图

以上 E-R 图中的实体名与联系名可以根据实际习惯进行调整。属性比较多，在此图中暂略。

3．网上商城系统的 E-R 图设计

【练习 1】根据网上商城系统的需求分析文档绘制 E-R 图。分模块设计 E-R 图。

【练习 2】将各分 E-R 图从冲突与冗余两个角度考虑优化整合。

以上步骤实施时，可以按模块进行小组内分工整理设计，在汇总整合阶段组内可以进行统一协商讨论解决。

画出以下系统的 E-R 图（须注明属性和联系类型）。

【练习 1】设有商业销售记账数据库。一个顾客可以购买多种商品，一种商品可供应给多个顾客。每个顾客购买每种商品都有购买数量。一种商品由多个供应商供应，一个供应商供应多种商品，供应商每次供应某种商品都有相应的供应数量。

各实体的属性有

顾客：顾客编号，顾客姓名，单位，电话号码。

商品：商品编号，商品名称，型号，单价。

供应商：供应商号，供应商名，所在地址，联系人，联系电话。

【练习 2】设有商店和顾客两个实体，"商店"有：商店编号、商店名、地址、电话属性，"顾客"有：顾客编号、姓名、地址、年龄、性别属性。假设一个商店有多个顾客购物，一个顾客可以到多个商店购物，顾客每次去商店购物有一个消费金额和日期，而且规定每个顾客在每个商店里每天最多消费一次。

【练习 3】某企业集团有若干工厂，每个工厂生产多种产品，且每一种产品可以在多个工厂生产，每个工厂按照固定的计划数量生产产品；每个工厂聘用多名职工，且每名职工只能在一个工厂工作，工厂聘用职工有聘期和工资。工厂的属性有工厂编号、厂名、地址，产品的属性有产品编号、产品名、规格，职工的属性有职工号、姓名。

【练习 4】设有教师、学生、课程等实体，其中：教师实体包括工作证号码、教师名、出生日期、党派等属性；学生实体包括学号、姓名、出生日期、性别等属性；课程实体包括课程号、课程名、预修课号等属性。

设每个教师教多门课程，一门课程由一个教师教。每一个学生可选多门课程，每一个学生选修一门课程有一个成绩。

数据库概要设计的主要任务是根据需求分析的结果分析抽象出实体、联系、属性，并用 E-R 图表示，生成概要模型。E-R 图设计的过程主要包括分 E-R 图的设计、总 E-R 图的汇总整合。

任务 3　详细设计

概念模型设计好之后，需要将其转换成 SQL Server 支持的数据模型，即转换为关系模型。

概念模型转换成关系模型的主要工作是进行 E-R 图向关系模型的转换，要解决的问题是如何将实体和实体间的联系转换为关系模式，如何确定这些关系模式的属性和码。E-R 图是由实体、实体间联系、属性三要素组成的，将 E-R 图转换为关系模型实际上是将实体、联系、属性转换为关系模式。

相关知识与技能

1. 相关知识点回顾

（1）关系模型三要素

①关系模型的数据结构。关系模型中数据的逻辑结构是一张二维表，称为关系，它由行和列组成。

②关系模型的数据操作。操作主要包括查询、插入、删除、更新（修改）。数据操作是集合操作，操作对象和操作结果都是关系，即若干元组的集合。

③关系模型的数据完整性约束。包括实体完整性、参照完整性和用户定义的完整性

（2）关系数据库基本概念

关系：一个关系对应于一张二维表，这个二维表是指含有有限个不重复行的二维表。

字段（属性）：二维表（关系）的每一列称为一个字段（属性），每一列的标题称为字段名（属性名）。

记录（元组）：二维表（关系）的每一行称为一条记录（元组），记录由若干个相关属性值组成。

关系模式：是对关系的描述。一般表示为：关系名（属性名 1，属性名 2，…，属性名 n）。例如，学生用户（用户 ID，用户名，用户类型，性别）。

关系数据库：数据以"关系"的形式即表的形式存储的数据库。在关系数据库中，信息存放在二维表（关系）中，一个关系数据库可包含多个表。

2. 概念模型转换为关系模型

● 一个实体型转换成一个关系模式。实体的属性就是关系的属性。关系的码就是实体的码。

● 一个 m：n 联系转换成一个关系模式。关系的属性是与之相联的各实体的码及联系本身的属性。关系的码为各实体码的组合。

● 一个 1：n 联系可以与 n 端对应的关系模式合并，在 n 端对应的关系中加上 1 端实体的码和联系本身的属性。也可以转换为一个独立的关系模式，关系的属性是与之相联的实体的码及联系本身的属性。关系的码是为 n 端实体的码。

● 一个 1：1 联系可以与任意一段对应的关系模式合并，在某一端对应的关系中加上另一端实体的码和联系本身的属性即可。也可以转换为一个独立的关系模式，关系的属性是与之相联的实体的码及联系本身的属性，每个实体的码均是该关系的候选码。

● 三个或三个以上实体间的一个多元联系可以转换成一个关系模式。关系的码是与之相联的各实体的码的组合，关系模式的属性是与之相联的实体的码及联系本身的属性。

具有相同码的关系模式可合并。为了减少系统中的关系个数，如果两个关系模式具

有相同的主码，可以考虑将他们合并为一个关系模式。合并方法是将其中一个关系模式的全部属性加入到另一个关系模式中，然后去掉其中的同义属性（可能同名也可能不同名），并适当调整属性的次序。

【例 1】将图 7-9 所示的学生成绩管理系统 E-R 图转换为关系模式。

第 1 步：一个实体型转换成一个关系模式。

学生（学号，姓名，性别，出生年月）

班级（班级编号，班级名称，所在学院，所属专业，入学年份）

课程（课程编号，课程名称，课程学分，课程学时）

第 2 步：一个 m：n 联系转换成一个关系模式。

选修（学号，课程编号，平时成绩，期末成绩）

第 3 步：一个 1：n 联系与 n 端对应的关系模式合并。

在学生对应的关系中加上 1 端班级的主码班级编号。

完成转换，学生成绩管理系统包含的关系模式如下：

学生（学号，姓名，性别，出生年月，班级编号）

班级（班级编号，班级名称，所在学院，所属专业，入学年份）

课程（课程编号，课程名称，课程学分，课程学时）

选修（学号，课程编号，平时成绩，期末成绩）

3．关系模型的详细设计

（1）基本设计

关系模式基本属性的设计，包括关系名、属性名、属性的数据类型、字段长度、是否为空等基本属性的设计。

（2）完整性约束设计

完整性约束设计主要包括主键 PRIMARY KEY、外键 FOREIGN KEY、检查 CHECK、默认值 DEFAULT、唯一 UNIQUE 等约束的设计。

【例 2】学生成绩管理系统逻辑模型的详细设计。详细设计结果如表 7-1～表 7-4 所示。

表 7-1　班级信息表 Class

字段名	字段说明	数据类型	长度	是否允许为空	约束
ClassNo	班级编号	nvarchar	10	否	主键
ClassName	班级名称	nvarchar	30	否	
College	所在学院	nvarchar	30	否	
Specialty	所属专业	nvarchar	30	否	
EnterYear	入学年份	int		是	

表 7-2　学生信息表 Student

字段名	字段说明	数据类型	长度	是否允许为空	约束
Sno	学号	nvarchar	15	否	主属性，参照 Student 表的 Sno
Cno	课程编号	nvarchar	10	否	主属性，参照 Course 表的 Cno

续表

字段名	字段说明	数据类型	长度	是否允许为空	约束
Uscore	平时成绩	numeric（4,1）		是	值在 0—100
EndScore	期末成绩	numeric（4,1）		是	值在 0—100

表 7-3　课程信息表 Course

字段名	字段说明	数据类型	长度	是否允许为空	约束
Cno	课程编号	nvarchar	10	否	主键
Cname	课程名称	nvarchar	30	否	
Credit	课程学分	numeric（4,1）		是	值大于 0
ClassHour	课程学时	int		是	值大于 0

表 7-4　选修成绩表 Score

字段名	字段说明	数据类型	长度	是否允许为空	约束
Sno	学号	nvarchar	15	否	主键
Sname	姓名	nvarchar	10	否	
Sex	性别	nchar	1	否	值只能为男或者女
Birth	出生年月	date		是	
ClassNo	班级编号	nvarchar	10	否	外键，参照 Class 表的 ClassNo

任务实施

1. 网上商城系统用户管理模块数据库详细设计

（1）关系模式基本属性设计

根据网上商城系统用户管理模块的 E-R 图，进行概念模型向逻辑模型的转换，即把实体-联系转换成相应的关系模式。

站外用户 E-R 图分析如下。

实体关系模式：站外用户、用户类型

联系：属于，是 1：n 类型的联系，可以把 1 端的内容作为一个字段包含进 n 端来表示该联系。

站外用户模块数据库的关系模式：

站外用户（<u>用户 ID</u>，用户名，用户密码，密码提示问题，密码提示问题答案，账户金额，消费额，用户类别，性别，地址，电子邮件，邮编）

用户类型（<u>用户级别</u>，用户星级）

主键约束：站外用户（用户 ID），用户类型（用户级别）

外键约束：站外用户（用户类别）→用户类型（用户级别）

联系"属于"被归到 n 端实体站外用户中。

站内用户 E-R 图分析如下。

实体关系模式：站内用户、用户角色

联系：拥有，是 m：n 类型的联系，需要单独转换成一个联系型的关系模式，主码由站内用户与用户角色两个关系模式的主码组合而成。

站内用户模块数据库的关系模式：

站内用户（用户 ID，登录名，密码）

用户角色（角色 ID，权限名）

拥有权限（用户 ID，角色 ID）

主键约束：站内用户（用户 ID），用户角色（角色 ID），拥有权限（用户 ID，角色 ID）

外键约束：站内用户（用户 ID）→拥有权限（用户 ID），用户角色（角色 ID）→拥有权限（角色 ID）

"拥有"是 m:n 类型的联系，转换为独立的关系模式。

（2）关系模式详细设计

关系模式的详细设计内容主要包括关系模式的字段名、数据类型、长度等基本属性设计，同时包括各种约束的设计。设计结果如表 7-5~表 7-9 所示。

表 7-5　站外用户 UserInfo

中文名	字段名	字段类型	长度	是否空	键	描述
用户 ID	UserID	int		0	PK	自动增长
用户登录名	UserName	nvarchar	50	1		
用户密码	UserPass	nvarchar	50	1		
密码提示问题	Question	nvarchar	50	1		
密码提示问题答案	Answer	nvarchar	50	1		
账户金额	Acount_B	decimal	9	1	Check	大于 0
消费额	Acount_C	decimal	9	1		
用户类别	TypeID	int		1	FK	参照 UserType(TypeID)
性别	Sex	nvarchar	50	1	Default	"男"
					Check	"男"或"女"
地址	Address	nvarchar	50	1		
电子邮件	Email	nvarchar	50	1	Check	含"@"的字符串
邮编	Zipcode	nvarchar	10	1		

表 7-6　用户类型 UserType

中文名	字段名	字段类型	长度	是否空	键	描述
用户级别	TypeID	int		0	PK	
用户星级	UserStar	int		1	Unique	
星级条件	StarCondition	decimal	9	1		星级条件由客户的消费额决定

表 7-7　站内用户 AdminInfo

中文名	字段名	字段类型	长度	是否空	键	描述
用户 ID	AdminID	int		0	PK	
登录名	LoginName	nvarchar	50	1		
密码	LoginPwd	nvarchar	50	1		

表 7-8　用户角色 AdminRole

中文名	字段名	字段类型	长度	是否空	键	描述
角色 ID	RoleId	int		0	PK	标识列，自动增长
权限名	RoleName	nvarchar	50	1		

表 7-9　拥有权限 Permission

中文名	字段名	字段类型	长度	是否空	键	描述
用户 ID	AdminID	int		0	PK	
					FK	参照 AdminInfo(AdminID)
角色 ID	RoleId	int		0	PK	标识列，自动增长
					FK	参照 AdminRole(RoleId)

2.　网上商城系统各分模块数据库详细设计

【练习 1】关系模式基本属性设计。

网上商城系统各分模块的数据库关系模式的基本属性设计。

【练习 2】关系模式详细设计。

在上一步的基础上，进行各关系模式的详细设计。

拓展练习

将任务 2 中拓展练习绘制的 4 个 E-R 图转换为关系模型，并指出各表的主键和外键。

任务总结

数据库详细设计主要任务是设计数据库的关系模型，包括 E-R 图转换为关系模式，各关系模式基本属性的设计，以及包括各完整性约束的详细设计。数据库的关系模式通过优化，即可作为下一阶段数据库实施的依据。

任务 4　关系规范化

数据库逻辑设计的结果并不是唯一的，为了进一步提高数据库应用系统的性能，需要根据应用需要适当的修改，调整数据模型的结构，即对数据模型进行优化。关系模型的优化通常以规范化理论为指导，因此关系模型的优化，又称为关系模型的规范化。符合不同规范化条件的关系模式属于不同级别的规范化关系模式，简称范式。常规应用中通常以达到第三范式为基本要求。

任务分析

关系模型如果设计不好，属性与属性之间存在某些数据间的依赖，会造成数据冗余，在插入、删除、修改的操作后出现异常现象，影响数据的一致性和完整性。因此对关系模型进行规范化判断与设计是必要的。根据数据间依赖的种类与程度，规范化的关系模式可划分为不同的范式。常规应用中有第一范式（1NF）、第二范式（2NF）、第三范式（3NF）。

相关知识与技能

1．范式

范式是符合某一种级别的关系模式的集合。关系数据库中的关系必须满足一定的要求。满足不同程度要求的为不同范式。目前主要有六种范式：第一范式、第二范式、第三范式、BC 范式、第四范式和第五范式。满足最低要求的为第一范式，简称为 1NF。在第一范式基础上进一步满足一些要求的为第二范式，简称为 2NF。显然各种范式之间存在如下联系：

$$1NF \supset 2NF \supset 3NF \supset BCNF \supset 4NF \supset 5NF$$

2．函数依赖

规范化理论致力于解决关系模式中不合适的数据依赖问题，先理解函数依赖的相关概念。

（1）函数依赖

设 R(U)是一个属性集 U 上的关系模式，X 和 Y 是 U 的子集。若对于 R(U)的任一可能关系 r，r 中不可能存在两个元组在 X 上的属性值相等，而在 Y 上的属性值不等，则称"X 函数确定 Y"或"Y 函数依赖于 X"，记作 X→Y。

例如，选课关系 Sc（Sno，Cno，Grade，Credit），其中 Sno 为学号，Cno 为课程号，Grade 为成绩，Credit 为学分。该表的主键为（Sno，Cno）。

非主属性对主键的函数依赖有：（Sno，Cno）→Grade，（Sno，Cno）→Credit。

（2）在关系模式 R(U)中，如果 X→Y，并且对于 X 的任何一个真子集 X'，都有

X' $\nrightarrow$ Y，则称 Y 完全函数依赖于 X，记作 X $\xrightarrow{\ f\ }$ Y。

若 X→Y，但 Y 不完全函数依赖于 X，则称 Y 部分函数依赖于 X，记作 X $\xrightarrow{\ p\ }$ Y。

例如，函数依赖（Sno，Cno）→Grade，因为 Sno $\nrightarrow$ Grade 和 Cno $\nrightarrow$ Grade，所以（Sno，Cno）→Grade 是完全函数依赖。函数依赖（Sno，Cno）→Credit，因为 Cno→Credit，所以（Sno，Cno）→Credit 是部分函数依赖。

（3）在关系模式 R(U) 中，如果 X→Y，Y→Z，且 Y $\nrightarrow$ X，Y $\nrightarrow$ X，则称 Z 传递函数依赖于 X。

例如，Student（Sno，Sname，Dno，Dname），其中各属性分别代表学号、姓名、所在系、系名称。Sno→Dno，Dno→Dname，而 Dno $\nrightarrow$ Sno，所以 Dname 传递函数依赖于 Sno，Sno→Dname。

3. 第一范式

第一范式：关系模式 R 的所有属性都是不可分的基本数据项，则 R∈1NF。第一范式是对关系模式的一个最起码的要求，不满足第一范式的数据库模式不能称为关系数据库。

例如（职工号，姓名，电话号码）组成一个表，但一个人可能有一个办公室电话和一个家里电话号码，规范成为 1NF 有三种方法：一是重复存储职工号和姓名，二是将电话号码分为单位电话和住宅电话两个属性，三是强制每条记录只能有一个电话号码。以上三个方法，第一种方法最不可取，按实际情况选取后两种情况。

满足第一范式的关系模式并不一定是一个好的关系模式。

例如，选课关系 Sc（Sno，Cno，Grade，Credit），在应用中使用该关系模式存在以下问题：

①数据冗余，假设同一门课有 40 个学生选修，学分就需要重复 40 次。

②更新异常，若调整了某课程的学分，相应的元组 Credit 值都要更新，有可能会出现同一门课学分不同。

③插入异常，如计划开新课，由于没人选修，学号字段没有值，而学号为主属性不能为空，所以只能等有人选修才能把课程和学分存入。

④删除异常，若学生已结业，从当前数据库删除选修记录。某些门课程新生尚未选修，则此门课程及学分记录无法保存。

4. 第二范式

第二范式：若关系模式 R∈1NF，并且每一个非主属性都完全函数依赖于 R 的主键，则 R∈2NF。如果主键只包含一个属性，则 R∈2NF。

Sc 关系模式出现上述问题的原因是非主属性 Credit 仅函数依赖于 Cno，也就是 Credit 部分函数依赖主键（Sno，Cno），而不是完全函数依赖。为了消除存在的部分函数依赖，可以采用投影分解法，分成两个关系模式 Sc（Sno，Cno，Grade），Course（Cno，Credit），消除了上述存在的问题。

新关系包括两个关系模式，他们之间通过 Sc 中的外键 Cno 相联系，需要时再进行自然联接，恢复了原来的关系。

5. 第三范式

第三范式：若关系模式 R∈2NF，并且每一个非主属性都不传递函数依赖于 R 的主键，R∈3NF。

若 R∈3NF，则 R 的每一个非主属性既不部分函数依赖于主键也不传递函数依赖于主键。

非主属性对主键的传递函数依赖指存在以下情况：主键 X→非主属性 Y，非主属性 Y→非主属性 Z，且 Y↛X，Y↛X，则称非主属性 Z 传递函数依赖于主键 X。

例如，Student（Sno，Sname，Dno，Dname），主键为 Sno，由于主键是单个属性，不会存在非主属性对主键的部分函数依赖，肯定是 2NF。但这关系肯定有大量的冗余，有关学生所在系的几个属性 Dno、Dname 将重复存储，插入、删除和修改时也将产生类似于上例的情况。原因是关系中存在非主属性 Dname 对主键 Sno 的传递函数依赖造成的。

解决方法：采用投影分解法，分解成两个关系 Student（Sno，Sname，Dno），Depart（Dno，Dname）。注意：关系 Student 中不能没有 Dno，否则两个关系之间失去联系。

6. 理解规范化和性能的关系

是否规范化的程度越高越好？这要根据要求来决定，提高范式的方式主要是数据表的拆分，但是"拆分"越深，产生的关系越多，关系过多，连接操作就会越频繁，而连接操作是最费时间的，特别对以查询为主的数据库应用来说，频繁的连接会影响查询速度。所以，关系有时故意保留成非规范化。

为满足某种商业目标，数据库性能比规范化数据库更重要。通过在给定的表中添加额外的字段，以大量减少需要从中搜索信息所需的时间；还可以通过在给定的表中插入计算列（如销售收入），以方便查询。

综上所述，我们在进行数据库设计时，既要考虑三大范式，避免数据的冗余和各种数据操作异常，还要考虑数据访问性能，适当允许少量数据的冗余，才是合适的数据库设计方案。

任务实施

1. 规范关系模式规范至 3NF

【例 1】有如下关系模式，试将该关系模式规范到 3NF。

学生成绩（学号，姓名，性别，课程名，课程号，平时成绩，期末成绩）

● 第一步：判断关系是否满足 1NF。

因为表中每一属性都是不可分的，满足 1NF。

● 第二步：判断关系是否满足 2NF，如果不满足则采用投影分解法分解表。

（若关系模式 R∈1NF，并且每一个非主属性都完全函数依赖于 R 的主键，则 R∈2NF。）

（1）确定主键（学号，课程号）。

（2）写出每一非主属性对主键的函数依赖。

（学号，课程号）→姓名

（学号，课程号）→性别

（学号，课程号）→课程名

（学号，课程号）→平时成绩

（学号，课程号）→期末成绩

（3）判断每一个函数依赖是完全的？还是部分的？如果是部分的写出完全依赖。

（学号，课程号）$\xrightarrow{P}$姓名　　　　　∵学号→姓名

（学号，课程号）$\xrightarrow{P}$性别　　　　　∵学号→性别

（学号，课程号）$\xrightarrow{P}$课程名　　　　∵课程号→课程名

（学号，课程号）$\xrightarrow{f}$平时成绩

（学号，课程号）$\xrightarrow{f}$期末成绩

（4）判断存在部分函数依赖，采用投影分解法分解表。

学生（学号，姓名，性别）

课程（课程号，课程名）

成绩（学号，课程号，平时成绩，期末成绩）

（5）以上 3 个关系满足 2NF。

● 第三步：判断关系是否满足 3NF，如果不满足则采用投影分解法分解表。

（若关系模式 R∈2NF，并且每一个非主属性都不传递函数依赖于 R 的主键，R∈3NF。）

（1）写出分解后三个关系中的所有函数依赖，判断是否存在非主属性对主键的传递函数依赖。

学生（学号，姓名，性别）

该关系的函数依赖有：学号→姓名　　　　　　学号→性别

课程（课程号，课程名）

该关系的函数依赖有：课程号→课程名

成绩（学号，课程号，平时成绩，期末成绩）

该关系的函数依赖有：（学号，课程号）→平时成绩　　　　（学号，课程号）→期末成绩

（2）不存在非主属性对主键的传递函数依赖，满足 3NF。

【练习1】有一个关系模式：教学（教师编号，教师名字，教师职称，课程编号，课程名，教学效果，学生编号，学生姓名，学生出生年月日，性别，成绩）

一个教师可以上多门课，一门课可以由多个教师任课，一个学生可以选修多门课程，一门课程可以被多个学生选修，教学效果为某教师任某门课程的教学评价。

利用规范化理论规范这个关系模式至 3NF。

【练习2】规范网上商城系统数据库的各个关系模式至 3NF。

（1）对"网上商城系统"所有的数据表，按照三大范式理论，逐一判断表满足几范式。

（2）对不满足 3NF 的表要进行拆分操作。

（3）重复以上两步操作，直到所有的数据表满足 3NF。

任务总结

数据库逻辑设计出来的关系模式，有可能存在不规范的问题，因而造成数据冗余，更新、添加、删除数据异常的现象，为了设计结构良好的数据库，消除可能出现的这些异常，需要遵守一些专门的规则，对数据库的关系模式进行规范化设计。本课程要求达到的范式如下。

- 第一范式（1NF）的目标：确保关系的所有属性都是不可分的基本数据项。
- 第二范式（2NF）的目标：确保关系的每一个非主属性都完全函数依赖于 R 的主键。
- 第三范式（3NF）的目标：确保关系的每一个非主属性都不传递函数依赖于 R 的主键。

任务 5 绘制数据库模型图

任务提出

使用 Visio2010 绘制数据库模型图，表达数据库设计。

相关知识与技能

1. **使用 Visio 绘制数据库模型图**

（1）新建数据库模型图。选择"文件"→"新建"命令，在模板类别中选择"软件和数据库"→"数据库模型图"，单击"创建"命令。

（2）添加实体。在左侧窗体，选择"实体关系"→"实体"选项，并将其拖动到页面的适当位置，然后在窗体左半部的"数据库属性"中定义实体的物理名称及概念名称，如图 7-11 所示。

（3）添加数据列。在窗体下半部的"数据库属性"中选择"列"命令，添加列、数据类型、注释等，如图 7-12 所示。

（4）添加实体之间的关系。

①在左侧窗体，选择"实体关系"→"关系"命令，将"关系"工具放置在参照的实体中心上（如[Order]表中的 UserId 字段参照 UserInfo 表中的 UserId 字段，放置在[Order]实体的中心上），并拖动"关系"的箭头端，将其放置被参照实体的中心，当该实体四周出现方框时，松动鼠标按键，两个连接点均为红色，如图 7-13 所示。

②检查关联关系是否正确，如不正确，重新连接关联列即可。

任务实施

使用 Visio 绘制网上商城系统数据库的数据库模型图。

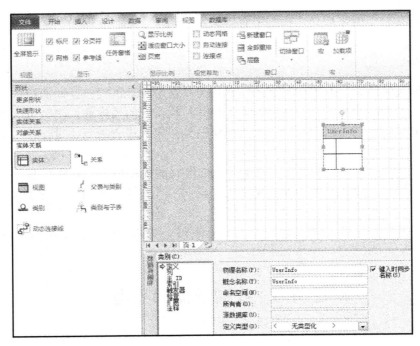

图 7-11　添加实体

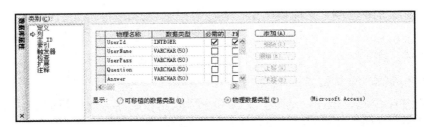

图 7-12　添加数据列

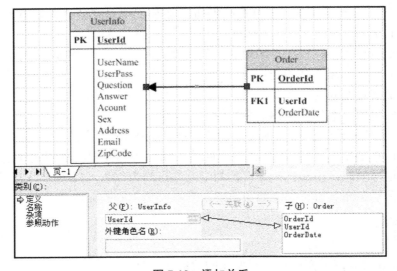

图 7-13　添加关系

单元 8　数据库实施和管理

在完成了数据库的分析、设计工作后，接下来的工作是进行数据库的实施操作。数据库基本实施和管理操作包括创建和管理数据库、创建和管理表、查询和更新数据、创建视图和索引、备份与恢复数据库。

本单元包含的学习任务和单元学习目标具体如下：

学习任务

- 任务 1　创建和管理数据库
- 任务 2　创建和管理表
- 任务 3　查询和更新数据
- 任务 4　创建视图和索引
- 任务 5　备份与恢复数据库

学习目标

- 能小组合作主动完成任务，组内和组间多沟通、多交流
- 能主动发现问题并尽力解决问题，能客观评价自我并努力学习提高
- 能按照数据库设计方案在 SQL Server 上熟练实施数据库，熟练编写对应 SQL 语句
- 能熟练对数据库进行数据查询与统计等数据库应用操作
- 能熟练备份与恢复数据库

任务 1　创建和管理数据库

任务要求

为网上商城系统创建后台数据库，数据库名为 eshop，其他参数按照数据库设计要求设置。

知识点回顾

1. CREATE　DATABASE 语句

T-SQL 提供了数据库创建语句 CREATE DATABASE。其简单的语法格式为：

```
CREATE  DATABASE  数据库名
```

```
    [ON  [PRIMARY]
{(NAME='数据文件的逻辑名称',
FILENAME='文件的路径和文件名',
SIZE=文件的初始大小,
MAXSIZE=文件的最大容量|UNLIMITED,
FILEGROWTH=文件的每次增长量)}[,…n]
LOG  ON
{(NAME='事务日志文件的逻辑名称',
FILENAME='文件的路径和文件名',
SIZE=文件的初始大小,
MAXSIZE=文件的最大容量|UNLIMITED,
FILEGROWTH=文件的每次增长量) }[,…n]]
```

其中，
- 方括号[ ]：表示可选语法项，使用时不要键入方括号。
- 大括号{ }：表示必选语法项，使用时不要键入大括号。
- [,…n]：表示前面的项可以重复 n 次，每一项由逗号分隔开。
- PRIMARY：指定后面定义的数据文件属于 PRIMARY 文件组，可省略，默认属于 PRIMARY 文件组。
- LOG ON：指定该数据库的事务日志文件。
- NAME：指定文件的逻辑名称，该参数不能省略。
- FILENAME：指定文件的路径和文件名，该路径必须存在。主数据文件的推荐扩展名为.mdf，辅助数据文件的推荐扩展名为.ndf，事务日志文件的推荐扩展名为.ldf。该参数不能省略。
- SIZE：指定文件的初始大小，单位为 MB，MB 可以省略。该参数可以省略，默认按照 model 数据库的主文件大小设置。
- MAXSIZE：指定文件可以增长到的最大容量，单位为 MB。可以使用 UNLIMITED，表示文件可以不限制增长，直到占满整个磁盘空间。该参数可以省略，默认按照 modle 数据库设置，为不限制增长。
- FILEGROWTH：指定文件每次增加容量的大小，当指定数据为 0 时，表示文件不增长。可以用 MB 或使用%来设置增长速度。该参数可以省略，默认按照 modle 数据库设置。

【注意】使用 CREATE DATABASE 语句创建数据库时，可以不定义数据文件和事务日志文件。其语法格式为：

```
CREATE  DATABASE  数据库名
```

2. 检测数据库是否存在

在实际应用中，我们通常结合 EXISTS 存在量词来检测数据库是否存在，如果检测到数据库已经存在，就删除原来已存在的数据库，语句如下：

```
USE master
GO
IF EXISTS (SELECT * FROM sysdatabases WHERE name = '数据库名')
DROP DATABASE 数据库名          --删除数据库
GO
```

【说明】当查询返回的结果集不空，EXISTS 测试的结果为真，否则为假。当 IF 后跟的条件表达式的值为真时，执行其后语句，否则不执行。

或者调用函数 DB_ID('数据库名')，在 master 数据库中，调用该函数将返回指定数据库名的数据库 ID，如不存在，则返回 NULL。

```
USE master
GO
IF DB_ID('数据库名') IS NOT NULL
DROP DATABASE 数据库名
GO
```

3. 打开并切换至不同数据库

```
USE  数据库名
```

4. 分离/附加数据库

使用系统存储过程 sp_detach_db 分离数据库的语法格式如下：

```
[EXECUTE]  sp_detach_db  数据库名
```

使用系统存储过程 sp_attach_db 附加数据库，其语法格式如下：

```
[EXECUTE]  sp_attach_db  数据库名,'主数据文件的物理位置和名称'
```

任务实施

1. 创建数据库的 SQL 脚本文件，脚本文件名为 Database.sql。
2. 完整数据库备份文件 eshop.bak。
3. 分离后的数据库文件（数据文件和事务日志文件）。

任务 2 创建和管理表

任务要求

根据数据库设计结果在 eshop 数据库中创建各个表，并设置表约束（主键、默认值、唯一、check、外键约束）。

知识点回顾 ....

1. CREATE TABLE 语句

CREATE TABLE 语句其语法形式如下：

```
CREATE TABLE 表名
（列名 1    列属性,
  列名 2    列属性,
  ……,
  列名 n    列属性
）
```

列属性包括字段数据类型、长度、是否允许为空、字段默认值、是否为标识列等。

【注意】

（1）数据类型中，只有 char、nchar、varchar、nvarchar 数据类型必须同时指明长度，如 nvarchar（10），其他数据类型不用指明长度，如 int。

（2）decimal(p,s) 和 numeric(p,s) 数据类型必须指明 p（精度）和 s（小数位数）。

（3）标识列：IDENTITY（标识种子，标识增量）。

（4）NULL：表示允许为空，字段定义时默认为允许空，可以省略。

NOT NULL：表示不允许为空。

（5）设置字段默认值：DEFAULT 值或者 DEFAULT（值）

（6）注意字符型常量必须用单引号括起来，而数值型常量不用。

2. 检测表是否存在

结合 EXISTS 存在量词来检测表是否存在，如果检测到表已经存在，就删除原来已存在的表，语句如下：

```
IF EXISTS(SELECT * FROM sysobjects WHERE name='表名' and type='U')
DROP TABLE 表名          --如果存在，删除该表
GO
```

3. ALTER TABLE 语句

（1）添加新字段

```
ALTER TABLE 表名
      ADD 列名    列属性
```

（2）修改字段属性

包括修改字段的数据类型、长度、是否为空。

```
ALTER TABLE 表名
      ALTER COLUMN 列名    列属性
```

（3）修改字段名

```
EXECUTE SP_RENAME '表名.原字段名','新字段名','COLUMN'
```

（4）删除字段

```
ALTER TABLE 表名
    DROP COLUMN 列名
```

（5）添加约束

包括设置主键约束、检查约束、外键约束、唯一约束和默认值。

```
ALTER TABLE 表名
    ADD CONSTRAINT 约束名  具体的约束
```

- 主键约束：PRIMARY KEY（主键字段名）
- 检查约束：CHECK（检查表达式）
- 外键约束：FOREIGN KEY（外键字段名） REFERENCES 主表名（被参照字段名）
- 唯一约束：UNIQUE（唯一约束字段名）
- 默认值：DEFAULT （默认值）FOR （设置默认值的字段名）

（6）删除约束

```
ALTER TABLE 表名
    DROP CONSTRAINT 约束名
```

4. 使用 CREATE TABLE 语句创建表同时设置约束

创建表一般先创建简单表结构，然后再设置约束。也可以在创建表同时设置约束，语法如下：

```
CREATE  TABLE  表名
（列名 1  数据类型  列属性  列级约束，
  列名 2  数据类型  列属性  列级约束，
  ……，
  列名 n  数据类型  列属性  列级约束，
  列级约束或表级约束
）
```

在表的约束的定义中，有列级约束和表级约束。

- 列级约束只跟该表中一个字段有关，可以在相关字段中直接定义，也可以单独定义。
- 表级约束跟该表中多个字段有关，只能单独定义。

【注意】约束名可以省略，如果省略，约束名采用系统默认生成的。

任务实施

1. 创建表、设置约束的 SQL 脚本文件，脚本文件名为 Table.sql。
2. 完整数据库备份文件 eshop.bak。

3．分离后的数据库文件（数据文件和事务日志文件）。

【参考】以下"网上商城系统"数据库表结构供参考。

1．"网上商城系统"数据库表结构

（1）用户基本信息表（UserInfo）

中文名	字段名	字段类型	长度	是否空	键	描述
用户 ID	UserID	int		0	PK	自动增长
用户登录名	UserName	Nvarchar	50	1		
用户密码	UserPass	Nvarchar	50	1		
密码提示问题	Question	Nvarchar	50	1		
密码提示问题答案	Answer	Nvarchar	50	1		
账户金额	Acount	Decimal	(18,0)	1		
性别	sex	Nvarchar	50	1		
地址	Address	Nvarchar	50	1		
电子邮件	Email	Nvarchar	50	1		
邮编	Zipcode	Nvarchar	10	1		

（2）商品分类表（Category）

中文名	字段名	字段类型	长度	是否空	键	描述
商品分类 ID	CategoryID	int		0	PK	自增
分类名称	CategoryName	Nvarchar	50	1		

（3）商品信息表（ProductInfo）

中文名	字段名	字段类型	长度	是否空	键	描述
商品编号	ProductId	int		0	PK	自增
商品名称	ProductName	Nvarchar	50	1		
商品价格	ProductPrice	Decimal	(18,0)	1		
商品介绍	Intro	Nvarchar	200	1		
所属分类介绍	CategoryID	int		1	FK	
点击数	ClickCount	int		1		

（4）购车车表（ShoppingCart）

中文名	字段名	字段类型	长度	是否空	键	描述
购物记录号	RecordId	int		0	PK	自增
购物车编号	CartId	Nvarchar	50	1		
产品编号	ProductId	int		1	FK	ProductInfo

续表

中文名	字段名	字段类型	长度	是否空	键	描述
购物日期	CREATEdDate	Datetime		1		
购买数量	Quantity	Int		1		

（5）订单表（Order）

中文名	字段名	字段类型	长度	是否空	键	描述
订单号	OrderID	int		0	PK	自增
用户号	UserID	int		0	FK	UserInfo
订单日期	OrderDate	Datetime		1		

（6）订单详细信息表（OrderItems）

中文名	字段名	字段类型	长度	是否空	键	描述
订单号	OrderID	int		0	PK FK	Order
商品编号	ProductID	int		0	PK FK	ProductInfo
购买数量	Quantity	Int		1		
商品购买金额	UnitCost	Decimal	(18,0)	1		

（7）管理员角色表（AdminRole）

中文名	字段名	字段类型	长度	是否空	键	描述
角色 ID	RoleId	Int		0	PK	自增
权限名	RoleName	Nvarchar	50	1		

（8）管理员信息表（Admin）

中文名	字段名	字段类型	长度	是否空	键	描述
管理员 ID	AdminID	int		0	PK	
管理员登录名	LoginName	Nvarchar	50	1		
管理员密码	LoginPwd	Nvarchar	50	1		
管理员角色 ID	RoleID	int		1	FK	AdminRole

（9）管理员日志表（AdminAction）

中文名	字段名	字段类型	长度	是否空	键	描述
日志 ID	ActionID	int		0	PK	
角色名称	Action	Nvarchar	50	1		
日志时间	ActionDate	DateTime		1		
所属管理员编号	AdminID	int		1	FK	Admin

2. "网上商城系统" 数据库模型图

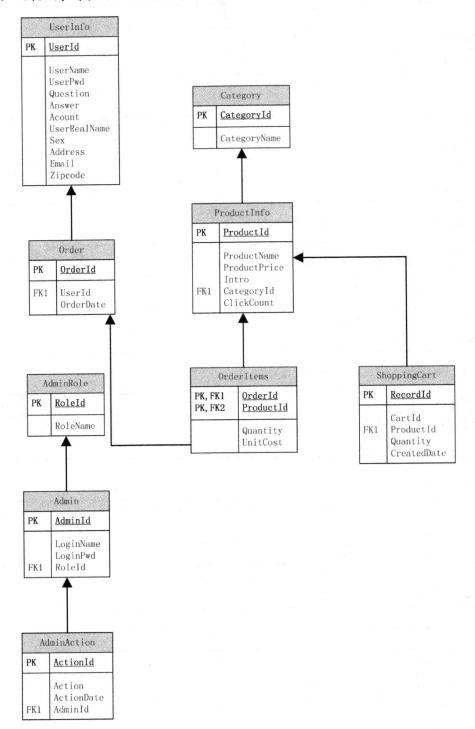

任务 3　查询和更新数据

任务要求

根据系统需求分析、概要设计和详细设计结果，自主设计并编程实现所需的数据查询和更新操作，设计的查询和更新操作必须有实用价值。具体要求如下。

（1）单表查询

至少设计 5 个单表查询，并编写 SQL 语句实现。

（2）多表连接查询

至少设计 10 个多表连接查询，并编写 SQL 语句实现。

（3）数据汇总统计

至少设计 10 个数据汇总统计查询，并编写 SQL 语句实现。

（4）数据更新

至少往每张表添加 5 条有意义的记录，并编写 SQL 语句实现。

至少设计 5 个更新操作，并编写 SQL 语句实现。

至少设计 5 个删除操作，并编写 SQL 语句实现。

知识点回顾

1. SELECT 语句

SELECT 语句的一般格式为：

```
SELECT  [ALL|DISTINCT]  目标列表达式
FROM  表名 1  [JOIN  表名 2  ON  表名 1.列名 1=表名 2.列名 2]
[WHERE  行条件表达式]
[GROUP  BY  分组列名]
[HAVING  组筛选条件表达式]
[ORDER  BY  排序列名  [ASC|DESC]]
```

说明：

● [ ]：表示可选项，该子句可有，也可无。

● SELECT 子句：指定查询目标列表达式，可以是表中的列名，也可以是根据表中字段计算的表达式。ALL 表示查询出来的行（记录）中包括所有满足条件的记录，可以有重复行。DISTINCT 表示去掉查询结果中的重复行。

● FROM 子句：指定查询的表。

● WHERE 子句：指定对表中行的筛选条件。如果选择所有行，则不同 WHERE 子句。

● GROUP BY 子句按照指定的列，对查询结果进行分组统计，每一组返回一条统计记录。

- HAVING 子句是对 GROUP BY 分组后的组进行筛选，选择出满足条件的组。
- ORDER BY 子句：指定对查询结果按排序列进行排序。ASC 表示升序，DESC 表示降序，默认为升序。排序列可以是表中的列名，也可以是根据表中字段计算的表达式。
- 内连接：如果是多表查询，须先将多个表连接起来，内连接的一般格式为：

FROM 表名 1 [INNER] JOIN 表名 2 ON <连接条件>

实施查询任务的步骤，可按照以下步骤进行分析逐步实现。

✓ 步骤 1：分析查询涉及的表。包括查询条件和查询结果涉及的表，确定是单表查询还是多表查询。确定 FROM 子句中的表名。

✓ 步骤 2：如果是多表查询，分析确定表与表之间的连接条件，即确定 FROM 子句中 ON 后面的连接条件。

✓ 步骤 3：分析查询是否针对所有记录，还是选择部分行。即对行有没有选择条件，如果是选择部分行，使用 WHERE 子句，确定 WHERE 子句中的行条件表达式；

✓ 步骤 4：分析查询是否要进行分组统计计算。如果需要分组统计，则使用 GROUP BY 子句，确定分组的列名。然后分析分组后是否要对组进行筛选，如果需要，则使用 HAVING 子句，确定组筛选条件。

✓ 步骤 5：确定查询目标列表达式，即确定查询结果包含的列名或列表达式，即确定 SELECT 子句后的目标列表达式。

✓ 步骤 6：分析是否要对查询结果进行排序，如果需要排序则使用 ORDER BY 子句，确定排序的列名和排序方式。

2. INSERT 语句

插入一条记录的 INSERT 语句的格式为：

```
INSERT  INTO  表名[(列名1,列名2,……,列名n)]
VALUES  (常量1,……,常量n)
```

插入子查询结果的 INSERT 语句的格式为：

```
INSERT  INTO  表名[(列名1,列名2,……,列名n)]
SELECT  查询语句
```

3. UPDATE 语句

UPDATE 语句的作用是对指定表中的现有记录进行修改。其语句格式为：

```
UPDATE  表名
SET  列名1=<修改后的值>[,列名2=<修改后的值>,……]
[WHERE  行条件表达式]
```

【注意】在进行数据修改时要保证数据库中数据的一致性，可使用级联修改，级联修改指修改主表中主键字段的值，其对应从表中外键字段的相应值自动修改。

4. DELETE 语句

DELETE 语句的作用是删除指定表中满足条件的记录。其语句格式为：

```
DELETE  FROM  表名
[WHERE  行条件表达式]
```

【注意】在进行数据删除时要保证数据库中数据的一致性，可使用级联删除，级联删除指删除主表中的记录，其对应子表中的相应记录自动删除。

任务实施

1．实现上述查询和更新数据操作的 SQL 脚本文件，注意设计的题目使用注释的方式写在该题的 SQL 语句前，脚本文件名为 Operator.sql。

2．同时上交设计题目的 Word 文档，文件名为 Operator.doc。

【参考】以下查询和更新的设计题目供参考。

1．从 productInfo、OrderItems 表中查询所有订单的详细信息，查询结果包括商品编号 ProductId、商品名称 ProductName、购买数量 Quantity、商品购买金额 UnitCost。

2．从 order、OrderItems 表中查询用户 ID 号为 4 的用户的各个订单的详细信息，查询结果包括各个订单的订单号 OrderID、订单总金额
sum(OrderItems.Quantity*OrderItems.unitCost)、订单日期 OrderDate。

提示：分组 GROUP BY [Order].OrderID, [order].OrderDate

3．从 admin、adminrole 表中查询所有管理员的详细信息，查询结果包括管理员 ID、管理员登录名 loginName、权限名 rolename。

4．从 PRODUCTINFO 表中查询最新商品信息，即 PRODUCTINFO 表中 PRODUCTID 值最大的 10 条记录。

提示：通过 TOP 和 ORDER BY 实现。

5．从 OrderItems、PRODUCTINFO 表中查询商品分类 ID 为 31 的商品在订单里出现的次数 count(ProductId)。

6．从 ShoppingCart、PRODUCTINFO 表中查询商品分类 ID 为 31 的商品在购物车里出现的次数 count(ProductId)。

7．从 PRODUCTINFO 表中查询商品分类 ID 为 31 的商品种数 count(ProductId)。

8．从 ShoppingCart、productInfo 表中查询某购物车的商品总金额 SUM(productInfo. productPrice * ShoppingCart.Quantity)，购物车编号为 10。

9．删除数据库中所有商品编号为 16 的商品信息。

10．查询商品编号为 20 的商品的信息，并将该商品的点击次数 ClickCount 增 1。

提示：先使用 select 语句，然后再使用 update 语句。

11．查询 2010 年 7 月份各个商品的销售情况，查询结果包括各个商品的商品编号 OrderItems.productId、商品名称 productInfo.productName、订单个数 count(OrderItems.orderid)、销售的总数量 sum(orderItems.quantity)、销售的总金额 sum(orderItems.quantity*orderItems.unitcost)，查询结果根据销售的总金额降序排列，总金额相同的按照销售的总数量降序排列。

提示：分组 GROUP BY orderItems.productId , productInfo.productName

12．查询 2010 年 7 月 29 日的各个商品的销售情况，查询结果包括各个商品的商品

编号、商品名称、订单个数、销售的总数量、销售的总金额,查询结果根据销售的总金额降序排列，总金额相同的按照销售的总数量降序排列。

任务4 创建视图和索引

根据系统需求分析、概要设计和详细设计结果，自主设计并创建所需的视图和索引，设计的视图和索引必须有实用价值。具体要求如下。

（1）创建视图

至少设计 10 个视图，编写 SQL 语句实现，并指出视图的用途。

（2）利用视图简化查询操作

至少设计 10 个复杂查询，通过创建视图简化这些查询操作，并编写 SQL 语句实现。

（3）通过视图更新数据

通过创建的视图为相应表添加数据，并编写 SQL 语句实现，若无法通过某视图添加数据，指出原因。

通过创建的视图修改表中相应数据，并编写 SQL 语句实现，若无法通过某视图添加数据，指出原因。

通过创建的视图删除表中相应数据，并编写 SQL 语句实现，若无法通过某视图添加数据，指出原因。

（4）创建索引

至少设计 5 个索引，并指出设计该索引的缘由，并编写 SQL 语句实现。

1. CREATE VIEW 语句

SQL 语言中创建视图的对应语句为 CREATE VIEW 语句。CREATE VIEW 语句的基本语法如下：

```
CREATE  VIEW   视图名[(视图列名1,...视图列名n)]
   [WITH  ENCRYPTION]
   AS
   SELECT  语句
   [WITH  CHECK  OPTION]
```

其中 WITH ENCRYPTION 子句是对视图的定义进行加密。WITH CHECK OPTION 子句用于对视图进行 UPDATE、INSERT 和 DELETE 更新操作时，保证所操作的行满足视图定义中的筛选条件，即只有满足视图定义中条件的更新操作才能执行。

2. CREATE　INDEX 语句

创建索引的对应 SQL 语句为 CREATE　INDEX 语句。CREATE　INDEX 语句的基本语法如下：

```
CREATE  [UNIQUE][CLUSTERED|NONCLUSTERED]  INDEX  索引名
ON  表名（列名 1[,列名 2……]）
```

其中，UNIQUE：唯一索引选项。CLUSTERED：聚集索引选项。NONCLUSTERED：非聚集索引选项。默认为非聚集索引。

任务实施

1．实现上述操作的 SQL 脚本文件，注意设计的题目使用注释的方式写在该题的 SQL 语句前，脚本文件名为 ViewAndIndex.sql。

2．同时上交设计题目的 Word 文档，文件名为 ViewAndIndex.doc。

任务 5　备份与恢复数据库

任务提出

数据库中的数据应该比数据库本身重要得多，但不管计算机技术如何发展，即使是最可靠的软件和硬件，也可能会出现系统故障和产品故障的问题，另外，在数据库使用过程中，也可能会出现用户操作失误、蓄意破坏、病毒攻击和自然界灾难等。备份数据库是数据库管理员（DBA）的最重要的任务之一。为了数据库及系统能正常、安全使用，DBA 必须经常备份数据库中的数据。

任务分析

SQL Server 提供了强大的备份和还原数据库功能，其备份方式就提供了四种，即完整备份、差异备份、事务日志备份、文件和文件组备份。

相关知识与技能

1．备份方式

（1）完整备份

完整备份是指备份整个数据库。它的最大优点在于操作和规划比较简单，在恢复时只需要一步就可以将数据库恢复到以前状态。当数据库出现意外时，完全备份只能将数据库恢复到备份操作时的状态，而从备份结束以后到意外发生之前的数据库的一切操作都将丢失。

完整备份的备份策略一般只用于数据重要性不是很高、数据更新速度不是很快的数据库系统。

（2）差异备份

差异备份是指备份自上次完整数据库备份以来被修改的那些数据。当数据修改频繁时，用户应当执行差异备份。差异备份的优点在于备份设备的容量小，减少数据损失并且恢复的时间快。数据库恢复时，先恢复最后一次的完整数据库备份，然后恢复最后一次的差异备份。

（3）事务日志备份

通过事务日志可以在意外发生时将所有已经提交的事务全部恢复。所以使用这种方式可以将数据库恢复到意外发生前的状态，从而使数据损失降低到最小。由于日志备份需要的备份资源远远少于完整备份，所以建议频繁使用日志备份，从而减小数据丢失的可能性。

在下列三种情况下，建议使用日志备份策略。

- 数据量很大，而提供备份的存储备份相对有限。
- 数据更新速度很快，要求精确恢复到意外发生前几分钟的状态。
- 数据非常重要，不允许任何数据丢失，如银行的存取款系统。

日志备份与差异备份不同的是，差异备份无法将数据库恢复到出现意外前的某一指定时刻的状态，它只能将数据库恢复到上一次差异备份结束时刻的状态。

如果数据量较大且数据非常重要，通常可以采用这样的备份计划：每周进行一次完整备份，每天进行一次差异备份，每小时进行一次事务日志备份，这样最多只会丢失 1 小时的数据。恢复时，先恢复最后一次的完整备份，然后恢复最后一次的差异备份，再顺序恢复最后一次差异备份后的所有事务日志备份。

（4）文件和文件组备份

文件和文件组备份是指单独备份组成数据库的文件或文件组，在恢复时可以只恢复数据库中遭到破坏的文件或文件组，而不需要恢复整个数据库，从而提高恢复的效率。文件和文件组备份方式一般在数据库文件存储在多个磁盘驱动器上的情况下使用。

该备份方式必须与事务日志备份配合执行才有意义。在执行文件和文件组备份时，SQL Server 会备份某些指定的数据库文件或文件组。为了使恢复文件与数据库中的其余部分保持一致，在执行文件和文件组备份后，必须执行事务日志备份。

2. 数据库备份与恢复的顺序

数据库四种备份与其恢复的顺序如表 8-1 所示。

表 8-1　数据库备份与恢复的顺序表

备份方式	时刻 1	时刻 2	时刻 3	时刻 4	时刻 5 的恢复顺序
完整	完整 1	完整 2	完整 3	完整 4	完整 4
差异	完整 1	差异 1	差异 2	差异 3	完整 1—>差异 3
事务日志	完整 1	差异 1	事务日志 1	事务日志 2	完整 1—>差异 1—>事务日志 1—>事务日志 2
文件和文件组	文件 1 事务日志 1	文件 2 事务日志 2	文件 1 事务日志 3	文件 2 事务日志 4	恢复文件 1：时刻 3 的文件 1 备份—>事务日志 3—>事务日志 4 恢复文件 2：时刻 4 的文件 2 备份—>事务日志 4

3. 备份系统数据库

备份数据库，不但要备份用户数据库，也要备份系统数据库。因为系统数据库中存储了 SQL Server 的服务器配置信息、用户登录信息、用户数据库信息、作业信息等。

通常在下列情况下备份系统数据库。

（1）修改 master 数据库之后。master 数据库中包含了 SQL Server 中全部数据库的相关信息。在创建用户数据库、创建和修改登录账户或执行任何修改 master 数据库的语句后，都应当备份 master 数据库。

（2）修改 msdb 数据库之后。msdb 数据库中包含了 SQL Server 代理程序调度的作业、警报和操作员的信息，在修改 msdb 之后应当备份它。

（3）修改 model 数据库之后。model 数据库是系统中所有数据库的模板，如果用户通过修改 model 数据库来调整所有新用户数据库的默认配置，就必须备份 model 数据库。

任务实施

1. 完整备份数据库

【任务 1】将数据库 eshop 做一个完整备份，备份到 D:\eshop.bak 文件中。

【任务 2】创建备份设备，设备名称为"eshop_bak"，对应的物理路径和文件名为"D:\ eshop_bak.bak"。

【任务 3】将数据库 eshop 做一个完整备份，备份到 eshop_bak 备份设备中。

【任务 4】通过 D:\中的完整数据库备份文件 eshop.bak 还原数据库。若 eshop 数据库已存在，则还原的数据库覆盖原有 eshop 数据库。

2. 差异备份/还原数据库

（1）差异备份数据库

差异备份数据库与完整备份数据库的操作步骤一致，唯一不同的是在"备份数据库"对话框中的"备份类型"中选择"差异"。

"备份数据库"对话框部分截图如图 8-1 所示。

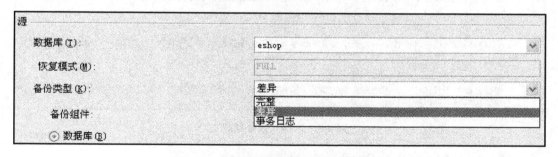

图 8-1　"备份数据库"对话框部分截图

【任务 5】差异备份 eshop 数据库，备份到 D:\eshopcha.bak 文件中。

【注意】差异备份必须在完整备份以后进行，如果不存在当前数据库的完整备份，无法执行差异备份。没有进行完整备份而先执行差异备份操作显示的错误消息如图 8-2

所示。

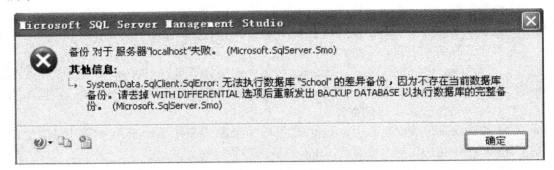

图 8-2　执行差异备份出错消息

（2）通过完整备份和差异备份文件还原数据库

还原数据库过程如下：

（1）先还原最近一次的完整备份。

（2）再恢复最后一次的差异备份。

【任务 6】通过前面备份的完整备份文件 D:\eshop.bak 和在完整备份后备份的差异备份文件 D:\eshopcha.bak 还原数据库到最新状态。

步骤一：先还原完整备份 D:\eshop.bak。

【注意】如果当前还原不是数据库的最后一个还原操作，在"还原数据库"对话框的"选择页"中单击"选项"，在"恢复状态"中必须选择"不对数据库执行任何操作，不回滚未提交的事务。可以还原其他事务日志。"

"恢复状态"默认为如图 8-3 所示中的第一项，则无法还原其他差异备份或事务日志备份，所以必须修改。

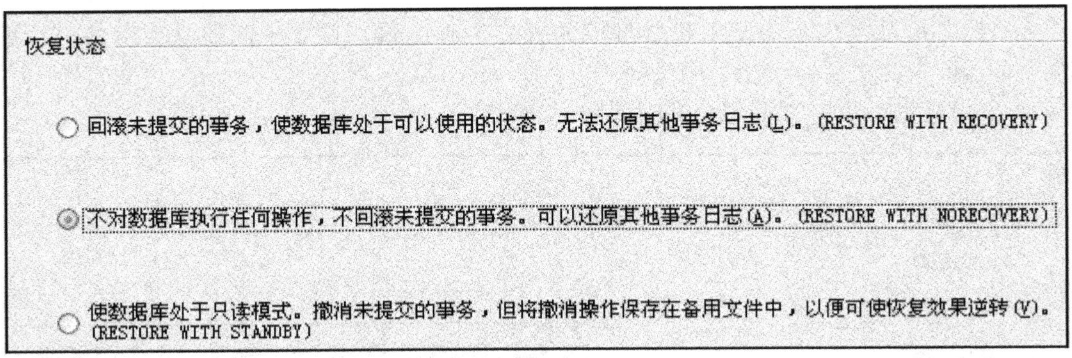

恢复状态

○ 回滚未提交的事务，使数据库处于可以使用的状态。无法还原其他事务日志(L)。(RESTORE WITH RECOVERY)

◉ 不对数据库执行任何操作，不回滚未提交的事务。可以还原其他事务日志(A)。(RESTORE WITH NORECOVERY)

○ 使数据库处于只读模式。撤消未提交的事务，但将撤消操作保存在备用文件中，以便可使恢复效果逆转(Y)。(RESTORE WITH STANDBY)

图 8-3　选择"恢复状态"

步骤二：还原差异备份 D:\eshopcha.bak。

因为该还原操作为最后一个还原操作，所以"恢复状态"默认选择第一项，不必修改。

3. 事务日志备份/还原数据库

日志备份前，至少有一次完全备份。还原日志备份的时候，必须先还原完全备份。

如果完全备份后，在要还原的日志备份前做过差异备份，则还要还原差异备份，然后再按照日志备份的先后顺序，依次还原日志备份。

由于日志备份仅仅备份自上次备份后对数据库执行的所有事务的一系列记录，所以它生成的备份文件小，备份需要的时间也短，对数据库服务性能的影响也小，适于经常备份。

【任务 7】事务日志备份 eshop 数据库，备份到 D:\eshoprizhi.bak 文件中。

【任务 8】通过前面备份的完整备份文件 D:\eshop.bak、在完整备份后备份的差异备份文件 D:\eshopcha.bak、在差异备份后备份的事务日志备份文件 D:\eshoprizhi.bak 还原数据库到最新状态。

4．使用数据库维护计划自动备份数据库

系统运行后，数据库管理员总要担心数据库出现故障，如果能在每天晚上自动备份数据库，就可以高枕无忧。SQL Server 的维护计划里面自带了备份数据库任务。可以事先设置好维护计划，让 SQL Server 自动完成自动备份。

（1）启动 SQL Server 代理服务

使用维护计划动能首先要保证 SQL Serve 代理服务是在启动状态，操作步骤如下。

步骤一：在"开始"菜单上，选择"所有程序"→Microsoft SQL Server 2008→"配置工具"→"SQL Serve 配置管理器"命令，打开"配置管理器"窗口。

步骤二：在 SQL Server 配置管理器中，展开"SQL Server 服务"，在窗体右部区域，右击"SQL Server 代理"，在弹出的快捷菜单中选择"启动"命令，完成 SQL Server 代理服务的启动，如图 8-4 所示。

图 8-4　启动 SQL Server 代理服务

（2）添加维护计划

在确保 SQL Server 代理服务启动后，添加维护计划实现数据库自动备份。

【任务 9】添加维护计划，使得在每周六凌晨 1 点启动 eshop 数据库的完整备份。

操作步骤如下。

步骤一：打开 SSMS，展开"对象资源管理器"中的"管理"节点，右击"维护计划"选择"维护计划向导"命令，如图 8-5 所示。单击"下一步"按钮，打开如图 8-6

所示的"选择目标服务器"对话框。

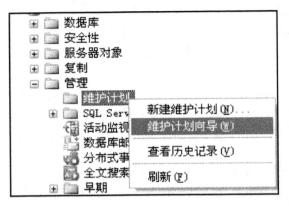

图 8-5　选择"维护计划向导"命令

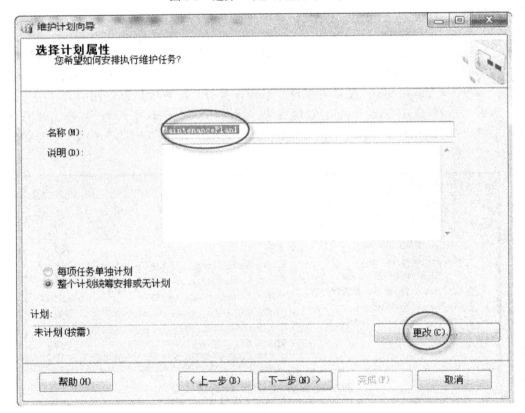

图 8-6　"选择计划属性"对话框

　　步骤二：在如图 8-6 所示的"选择计划属性"对话框中，在"名称"文本框中输入名称，如输入"wanzhengbeifen"。单击该窗口的"更改"按钮，打开"作业计划属性"对话框，在该窗口中设置执行时间和间隔，如图 8-7 所示。
　　步骤三：单击"下一步"按钮，在打开的"选择维护计划"对话框中选择"备份数据库（完整）"，如图 8-8 所示。

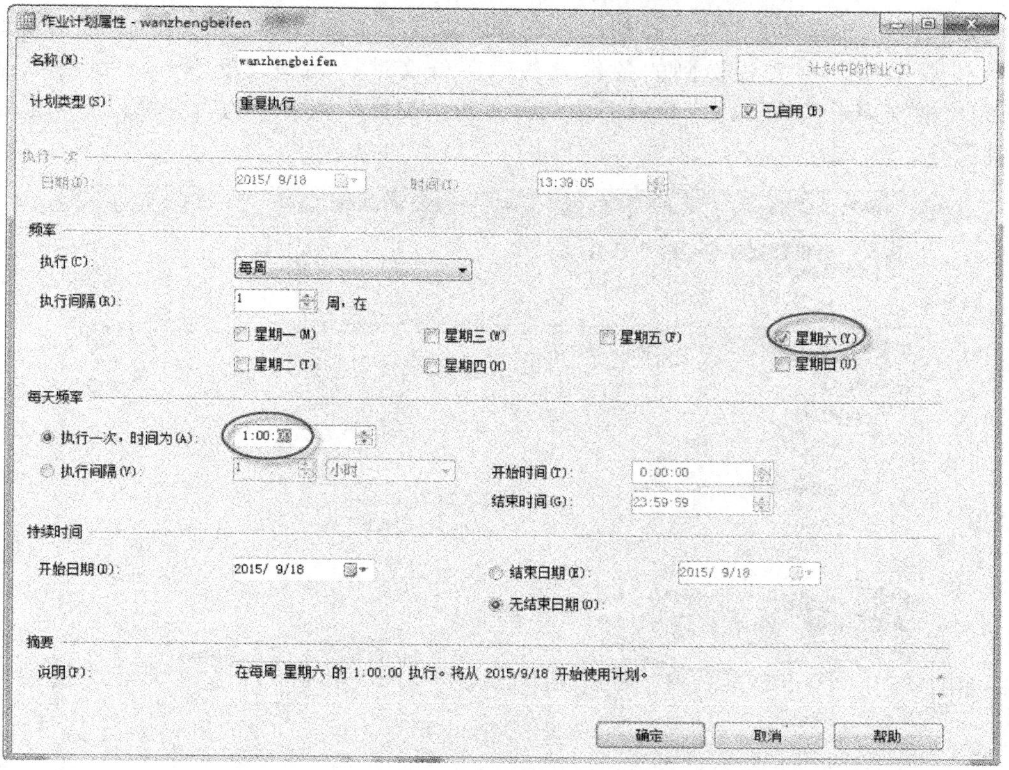

图 8-7 "作业计划属性"对话框

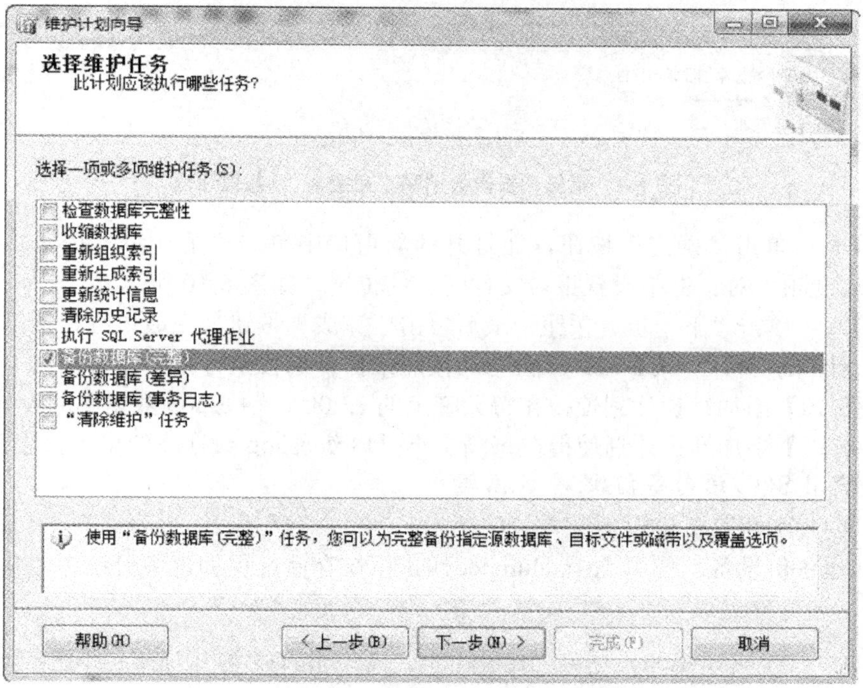

图 8-8 "选择维护计划"对话框

步骤四：单击"下一步"按钮，在打开的定义"备份数据库（完整）"任务对话框中选择数据库，定义备份到的备份设备或备份文件，如图 8-9 所示。选择数据库 eshop，根据需求选择"跨一个或多个文件备份数据库"或者"为每个数据库创建备份文件"。

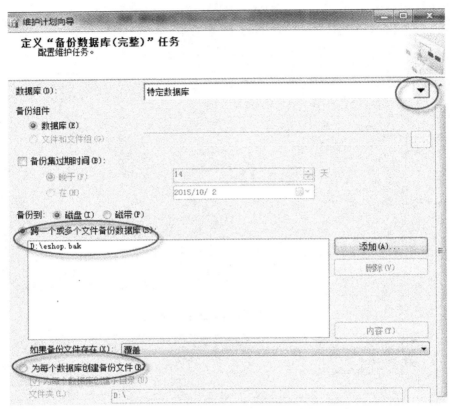

图 8-9　定义"备份数据库（完整）"任务对话框

步骤五：单击"确定"按钮，在打开的新窗口中单击"下一步"按钮，在弹出的"选择报告选项"对话框中设置报告文件写入的位置，如图 8-10 所示。

步骤八：单击"下一步"按钮，最后单击"完成"按钮，完成该维护计划的添加。维护计划添加后，SQL Server 会自动按照维护计划去执行数据库备份。

【任务 10】添加维护计划使得在每天晚上的 23:00 启动 eshop 数据库的差异备份。

【任务 11】添加维护计划使得在每隔 1 小时启动 eshop 数据库的事务日志备份。

5．使用 SQL 语句备份/还原数据库

（1）创建和删除备份设备

①创建备份设备。使用 sp_addumpdevice 系统存储过程创建备份设备，其语法形式如下：

```
EXECUTE  sp_addumpdevice  '设备类型','设备的逻辑名称','设备的物理名称'
```

【说明】设备类型可以是磁盘、磁带和命名管道，分别用 disk、pipe、tape 表示。

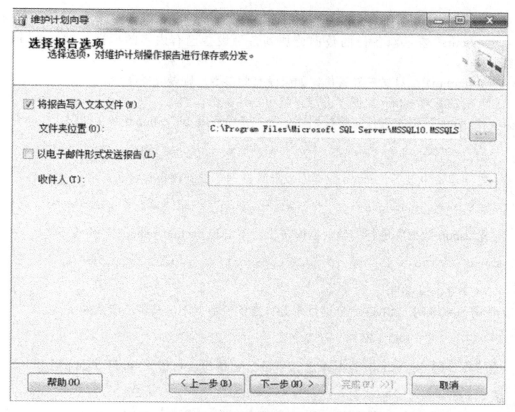

图 8-10 "选择报告选项"对话框

【任务 12】创建备份设备，设备的逻辑名称为：backup_eshop，物理名称为：D:\bk_eshop.bak。

以管理员身份登录服务器，打开 SQL 编辑器，运行以下脚本：

```
EXECUTE  sp_addumpdevice  'disk','backup_eshop','D:\bk_eshop.bak'
```

②删除备份设备。使用 sp_dropdevice 系统存储过程删除备份设备，其语法形式如下：

```
EXECUTE  sp_dropdevice  '设备的逻辑名称', 'delfile'
```

【说明】delfile 指出是否要删除物理备份设备文件。如指定 delfile，则会删除物理备份设备磁盘文件。

（2）完整和差异备份

使用 BACKUP DATABASE 命令进行完整或差异备份数据库，其语法形式如下：

```
BACKUP  DATABASE  数据库名  TO 备份设备名 [with [init|noinit] [[,]
differential]]
```

【说明】

● 若备份到文件，备份设备名采用"备份设备类型=设备物理名称"的形式。

- init：表示新备份的数据覆盖当前备份设备上的内容；
- noinit：表示新备份的数据追加到备份设备已有内容的后面。默认为 noinit 参数。
- differential：只做差异备份，如果没有此参数，则做完整备份。

【任务 13】对 eshop 数据库进行完整和差异备份。

--对 eshop 数据库进行完整数据库备份，备份到 d:\bk_eshop.bak 文件中。

```
BACKUP DATABASE eshop TO disk='d:\bk_eshop.bak' with  init
```

--先创建备份设备，eshop 数据库差异数据库备份到该备份设备。

```
EXECUTE sp_addumpdevice  'disk','backup_eshop2','d:\bk_eshopcha.bak'
```

--对 eshop 数据库进行差异数据库备份，备份到 backup_eshop2 备份设备中。

```
BACKUP DATABASE eshop TO backup_eshop2 with init,differential
```

（3）事务日志备份

使用 BACKUP LOG 命令进行事务日志备份数据库，其语法形式如下：

```
BACKUP  LOG  数据库名 TO 备份设备名 [with  init|noinit]
```

【任务 14】对 eshop 数据库进行事务日志备份，备份到 d:\bk_eshopsrizhi.bak 文件中。

```
BACKUP LOG eshop TO disk='d:\bk_eshoprizhi.bak' with  init
```

（4）还原数据库

使用 RESTORE DATABASE 命令还原数据库，其语法形式如下：

```
RESTORE DATABASE 数据库名 FROM 备份设备名
                    [WITH [NORECOVERY|RECOVERY] [[,] REPLACE]]
```

【说明】

- NORECOVERY：指示还原操作不回滚任何未提交的事务，可以还原其他事务日志。除了最后一个还原操作，其他所有还原操作都必须加 NORECOVERY 参数。
- REPLACE：还原的数据库覆盖原有同名数据库。

【任务 15】通过前面备份的完整备份文件 d:\bk_eshop.bak、在完整备份后备份的差异备份文件 d:\bk_eshopcha.bak、在差异备份后备份的事务日志备份文件 d:\bk_eshoprizhi.bak 还原数据库到最新状态。

```
RESTORE DATABASE eshop FROM DISK='d:\bk_eshop.bak'
                                    WITH  NORECOVERY,REPLACE
RESTORE DATABASE eshop FROM DISK='d:\bk_eshopcha.bak' WITH  NORECOVERY
RESTORE DATABASE eshop FROM DISK='d:\bk_eshoprizhi.bak'
```

任务总结

　　任何系统都不可避免会出现各种形式的故障，而某些故障可能会导致数据库灾难性的损坏，所以做好数据库的备份工作极其重要。备份数据库，不但要备份用户数据库，也要及时备份系统数据库。

单元 9　数据库安全管理

数据库中存放着大量的数据，保护数据不受内部和外部的侵害是一项重要的任务。SQL Server 广泛应用于企业的各个部门，作为数据库系统管理员，需要深入理解 SQL Server 的安全控制策略，以实现安全管理的目标。

SQL Server 的安全性管理是建立在认证和访问许可这两种机制上的。认证是指确定登录 SQL Server 的用户登录账户和密码是否正确，以此来验证其是否具有连接 SQL Server 的权限。通过认证后并不代表能够访问 SQL Server 中的数据库，用户只有在获取访问数据库的权限之后才能对数据库进行权限许可下的操作。SQL Server 的安全模型中包括 SQL Server 身份验证、登录账户、数据库用户、角色和权限。

本单元包含的学习任务和单元学习目标具体如下：

- 任务 1　管理登录账户
- 任务 2　管理数据库用户
- 任务 3　管理权限
- 任务 4　管理角色

- 理解 SQL Server 的安全模型
- 能灵活创建和管理服务器登录账户
- 能灵活添加和管理数据库用户
- 能灵活管理权限
- 能灵活管理角色

任务 1　管理登录账户

要使用 SQL Server，用户必须首先登录到 SQL Server 的服务器实例。要登录到服务器实例，用户必须要具有一个登录账户，即登录名。SQL Server 对该登录名进行身份验证，被确认合法才能登录到 SQL Server 服务器实例。即服务器的安全性是通过创建和管理 SQL Server 登录账户来保证的。

SQL Server 服务器身份验证有两种模式：Windows 身份验证模式、Windows 和 SQL Server 混合身份验证模式。安装完成后 SQL Server 已经存在了一些默认的登录账户。所以须先理解这些，然后来创建和管理登录账户。创建登录账户可在 SSMS 对象资源管理器下使用图形工具创建，也可以使用 SQL 语句创建。

1. SQL Server 服务器身份验证模式

SQL Server 服务器身份验证有两种模式：Windows 身份验证模式、混合身份验证模式（SQL Server 和 Windows 身份验证模式）。

（1）Windows 身份验证模式

在 Windows 身份验证模式下，SQL Server 检测当前使用 Windows 的用户账户，并在系统注册表中查找该用户，以确认该用户账户是否有权限登录。此时，用户不必提交登录名和密码让 SQL Server 验证。

在这种模式下，SQL Server 仅接受那些 Windows 系统中的账户的登录请求，如果用户使用 SQL Server 身份验证的登录账户请求登录，则会收到登录失败的信息。

（2）混合身份验证模式（SQL Server 和 Windows 身份验证模式）

混合身份验证模式允许以 SQL Server 身份验证模式或者 Windows 身份验证模式来进行验证，这种模式能更好地适应用户的各种环境。

在 SQL Server 身份验证模式下，用户在连接 SQL Server 时必须提供登录名和登录密码，这些登录信息存储在 master 数据库的系统表 syslogins 中，与 Windows 的登录账号无关。

一般服务器身份验证模式选择混合身份验证模式，在实际应用中，可设置一个应用程序使用单个的 SQL Server 登录名和密码，安全又便于管理。

2. 设置服务器身份验证模式

用户可以在 SQL Server 软件安装时或安装后设置 SQL Server 服务器身份验证模式。安装完成后修改身份验证模式的方法步骤如下：

（1）打开 SQL Server Management Studio；

（2）在"对象资源管理器"窗口中，右键点击服务器，在弹出的菜单上选择"属性"命令，在出现的服务器"属性"窗口中，单击左边列表中"安全性"选项，如图 9-1 所示，在窗口右边的"服务器身份验证"选项中选择需要的认证模式。修改完毕后，单击"确定"按钮。

（3）若修改了服务器身份验证模式，使用 SQL Server 配置管理器重新启动服务，使得修改生效。

单击"开始"→"程序"→"Microsoft SQL Server 2008"→"配置工具"→"SQL Server 配置管理器"命令，打开 SQL Server 配置管理器，在配置管理器窗口中，展开"SQL Server 服务"，在窗体右部区域，右击"SQL Server（MSSQLSERVER）"，选择"重新启动"。

图 9-1 选择服务器身份验证模式

3. SQL Server 内置的服务器登录账户

SQL Server 安装完成后已经存在了一些默认的登录账户，系统创建的默认登录账户如图 9-2 所示。

打开 SQL Server Management Studio，在"对象资源管理器"窗口中，展开当前服务的"安全性"节点下的"登录名"节点，可以看到如图 9-2 所示的 SQL Server 默认登录账户。

说明：WIN-EEJEFSS4K97 为截图计算机的计算机名，不同的计算机其计算机名不同。

图 9-2 SQL Server 默认登录账户

其中两个默认管理员登录账户的含义如下。

● 计算机名\Administrator：Windows 操作系统的 Administrator 组账户。

● sa：SQL Server 系统管理员登录账户，该账户拥有最高的管理权限，可以执行服务器范围内的所有操作。

任务实施

1. 创建 SQL Server 身份登录账户

【例1】使用图形工具创建名为 test、密码为 111 的 SQL Server 身份登录账户。

具体实现步骤如下：

（1）打开 SSMS，以管理员身份登录，管理员身份默认有 Windows 身份验证模式的 Windows 管理员；SQL Server 身份验证模式的用户名 sa。

Windows 系统管理员以 Windows 身份登录本机默认服务的界面如图 9-3 所示。

图 9-3　Windows 系统管理员以 Windows 身份登录本机默认服务

连接本机的 SQL Server 默认实例可在服务器名称中输入 "（local）" 或 "localhost"。

SQL Server 身份用户 sa 登录本机默认服务的界面如图 9-4 所示。sa 登录账户的默认密码为空。

图 9-4　SQL Server 身份登录账户 sa 登录本机默认服务

（2）连接到服务器后，在"对象资源管理器"窗口中，展开当前服务的"安全性"节点，选择"登录名"，右击，选择"新建登录名"，打开如图9-5所示的"登录名—新建"对话框。

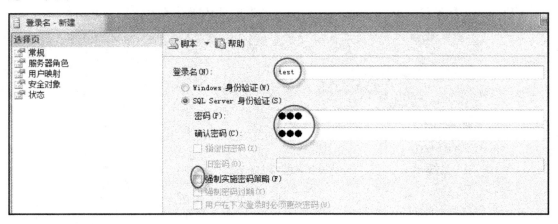

图9-5 "登录名—新建"对话框

（3）在该对话框中选择"SQL Server 身份验证"，输入登录名"test"，再输入"密码"和"确认密码"，去掉"强制实施密码策略"选项。"默认数据库"和"默认语言"中的内容默认即可。

（4）单击"确定"按钮，即可完成该登录账户的创建。

【例2】验证test登录账户是否有效。

图9-6 选择"数据库引擎"

test 登录账户创建好后，使用该登录账户能否登录当前 SQL Server 服务器呢？登录后能否使用数据库呢？

（1）在"对象资源管理器"窗口中单击"连接"旁的下拉箭头，再单击"数据库引擎"，如图9-6所示。

（2）在打开的"连接到服务器"对话框中，选择"服务器名称"，身份验证中选择"SQL Server身份验证"，输入"登录名"和"密码"，单击"连接"按钮，如图9-7所示。

（3）连接后，展开服务，能看到用户数据库 School，但不能访问，提示消息如图9-8所示。原因是虽然 test 登录账户通过了认证，连接数据库引擎成功，但还没有具备访问数据库的条件，具体设置在任务2和任务3中介绍。

说明：使用不同登录账户连接多个数据库引擎的方法可以清晰比对不同登录账户的使用权限。

【练习1】使用图形工具创建名为 stu、密码为 stu 的 SQL Server 身份登录账户，并验证该登录账户是否有效。

图 9-7 使用 SQL Server 身份 test 账户连接到服务器

图 9-8 test 登录账户登录后不能访问用户数据库

2. 创建 Windows 身份登录账户

【例 3】使用图形工具创建名为 user 的 Windows 登录账户。

Windows 登录账户必须是 Windows 操作系统的用户，所以必须先到 "控制面板" 中创建该用户。

（1）打开 "控制面板"，在 "用户账户" 中创建新账户，如图 9-9 所示。

（3）打开 SQL Server 的 "SQL Server Management Studio"，以管理员身份登录服务器，在 "对象资源管理器" 中的 "安全性" 节点中选择 "登录名"，右击，选择 "新建登录名"。

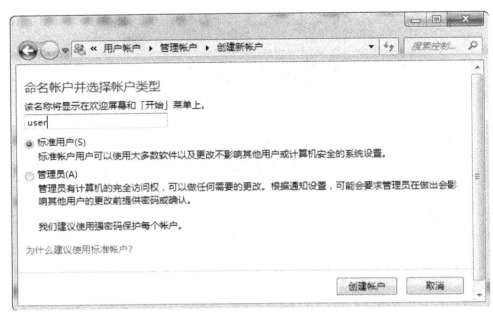

图 9-9　创建 Windows 用户

（4）在打开的"登录名—新建"对话框中，选择"Windows 身份验证"，单击"搜索"按钮，在打开的"选择用户或组"对话框中输入"user"或查找该用户，单击"确定"按钮。

【思考】注销 Windows，选择 user 用户，使用 Windows 身份验证能否连接 SQL Server 服务器？连接 SQL Server 服务器后，能否访问 School 数据库？

3．管理登录账户

（1）设置 sa 密码

sa 是 SQL Server 系统管理员登录账户，该账户拥有最高的管理权限，可以执行服务器范围内的所有操作。所以必须给其设置密码。设置 sa 密码的用户必须要有 SQL Server 管理权限。

设置 sa 登录密码的步骤如下：展开"对象资源管理器"窗口中的"安全性"节点，展开"登录名"节点，选择"sa"登录账户，单击鼠标右键，在快捷菜单中选择"属性"，在"登录属性—sa"对话框中输入"密码"和"确认密码"，单击"确定"按钮，即可完成 sa 密码的修改。

（2）禁用登录账户

若不想删除某登录账户，只是暂时禁止该登录账户使用，可以禁用该登录账户。

【例 4】禁用登录账户 stu。

（1）以管理员身份登录服务器，展开"对象资源管理器"窗口中的"安全性"节点，展开"登录名"节点，选择 stu 登录账户。

（2）右击，在快捷菜单中选择"属性"，打开"登录属性—stu"对话框。在该对话框左侧的"选择页"中选择"状态"，然后在右侧的"登录"下选择"禁用"，如图 9-10 所示。单击"确定"按钮，使设置生效。

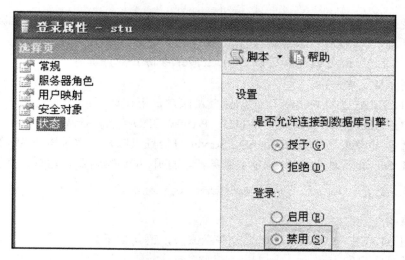

图 9-10　禁用 stu 登录账户

　　禁用 stu 登录账户后，使用 stu 登录账户连接数据库引擎，提示该账户被禁用，如图 9-11 所示。

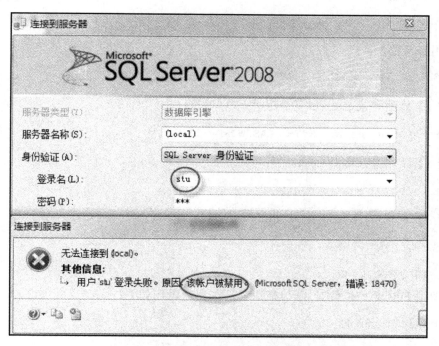

图 9-11　登录账户禁用后无法连接到服务器

　　若要重新启动该登录账户，可在如图 9-10 所示的窗口中选择"启用"即可重新启用该登录账户。

　　（3）删除登录账户

　　【例 5】删除登录账户 stu。

　　以管理员身份登录服务器，展开"对象资源管理器"窗口中的"安全性"节点，再展开"登录名"节点，选择 stu 登录账户，右击，在快捷菜单中选择"删除"，在弹出的"删除对象"对话框中，单击"确定"按钮即可完成删除。

4．使用 SQL 语句创建和管理 SQL Server 身份登录账户

（1）创建登录账户

可使用 CREATE　LOGIN 语句创建登录账户，语句如下：

CREATE　LOGIN　登录名　WITH　PASSWORD='登录密码'

【例6】创建登录名为 ceshi 的 SQL Server 身份登录账户，登录密码为123456。

以 SQL Server 管理员 sa 身份登录服务器，打开 SQL 编辑器，运行以下脚本：

```
CREATE   LOGIN  ceshi  WITH  PASSWORD='123456'
```

（2）修改登录账户

可使用 ALTER　LOGIN 语句修改登录账户，语句如下。

修改登录账户的密码：

```
ALTER  LOGIN  登录名  WITH  PASSWORD='新的登录密码'
```

禁用登录账户：

```
ALTER  LOGIN  登录名 DISABLE
```

启用登录账户：

```
ALTER  LOGIN  登录名 ENABLE
```

【例7】修改登录名 ceshi 的登录密码为111111。

```
ALTER  LOGIN  ceshi  WITH  PASSWORD='111111'
```

【例8】禁用登录账户 ceshi。

```
ALTER  LOGIN  ceshi  DISABLE
```

【例9】重新启动登录账户 ceshi。

```
ALTER  LOGIN  ceshi  ENABLE
```

（3）删除登录账户

可使用 DROP　LOGIN 语句删除登录账户，语句如下：

```
DROP  LOGIN  登录名
```

【例10】删除登录账户 ceshi。

```
DROP  LOGIN  ceshi
```

5．使用 SQL 语句创建和管理 Windows 身份登录账户

（1）创建登录账户

```
CREATE   LOGIN  [计算机名\Windows用户名]  FROM  Windows
```

　　因为登录名常规不能含有反斜线"\"，所以只能使用分隔标识符，使用方括号[]括起来。

　　【例 11】创建名为 user 的 Windows 登录账户。

```
CREATE  LOGIN  [OEM-HP\user]  FROM  Windows
```

　　说明：user 必须已经是本机 Windows 操作系统的用户，OEM-HP 为本机的计算机名。

　　（2）修改登录账户

　　禁用登录账户：

```
ALTER  LOGIN  登录名 DISABLE
```

　　启用登录账户：

```
ALTER  LOGIN  登录名 ENABLE
```

　　【例 12】禁用登录账户 OEM-HP\user。

```
ALTER  LOGIN  [OEM-HP\user]  DISABLE
```

　　（3）删除登录账户

```
DROP  LOGIN  登录名
```

　　【例 13】删除登录账户 OEM-HP\user。

```
DROP  LOGIN  [OEM-HP\user]
```

任务总结

　　登录账户的管理是 SQL Server 安全管理的第一层，管理服务器的安全性一般步骤为：①设置服务器身份验证模式为混合身份验证模式（SQL Server 和 Windows 身份验证模式）；②设置管理员 sa 的密码；③新建 SQL Server 身份或 Window 身份（一般为 SQL Server 身份）登录账户。

任务 2　管理数据库用户

任务提出

　　在任务 1 的例 1 中创建了 test 登录账户，但使用 test 登录账户连接服务器后，无法访问数据库，因为还不具备访问数据库的条件。那如何设置该登录账户使得其有权访问数据库呢？

任务分析

要使登录账户能访问数据库，必须要设置该登录账户为要访问的数据库的数据库用户。

任务实施

1. 添加数据库用户

使用 SSMS 图形工具添加数据库用户可以通过两种方法实现：方法一，在用户数据库中新建用户；方法二，映射登录账户为某数据库用户。

【例1】添加 test 登录账户为 School 数据库用户。

方法一，在用户数据库中新建用户。

（1）以管理员身份登录服务器，在"对象资源管理器"窗口中，展开 School 数据库，展开"安全性"节点，选中"用户"，右击在快捷菜单中选择"新建用户"，如图 9-12 所示。

图 9-12 选择"新建用户"

（2）在弹出的"数据库用户—新建"窗口中，如图 9-13 所示，单击"登录名"后面的 按钮。在弹出的"选择登录名"对话框中输入或选择登录账户 test，单击"确定"按钮回到"数据库用户—新建"窗口。

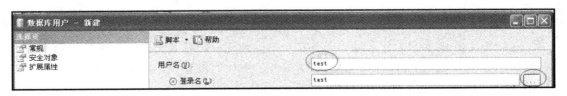

图 9-13 "数据库用户—新建"对话框

（3）在"用户名"中输入 test，（注意：用户名可以和登录账户名相同，也可以另外再取，添加数据库用户其实是将登录账户映射为该数据库的用户。）

（4）单击"确定"按钮。

按照以上步骤设置 test 为 School 数据库用户后，使用 test 登录账户连接数据库引擎，发现可以访问 School 数据库，但看不到数据库中的任何自定义对象，如图 9-14 所示，也不能对数据库任何对象作操作，如新建表等。原因是其虽然成为数据库的用户了，但没有对数据库对象操作的权限。具体在任务 3 中介绍。

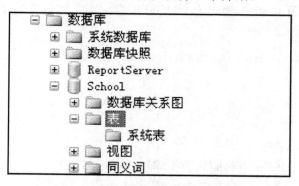

图 9-14   看不到数据库中的任何自定义对象

方法二，映射登录账户为某数据库用户。

（1）以管理员身份登录服务器，展开"对象资源管理器"窗口中的"安全性"节点，展开"登录名"节点，选择登录账户，如选择登录账户 test。

（2）右击，在快捷菜单中选择"属性"，打开"登录属性—stu"对话框。在该对话框左侧的"选择页"中选择"用户映射"，然后在右侧的"映射到此登录名的用户"下选择用户数据库，单击"确定"按钮，即可完成将该登录账户添加为数据库用户，如图 9-15 所示。

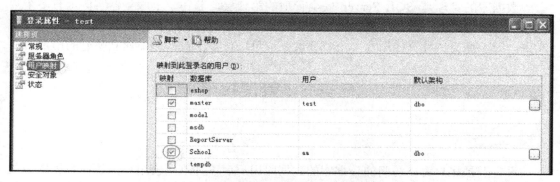

图 9-15   映射登录账户为数据库用户

2. 删除数据库用户

若要删除某数据库中的用户，只要在该数据库中的"用户"下选中某用户，再右击，选择"删除"命令即可。

或者在登录账户属性中的"用户映射"页中取消将该登录账户映射为某数据库用户。

3. 使用 SQL 语句管理数据库用户

（1）添加数据库用户

可使用 CREATE USER 语句添加数据库用户，语句如下：

```
CREATE  USER  数据库用户名  [FOR  LOGIN  登录名]
```

如果省略 FOR LOGIN，则新的数据库用户将被映射到同名的登录名。

【例 2】创建名为 teacher 密码为 000000 的登录名，然后在数据库 School 中添加对应的同名数据库用户 teacher。

```
CREATE  LOGIN  teacher  WITH  PASSWORD='000000'
USE School
GO
CREATE USER teacher
```

（2）删除数据库用户

可使用 DROP USER 语句删除数据库用户，语句如下：

```
DROP  USER  用户名
```

【例 3】删除 School 数据库中的用户 teacher。

```
USE School
GO
DROP USER teacher
```

任务总结

数据库的管理是 SQL Server 安全管理的第二层，若在一个服务器实例上有多个数据库，一个登录账户要想访问哪个数据库，就要在该数据库中将登录账户映射到该数据库中，即添加为该数据库用户。一个登录账户可以在多个数据库中建立映射的用户名。

任务 3　管理权限

任务提出

设置登录账户为要访问的数据库的数据库用户后，并不代表用户能访问数据库中的对象，因为还没有对数据库对象操作的权限。用户只有在具有访问数据库的权限之后，才能够对服务器上的数据库进行权限许可下的各种操作。

任务分析

权限管理是 SQL Server 安全管理的最后一关，SQL Server 中存在 3 种类型的权限：对象权限、语句权限和隐含权限。权限可以通过数据库用户或数据库角色进行管理，本任务通过数据库用户来管理权限。

相关知识与技能

1. 权限的种类

在 SQL Server 中存在 3 种类型的权限：对象权限、语句权限和隐含权限。

（1）对象权限

对象权限是指对数据库中的表、视图、存储过程等对象的操作权限，它决定了能对表、视图等数据库对象执行哪些操作。如果用户想要对某一对象进行操作，其必须具有相应的操作权限。对象权限主要包括

SELECT：允许用户对表或视图数据查询；

INSERT：允许用户对表或视图添加数据；

UPDATE：允许用户对表或视图修改数据；

DELETE：允许用户对表或视图删除数据；

REFERENCES：通过外键引用其他表的权限；

EXECUTE：允许用户执行存储过程或函数的权限。

（2）语句权限

语句权限相当于执行数据定义语言的语句权限，主要包括

CREATE DATABASE：创建数据库的权限；

CREATE TABLE：在数据库中创建数据表的权限；

CREATE VIEW：在数据库中创建视图的权限；

CREATE PROCEDURE：在数据库中创建存储过程的权限；

CREATE DEFAULT：在数据库中创建默认值的权限；

BACKUP DATABASE：备份数据库的权限。

（3）隐含权限

隐含权限是指由预先定义的系统角色、数据库所有者（DBO）和数据库对象所有者所具有的权限。例如，sysadmin 固定服务器角色成员具有在 SQL Server 中进行操作的全部权限。数据库所有者可以对所拥有数据库执行一切活动。

2. 权限的管理

在权限的管理中，因为隐含权限是由系统预先定义的，这种权限是不需要设置、也不能够进行设置的。所以，权限的设置实际上是指对访问对象权限和执行语句权限的设置。权限管理的内容包括以下 3 个方面。

（1）授予权限。即允许某个用户或角色对一个对象执行某种操作或语句。授予权限使用 SQL 语句 GRANT 实现该功能。

（2）拒绝权限。即拒绝某个用户或角色对一个对象执行某种操作，即使该用户或角色曾经被授予了这种操作的权限，或者由于继承而获得了这种权限，仍然不允许执行相应的操作。拒绝权限使用 SQL 语句 DENY 实现该功能。

（3）取消权限。即取消某个用户或角色对一个对象执行某种操作或语句。取消与拒绝是不同的，取消执行某个操作，可以通过间接授予权限来获得相应的权限。而拒绝执

行某种操作，间接授予则无法起作用。取消权限使用 SQL 语句 REVOKE 实现。

【注意】3 种权限出现冲突时，拒绝访问权限起作用。

任务实施

1. 授予对象权限

使用 SSMS 图形工具管理对象权限可以通过两种方法实现：方法一，通过设置数据库用户的属性实现；方法二，通过设置表、视图或存储过程的属性实现。

下面介绍通过设置数据库用户的属性授予对象权限。

【例 1】为 School 数据库用户 test 授予对表 Class 添加、查询、修改、删除数据权限。

具体实现步骤如下：

（1）以管理员身份登录 SQL Server 服务器；

（2）在"对象资源管理器"窗口中选择"School"数据库→"安全性"→"用户"命令，右击"test"用户，选择"属性"命令，打开"数据库用户—test"属性对话框；

（3）在该对话框中左边的"选项页"中选择"安全对象"，在右边窗口单击"添加"命令按钮，如图 9-16 所示。在"添加对象"对话框中单击"确定"按钮，打开"选择对象"对话框，如图 9-17 所示。在该对话框中单击"对象类型"命令按钮，选择"表"。

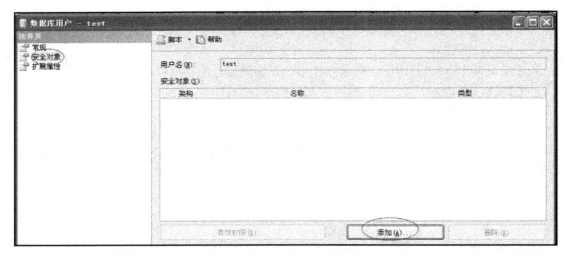

图 9-16 "数据库用户—test"属性对话框

（4）在如图 9-17 所示的"选择对象"对话框中，单击"浏览"按钮，打开"查找对象"对话框。选择 Class 表，如图 9-18 所示，单击"确定"按钮。

（5）在"数据库用户—test"属性对话框中授予对 Class 表的相应权限，如图 9-19 所示。

【注意】也可以通过设置表、视图或存储过程的属性，来设置用户对该表、视图或存储过程的操作权限。右击要设置权限的数据库对象上，选择"属性"→"权限"命令，用上述类似方法来设置。

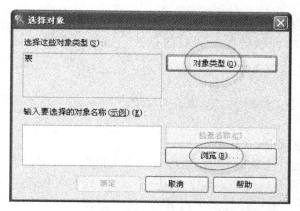

图 9-17　"选择对象"对话框

图 9-18　选择要授予权限的对象

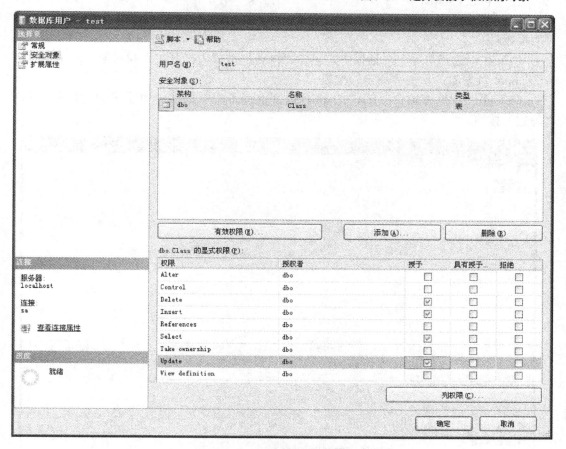

图 9-19　授予相应对象权限

　　为 School 数据库用户 test 授予对表 Class 添加、查询、修改、删除数据权限后，以 test 登录账户再次登录数据库服务器，打开 SQL 编辑器，编写 INDERT、SELECT、UPDATE、DELETE 语句测试授予的权限是否生效。

　　【练习 1】授予 School 数据库用户 test 对表 Student 查询数据的权限，拒绝对表

Student 修改和删除数据的权限。

使用 SSMS 图形工具用类似的方法可以将授予的权限修改、取消（删除）或拒绝。

2．授予语句权限

【例 2】为 School 数据库用户 test 授予在数据库中创建表的权限。

具体实现步骤如下：

（1）以管理员身份登录 SQL Server 服务器。

（2）在"对象资源管理器"窗口中选择"School"数据库→"安全性"→"用户"命令，右击"test"用户，选择"属性"命令，打开"数据库用户—test"属性对话框；

（3）在该对话框中左边的"选项页"中选择"安全对象"，在右边窗口单击"添加"命令按钮，如图 9-16 所示。在"添加对象"对话框中单击"确定"按钮。打开"选择对象"对话框，如图 9-17 所示，在该对话框中单击"对象类型"命令按钮，选择"数据库"。

（4）在"选择对象"对话框中，单击"浏览"按钮，打开"查找对象"对话框，选择 School 数据库，单击"确定"按钮。

（5）在"数据库用户—test"属性对话框中授予相应权限，如图 9-20 所示。单击"确定"按钮。

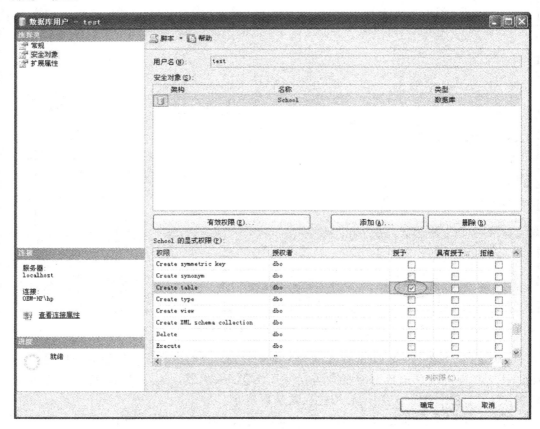

图 9-20　授予相应语句权限

（6）以 test 登录账户登录数据库服务器，打开 SQL 编辑器，执行以下 CREATE TABLE 语句，结果如图 9-21 所示，提示"指定的架构 dbo 不存在"，这是什么原因呢？

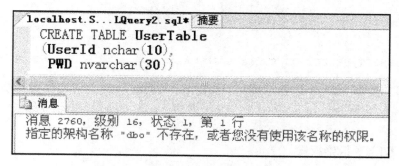

图 9-21　创建表时出错

原因是 test 用户使用默认架构 dbo，该用户是没有权限使用 dbo 架构的，为了让 test 用户能够创建数据表，可以创建一个新的架构，让 test 用户属于该架构。

（7）以管理员身份登录 SQL Server 服务器，在 School 数据库中选择"安全性"→"架构"选项，单击鼠标右键，选择"新建架构"命令，在打开的窗口中输入架构名称，如图 9-22 所示。单击"搜索"按钮，在"搜索角色和用户"对话框中单击"浏览"按钮，在"查找对象"对话框中选择"test"用户，单击"确定"按钮。

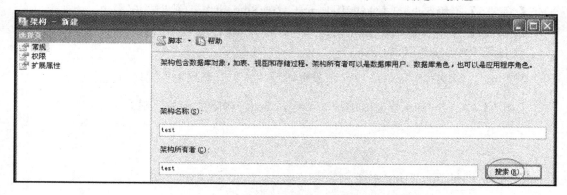

图 9-22　新建架构

（8）修改 School 数据库中 test 用户的"默认架构"。鼠标右键单击"test"用户，在快捷菜单中选择"属性"命令，将默认架构由原来的 dbo 修改为 test。

【练习 2】为 School 数据库用户 test 授予在数据库中创建视图的权限。

使用 SSMS 图形工具用类似的方法可以将授予的权限修改、取消（删除）或拒绝。

3. 使用 SQL 语句管理权限

（1）管理对象权限

①使用 GRANT 授予权限。

```
GRANT  权限名称[,……n]  ON 权限的安全对象  TO  数据库用户名
```

权限的安全对象有：数据库中的表、视图、存储过程。

【例3】授予 School 数据库用户 test 对表 Student 添加、查询数据的权限。

以管理员身份登录数据库服务器，打开 SQL 编辑器，运行以下脚本：

```
USE School
GO
GRANT INSERT,SELECT ON Student TO test
```

【练习3】授予 School 数据库用户 test 对表 Student 修改、删除数据的权限。

【练习4】授予 School 数据库用户 test 对表 Score 添加、查询、修改、删除数据的权限。

②使用 DENY 拒绝权限。

```
DENY  权限名称[,……n]  ON 权限的安全对象  TO  数据库用户名
```

【例4】拒绝 School 数据库用户 test 对表 Student 添加记录的权限。

以管理员身份登录数据库服务器，打开 SQL 编辑器，运行以下脚本：

```
USE School
GO
GRANT INSERT,SELECT ON Student TO test
```

【练习5】拒绝 School 数据库用户 test 对表 Student 修改数据的权限。

【练习6】拒绝 School 数据库用户 test 对表 Score 添加数据的权限。

③使用 REVOKE 取消权限。

```
REVOKE  权限名称[,……n]  ON 权限的安全对象  TO  数据库用户名
```

【例5】取消 School 数据库用户 test 对表 Score 删除数据的权限。

```
USE School
GO
REVOKE DELETE ON Score TO test
```

【练习7】取消 School 数据库用户 test 对表 Score 修改数据的权限。

（2）管理语句权限

①使用 GRANT 授予权限。

```
GRANT  权限名称[,……n]  TO  数据库用户名
```

【例6】授予 School 数据库用户 test 在数据库中创建数据表的权限。

```
USE School
GO
GRANT CREATE TABLE TO test
```

②使用 DENY 拒绝权限。

```
DENY　权限名称[,……n]　TO　数据库用户名
```

【例 7】拒绝 School 数据库用户 test 在数据库中创建视图的权限。

```
USE School
GO
DENY CREATE VIEW TO test
```

③使用 REVOKE 取消权限。

```
REVOKE　权限名称[,……n]　TO　数据库用户名
```

【例 8】取消 School 数据库用户 test 在数据库中创建存储过程的权限。

```
USE School
GO
REVOKE CREATE PROCEDURE TO test
```

【注意】创建数据库、备份数据库等非数据库内部操作的权限，一定要在 master 数据库中先添加该用户后在 master 数据库中执行。

【例 9】授予用户 test 创建数据库的权限。

```
USE master
CREATE USER test
GO
GRANT CREATE DATABASE TO test
```

【练习 8】使用 SQL 语句创建 SQL Server 身份登录账户 stu01，登录密码为 stu01；将其添加为 School 数据库用户，并授予表 Dorm、Live 的添加、删除、修改、查询数据的权限。

任务总结

权限的管理是 SQL Server 安全管理的第三层，数据库用户只能在自己的权限范围内对数据库进行操作。

任务 4　管理角色

任务提出

在实际中，有大量用户的权限是一样的，如果每个用户的设置都需要数据库管理员每次创建完账户后再授予权限，会是一件很费力的事。如果把权限相同的用户集中在一个对象中管理就方便很多。

任务分析

角色正好提供了类似的功能，在 SQL Server 安全体系中，角色就是权限的集合，类似于 Windows 操作系统安全体系中组的概念，对一个角色授予、取消或拒绝权限将继承给角色中的所有成员。因此只需要给角色指定权限，然后将登录账户或数据库用户添加为该角色成员，而不必给每个登录账户或数据库用户指定权限。

SQL Server 中有两种类型的角色：服务器角色和数据库角色。

相关知识与技能

1. 服务器角色

服务器角色是由系统定义，为整个服务器设置的，也是对服务器登录账户而言的。用户不能创建新的服务器角色，也不能删除固定服务器角色，而只能选择合适的角色分配给登录账户。表 9-1 为 SQL Server 拥有的八种服务器角色。

表 9-1 服务器角色

服务器角色名称	权限描述
sysadmin	系统管理员，可以在 SQL Server 中执行任何活动
serveradmin	服务器管理员，可以设置服务器范围的配置选项，关闭服务器
setupadmin	安装管理员，可以管理链接服务器和启动过程
securityadmin	安全管理员，可以管理登录和 CREATE DATABASE 权限
processadmin	进程管理员，可以管理在 SQL Server 中运行的进程
bulkadmin	批量管理员，可以执行 BULK INSERT 语句
diskadmin	磁盘管理员，可以管理磁盘文件
dbcreator	数据库创建者，可以创建、更改和除去数据库

2. 数据库角色

数据库角色是对数据库用户而言的，是为某一数据库用户或某一组用户授予不同级别的管理或访问数据库以及数据库对象的权限，一个用户可以属于同一数据库的多个角色。数据库角色包括"固定数据库角色"和"用户自定义的数据库角色"两种类型。

（1）固定数据库角色

固定数据库角色是指 SQL Server 已经定义了这些角色所具有的管理、访问数据库的权限，而且 SQL Server 管理者不能对其所具有的权限进行任何修改。SQL Server 提供了 10 种常用的固定数据库角色，具体描述如表 9-2 所示。

表 9-2 固定数据库角色

数据库角色名称	权限描述
db_owner	拥有数据库中全部权限
db_accessadmin	可以为登录账户设置权限

续表

数据库角色名称	权限描述
db_ddladmin	可以在数据库中运行任何数据定义语言命令
db_securityadmin	管理全部权限、对象所有权、角色和角色成员资格
db_backupoperator	可以备份数据库
db_datareader	可以选择数据库内任何用户表中的所有数据
db_datawriter	可以更改数据库内任何用户表中的所有数据
db_denydatareader	不能选择数据库内任何用户表中的任何数据
db_denydatawriter	不能更改数据库内任何用户表中的任何数据
public	每一个数据库中都包含 public 角色，且不能删除这个角色

（2）用户自定义的数据库角色

用户自定义的数据库角色是当固定数据库角色不能满足需要的时候，需要定义的新的数据库角色。数据库角色创建后，可以给角色授予相应权限。

任务实施

1. 增删服务器角色成员

每个服务器角色代表一定在服务器上操作的权限，将登录账户添加到某服务器角色中，即增加为该服务器角色的成员，就是给该登录账户指定了该角色的权限。

（1）增加服务器角色成员

使用 SSMS 图形工具增加服务器角色成员可以通过两种方法实现：方法一，通过设置登录账户的属性实现；方法二，通过设置服务器角色的属性实现。

【例 1】使用图形工具创建 SQL Server 身份登录账户 teach1，密码为 123456，并添加该登录账户为 sysadmin 角色成员。

具体实现步骤如下：

（1）以管理员身份登录 SQL Server 服务器，创建登录账户 teach1；

（2）设置登录账户的属性添加为服务器角色成员。右击"teach1"登录账户，选择"属性"命令，打开"登录属性—teach1"属性对话框。在该对话框左侧的"选择页"中选择"服务器角色"，然后在右侧的"服务器角色"下选择"sysadmin"，如图 9-23 所示。单击"确定"按钮，使设置生效。

或者在"服务器角色"中，选择"sysadmin"，右击选择"属性"命令，打开"服务器角色属性—sysadmin"对话框。单击"添加"按钮，在"选择登录名"对话框中选择"teach1"登录名，单击"确定"按钮，使设置生效。

添加为 sysadmin 角色成员后，teach1 登录账户就拥有系统管理员权限，可以在 SQL Server 中执行任何活动。

（2）删除服务器角色成员

在服务器角色中删除某一登录账户后，该登录账户便不具有该服务器角色所设置的权限。

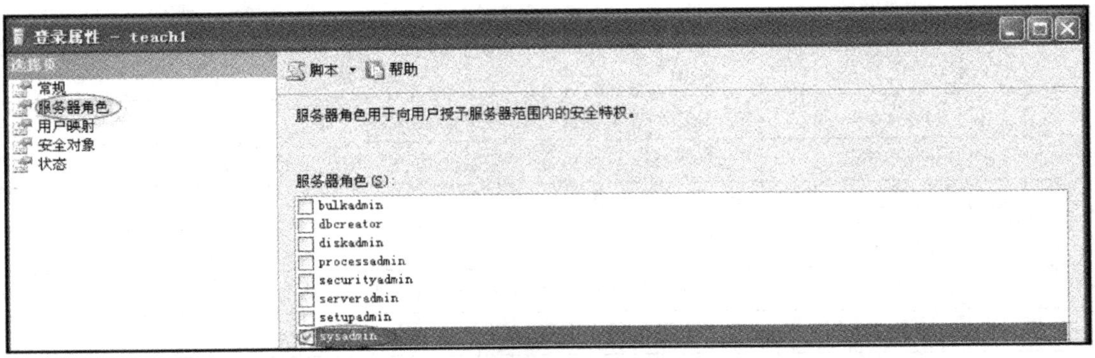

图 9-23 设置登录账户的属性添加为服务器角色成员

使用图形工具 SSMS 删除服务器角色成员的步骤同例 1 类似，可通过设置登录账户的属性实现，或通过设置服务器角色的属性实现。

2. 增删数据库角色成员

每个固定数据库角色代表一定在数据库上操作的权限，将数据库用户添加到某数据库角色中，就是给该数据库用户指定了该角色的权限。

（1）增加数据库角色成员

使用 SSMS 图形工具增加数据库角色成员可以通过两种方法实现：方法一，通过设置数据库用户的属性实现；方法二，通过设置数据库角色的属性实现。

【例 2】使用图形工具将登录账户 teach1 添加为 School 数据库用户，并添加该用户为 db_owner 角色成员。

具体实现步骤如下：

（1）以管理员身份登录 SQL Server 服务器，在 School 数据库中新建数据库用户 teach1；或者映射登录账户 teach1 为 School 数据库用户。

（2）设置数据库用户的属性添加为数据库角色成员。右击 School 数据库中的"teach1"数据库用户，选择"属性"命令，打开"数据库用户—teach1"属性对话框。在该对话框左侧的"选择页"中选择"常规"，然后在右侧的"数据库角色成员身份"下选择"db_owner"，如图 9-24 所示。单击"确定"按钮，使设置生效。

或者在"数据库角色"中，选择"db_owner"，右击选择"属性"命令，打开"数据库角色属性—db_owner"对话框。单击"添加"按钮，在"选择数据库用户或角色"对话框中选择"teach1"用户，单击"确定"按钮，使设置生效。

添加为 db_owner 角色成员后，teach1 用户就拥有数据库中全部权限，不用再另外授予 teach1 权限了。

（2）删除数据库角色成员

在数据库角色中删除某一用户后，该用户便不具有该数据库角色所设置的权限。

使用图形工具 SSMS 删除数据库角色成员的步骤同例 4 类似，可通过设置数据库用户的属性实现，或通过设置数据库角色的属性实现。

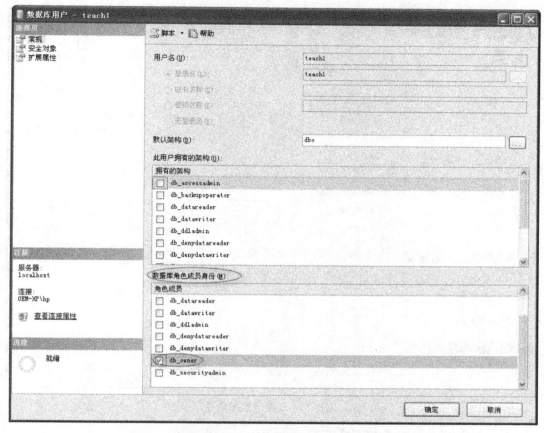

图 9-24　设置数据库用户的属性添加为数据库角色成员

3．自定义数据库角色并授予权限

【例 3】在 School 数据库中创建数据库角色 teacher，并添加 teach1 和 teach2 数据库用户为该角色成员，并授予 teacher 角色对 Student 表的添加、删除、修改、查询数据的权限。

具体实现步骤如下：

（1）以管理员身份登录 SQL Server 服务器，展开"数据库"→"School"→"安全性"→"角色"→"数据库角色"。右击"数据库角色"，选择"新建数据库角色"命令，在打开的"数据库角色—新建"对话框中输入"角色名称"，如图 9-25 所示。"所有者"默认为 dbo，也可以自行选择。

（2）单击下方的"添加"按钮添加角色成员，在打开的"选择数据库用户或角色"对话框中选择 teach1 和 teach2。

（3）授予角色权限与授予数据库用户权限的操作是一样的。可通过设置数据库角色属性、也可通过设置数据库对象属性实现。

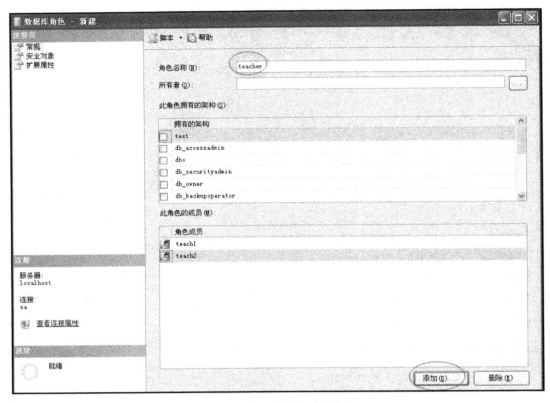

图 9-25 新建数据库角色

4．使用 SQL 语句管理角色

（1）增删服务器角色成员

添加登录账户到服务器角色可使用存储过程 sp_addsrvrolemember 实现，其格式为：

```
EXECUTE  sp_addsrvrolemember  '登录账户','服务器角色名'
```

删除服务器角色成员可使用存储过程 sp_dropsrvrolemember 实现，其格式为：

```
EXECUTE  sp_dropsrvrolemember  '登录账户','服务器角色名'
```

【例 4】使用 SQL 语句创建 SQL Server 身份登录账户 teach2，密码为 123456，并添加该登录账户为 dbcreator 角色成员。

以 SQL Server 管理员 sa 身份登录数据库服务器，打开 SQL 编辑器，运行以下脚本：

```
CREATE  LOGIN teach2  WITH  PASSWORD='123456'
GO
EXECUTE  sp_addsrvrolemember  'teach2','dbcreator'
GO
```

270

【例 5】将登录账户 teach2 从服务器角色 dbcreator 中删除。

```
EXECUTE  sp_dropsrvrolemember  'teach2','dbcreator'
```

（2）增删数据库角色成员

添加数据库用户到数据库角色可使用存储过程 sp_addrolemember 实现，其格式为：

```
EXECUTE  sp_addrolemember  '数据库角色名','数据库用户名'
```

删除数据库角色成员可使用存储过程 sp_droprolemember 实现，其格式为：

```
EXECUTE  sp_droprolemember  '数据库角色名','数据库用户名'
```

【例 6】使用 SQL 语句将登录账户 teach2 添加为 School 数据库用户，并授予只读角色，即添加为 db_datareader 数据库角色成员。

以 SQL Server 管理员 sa 身份登录数据库服务器，打开 SQL 编辑器，运行以下脚本：

```
USE School
GO
CREATE USER teach2
GO
EXECUTE  sp_addrolemember  'db_datareader','teach2'
```

（3）自定义数据库角色

可使用 CREATE ROLE 语句新建数据库角色，语句如下：

```
CREATE  ROLE  角色名
```

可使用 DROP ROLE 语句删除数据库角色，语句如下：

```
DROP  ROLE  角色名
```

【例 7】使用 SQL 语句新建登录账户 stu1 和 stu2，密码都为 123456；添加 stu1 和 stu2 为 School 数据库用户；在 School 数据库中新建角色 student；添加 stu1 和 stu2 为 student 角色成员。

```
CREATE  LOGIN  stu1  WITH  PASSWORD='123456'
CREATE  LOGIN  stu2  WITH  PASSWORD='123456'
GO
USE School
GO
CREATE USER stu1
CREATE USER stu2
GO
```

```
CREATE ROLE Student
GO
EXECUTE  sp_addrolemember  'Student','stu1'
EXECUTE  sp_addrolemember  'Student','stu2'
```

【练习 1】创建管理员登录。创建登录账户 admin，密码为 123456，添加为 School 数据库用户，并添加为数据库管理员角色成员。

要求分别使用图形工具和 SQL 语句实现。

【练习 2】创建任课教师登录。创建登录账户 renketeach1、renketeach2、renketeach3、renketeach1、renketeach2、renketeach4，密码都为 123456，添加这 4 个登录账户为 School 数据库用户，并授予这 4 个用户只读角色并能维护成绩信息（即授予 Score 表添加、删除、修改的权限）。

建议这 4 个用户权限的设置通过新建角色、添加为角色成员、设置角色权限的方法实现。

要求分别使用图形工具和 SQL 语句实现。

任务总结

通过角色管理可以很方便管理权限相同的用户。一般如果有多个权限相同的用户我们的设置不是选择如下方法：创建登录账户→添加为数据库用户→分别设置各个数据库用户的权限；而是选择如下方法：创建登录账户→添加为数据库用户→新建角色→添加为角色成员（固定服务器角色、固定数据库角色或自定义角色）→设置自定义数据库角色权限。

拓展知识

1. 数据加密

数据加密是防止数据在存储和传输中失密的有效手段。加密的基本思想是根据一定的算法将原始数据（称为明文）变换为不可直接识别的格式（称为密文），从而使得不知道解密算法的人无法获得数据的内容。加密方法主要有以下两种：

（1）替换方法。该方法使用密钥（Encryption Key）将明文中的每一个字符转换为密文中的字符。

（2）置换方法。该方法仅将明文的字符按不同的顺序重新排列。

任务要求

（1）从图书馆和网上搜集相关资料理解数据加密和重要性及其应用。

（2）从图书馆和网上搜集数据加密的方法和加密算法。

（3）尝试对系统的登录进行数据加密。

单元 10　T-SQL 程序设计

　　插入、查询、更新和删除等 SQL 语句均是单条的语句，不能定义变量，没有流程控制语句，因此无法实现复杂的业务规则控制。为了解决此问题，本单元介绍 SQL 程序设计，将学习变量的定义、赋值、流程控制和事务等内容。其中流程控制语句包括顺序、选择、循环结构的控制语句，是数据库应用程序设计的基础。

　　本单元包含的学习任务和单元学习目标具体如下。

学习任务

- 任务 1　变量
- 任务 2　流程控制语句
- 任务 3　事务
- 任务 4　往表中插入 10 万行测试数据

学习目标

- 理解变量和流程控制语句的使用
- 能灵活应用变量和流程控制语句
- 理解事务的作用
- 能灵活应用事务

任务 1　变量

任务提出

　　变量是 SQL Server 用来在语句之间传递数据的方式之一，是一种语言必不可少的组成部分。

任务分析

　　T-SQL 的变量分为局部变量和全局变量两大类。

相关知识与技能

1. 局部变量

局部变量（用户自定义变量）一般用于临时存储各种类型的数据，以便在 SQL 语句之间传递。例如，作为循环变量控制循环次数，暂时保存函数或存储过程返回的值，也可以使用 table 类型代替临时表临时存放一张表的全部数据。

局部变量的作用范围是在一个批处理、一个存储过程或一个触发器内，其生命周期从定义开始到它遇到的第一个 GO 语句或者到存储过程、触发器的结尾结束，即局部变量只在当前的批处理、存储过程、触发器中有效。

2. 局部变量的定义

用 DECLARE 语句声明定义局部变量的命令格式如下：

```
DECLARE  @变量名 数据类型［(长度)］
```

说明：

（1）局部变量必须以@开头以区别字段名变量。

（2）变量名必须符合标识符的构成规则。

（3）系统固定长度的数据类型不需要指定长度，例如，int 或 datetime。

3. 局部变量的赋值

用 SET、SELECT 给局部变量赋值的命令格式：

```
SET  @局部变量=表达式
SELECT  @局部变量=表达式
```

说明：

（1）SET 只能给一个变量赋值，而 SELECT 可以给多个变量赋值。

（2）两种格式可以通用，建议首选 SET，而不推荐使用 SELECT 语句。

（3）SELECT 也可以直接使用查询的单值结果给局部变量赋值，例如：

SELECT @局部变量=表达式或字段名 FROM 表名 WHERE 条件

【例】定义变量并赋值。

```
--使用 SELECT 给变量赋值
DECLARE @i int, @sum int
SELECT @i=1, @sum =0
SELECT @sum=@sum+@i, @i=@i+1
PRINT @sum
PRINT @i
--使用 SET 给变量赋值
DECLARE @i int,@sum int
SET @i=1
SET @sum=0
SET @sum=@sum+@i
```

```
SET @i=@i+1
PRINT @sum
PRINT @i
```

4. 全局变量

全局变量是由系统提供的有确定值的变量，用户不能自己定义全局变量，也不能用 SET 语句来修改全局变量的值，只能使用全局变量的值。

系统提供的全局变量都是以@@开头的。

例如：

@@ERROR：其值为最后一个 T-SQL 错误的错误号。

@@IDENTITY：其值为最后一次插入的标识值。

@@ROWCOUNT：其值为受上一个 SQL 语句影响的行数。

@@SERVERNAME：其值为本地服务器的名称。

@@VERSION：其值为当前 SQL Server 服务器的版本信息。

【例】输出全局变量的信息。

```
PRINT 'SQL Server 的版本：'+@@VERSION
PRINT '服务器的名称：'+@@SERVERNAME
```

【例】在 eshop 数据库中往 UserInfo 表中插入一条记录，并输出插入记录的用户编号。

```
INSERT INTO UserInfo(Username) VALUES('张三')
PRINT @@IDENTITY
```

任务实施

【例 1】变量的定义。

```
DECLARE @name  char(6)     --定义@name 长度为 6 的字符型
DECLARE @adminId int       --定义@adminid 为整型
```

【例 2】变量赋值。

```
DECLARE @nowdate datetime,@disp varchar(30)
SET @nowdate=getdate()
SET @disp='现在的日期为:'
PRINT @disp+convert(char,@nowdate)
```

【提示】Convert()为类型转换函数，格式为：Convert(数据类型[(长度)]，表达式)，其功能是将表达式的值转换为指定的数据类型。

【例 3】在 eshop 数据库中查询某用户的预存款金额。

```
DECLARE @userid int
SET  @userId =4
```

```
SELECT  Acount
FROM UserInfo
WHERE UserID = @userId
```

【练习 1】在 eshop 数据库中查询某用户的预存款金额，并赋给变量。

任务总结

局部变量的作用域从声明它们的地方开始，到声明它们的批处理或存储过程的结尾。局部变量只能在声明它们的批处理、存储过程或触发器中使用，一旦批处理、存储过程或触发器结束，局部变量将自行清除。

如果在批处理、存储过程、触发器中使用其他批处理、存储过程、触发器定义的变量，则系统出现错误并提示"必须声明变量"。

任务 2 流程控制语句

任务提出

T-SQL 提供称为控制流语言的特殊关键字，用于控制 Transact-SQL 语句、语句块和存储过程的执行流。

任务分析

流程控制语句是控制程序执行的命令，是指那些用来控制程序执行和流程分支的命令，流程控制语句主要用来控制 SQL 语句、语句块或者存储过程的执行流程。例如，条件控制语句、循环语句等，可以实现程序的结构性和逻辑性，以完成比较复杂的操作。

相关知识与技能

1. 语句块

语法形式为：

```
BEGIN
    语句 1
    语句 2
    ……
END
```

不论多少个语句，放在 BEGIN……END 中间就构成一个独立的语句块，被系统当作一个整体单元来处理。

条件的某个分支或循环体语句中，如果要执行两个以上的复合语句，则必须将它们放在 BEGIN……END 中间作为一个单元来执行。

2. IF…ELSE 条件语句

IF…ELSE 语句是条件判断语句，其中，ELSE 子句是可选的，最简单的 IF 语句可以没有 ELSE 子句部分。IF…ELSE 语句用来判断当某一条件成立时执行某段程序，当条件不成立时执行另一段程序。SQL Server 允许嵌套使用 IF…ELSE 语句，而且嵌套层数没有限制。

语法形式为：

```
IF 逻辑条件表达式
   语句块 1
[ELSE
   语句块 2]
```

【说明】

（1）IF 语句执行时先判断逻辑条件表达式的值(只能取 TRUE 或 FLASE)，若为真则执行语句块 1，若为假则执行语句块 2，没有 ELSE 则直接执行后继语句。

（2）语句块 1、语句块 2 可以是单个 SQL 语句，如果有两个以上的语句，则必须放在 BEGIN…END 语句块中。

【例】判断数据库和表是否已经存在。

```
USE master
IF EXISTS (SELECT * FROM sysdatabases WHERE name = 'School')
DROP DATABASE School          --删除数据库
GO
IF EXISTS(SELECT * FROM sysobjects WHERE name='Class' and type='U')
DROP  TABLE  Class            --如果存在，删除 Class 表
GO
```

【提示】EXISTS 代表存在量词，带有 EXISTS 谓词的查询不返回任何实际数据，它只产生逻辑真值“TRUE”或逻辑假值“FALSE”。查询的目标列一般写*。

3. WHILE 重复执行语句

在程序中当需要多次重复处理某项工作时，就需使用 WHILE 循环语句。WHILE 语句通过布尔表达式来设置一个循环条件，当条件为真时，重复执行一个 SQL 语句或语句块，否则退出循环，继续执行后面语句。

语法格式如下：

```
WHILE 逻辑条件表达式
   BEGIN
      循环体语句系列
      ……
      [BREAK]
      ……
```

```
    [CONTINUE]
    ……
END
```

（1）BREAK 语句：退出 WHILE 循环。

（2）CONTINUE 语句：重新开始 WHILE 循环。

【例】计算 1+2+3+…+100 的和开始。

```
DECLARE @i int,@sum int
SET @i=1
SET @sum=0
WHILE @i<=100
    BEGIN
        SET @sum=@sum+@i
        SET @i=@i+1
    END
PRINT @sum
```

4. GOTO 跳转语句

GOTO 语句变换执行流程到一个标号，即跳过跟在 GOTO 语句后的 SQL 语句继续执行标号后的语句。GOTO 语句可以嵌套。

语法形式为：

定义标号：LABEL：

改变执行：GOTO LABEL

提示：尽量少使用 GOTO 语句。过多使用 GOTO 语句可能会使 T-SQL 批处理的逻辑难于

理解。使用 GOTO 实现的逻辑几乎完全可以使用其他控制流语句实现。

GOTO 最好用于跳出深层嵌套的控制流语句。

【例】分行打印字符 1 至 5。

```
DECLARE @Fcount INT
BEGIN
SELECT @Fcount=1
Label_1:
PRINT Cast (@Fcount as varchar)
SELECT @Fcount=@Fcount+1
WHILE @Fcount<6
GOTO Label_1
END
```

5. WAITFOR 语句

WAITFOR 语句用于暂时停止执行 SQL 语句、语句块或者存储过程等，直到所设定的时间已过或者所设定的时间已到才继续执行。

命令格式：

```
WAITFOR { DELAY '时间' | TIME '时间' }
```

【说明】使程序暂停指定的时间后再继续执行。

● DELAY 指定暂停的时间长短——相对时间。

● TIME 指定暂停到什么时间再重新执行程序——绝对时间。

● "时间"参数必须是 datetime 类型的时间部分，格式为 "hh:mm:ss"，不能含有日期部分。

> 任务实施

【例 1】在 eshop 数据库中查看商品名称 ProductName 为"金山独霸"的点击数，如果点击数超过 20，则提示："商品点击数为 XXX，相对较好"；否则提示："商品点击数为 XXX，不够理想，请加强宣传"。

```
USE eshop
GO
DECLARE @num int
SELECT @num=ClickCount FROM ProductInfo WHERE ProductName='金山独霸'
IF @num>20
    PRINT '商品点击数为'+cast(@num as char)+'，相对较好'
ELSE
    PRINT '商品点击数为'+cast(@num as char)+'，不够理想，请加强宣传'
```

【提示】Cast()和 Convert()函数一样为类型转换函数，格式为：Cast(表达式 as 数据类型[(长度)])，Convert(数据类型[(长度)]，表达式)，功能是将表达式的值转换为指定的数据类型。

【例 2】在 eshop 数据库中实现：某用户在结算时，如果该用户的账户金额少于结算订单的总金额，表示预存款不足，提示：金额不足；否则表示预存款足够支付，扣除相应的金额。

```
DECLARE  @userId int
DECLARE  @totalcost decimal
SET @userId=4     --用户编号，测试数据选用 4
SET @totalcost=500  --结算订单的总金额，测试数据选用 500
```

先查询该用户的预存款金额，然后跟结算订单的总金额比较。

```
DECLARE @tmp decimal  /*@tmp 为当前用户预存款金额*/
```

```
SELECT @tmp = acount     FROM UserInfo
WHERE userID = @userId
    /*如果预存款不足*/
    IF @tmp <@totalcost
    BEGIN
        /*提示：金额不足 1*/
        PRINT '金额不足'
    END
    /*预存款足够支付,扣除相应的金额*/
    ELSE
    BEGIN
        UPDATE UserInfo
        SET acount = acount -@totalcost
        WHERE userId= @userId
        PRINT '已经扣除'+cast(@totalcost as char)
    END
```

【练习 1】在 eshop 数据库中实现：当用户当某商品加入购物车，若该购物车中已有该商品的记录，只需更新该商品的数量；若没有这个商品的记录，则插入新记录。

```
DECLARE @CartID nvarchar(50)  --购物车编号
DECLARE    @ProductID int      --商品编号
DECLARE    @Quantity int        --商品数量
SET @CartID=5        --购物车编号的测试数据选用 5
SET @ProductID=35    --购物车编号的测试数据选用 35 或者 37
SET @Quantity=1      --商品数量的测试数据选用 1
```

【实现思路】在 eshop 数据库中实现：从 ShoppingCart 表中查询该商品在该购物车中出现的次数，如果为 0，表示该购物车中没有这个商品的记录，插入新记录。如果大于 0，表示该购物车中已有该商品的记录，更新该商品的数量。

按照以下脚本创建 College 数据库及 3 张表，在 College 数据库中编程实现【练习2】~【练习 5】。

```
CREATE DATABASE  College
GO
USE College
GO
CREATE TABLE students
(sno char(20),
sname char(20))
GO
```

```
CREATE TABLE sc
(sno char(10),
 cno char(10),
 grade int)
GO
INSERT INTO sc VALUES('95001','张三',30)
INSERT INTO sc VALUES ('95002','李四',60)
CREATE TABLE teachers
(tno char(10),
 tname varchar(20),
 dept varchar(20),
 pay money)
GO
INSERT INTO teachers VALUES ('100','张三','应用技术系',1000)
INSERT INTO teachers VALUES ('200','李四','经管系',800)
GO
```

【练习 2】查看 students 表中是否有学号为 '0289339' 名字为 '李菊' 的学生，如果有则显示已经存在该学生的信息，否则插入该学生的信息（涉及到的表的结构为 students(sno，sname)）。

【练习 3】将 teachers 表中所有 '应用技术系' 的老师调到 '经管系'，如果现在 '经管系' 的人员多于 8 人，则输出信息说明人员冗余；否则输出信息，说明现在经管系的人数。

（所用到的表结构如下：teachers(tno, tname, dept, pay)其中 tno 代表教师编号，tname 代表教师姓名，dept 代表教师系别，pay 代表教师的工资）

【练习 4】将 SC 表中是所有学生的成绩加 10 分，如果加分以后仍然有小于 60 分的，那么继续加 10 分，直到所有学生的成绩超过 60 分或者有学生的最高分超过 90了。

（所用到的表结构为 sc(sno,cno,grade)，其中 sno 代表学生的学号，cno 代表学生所选的课，grade 代表成绩）。

【练习 5】检查是否有教师的奖金低于300，如果有，则增加所有老师的工资，每次增加 60 元，直到所有教师的奖金高于 300 或者有教师的工资高于 5000。（教师工资的 0.3 是奖金）（所用到的表结构如下：teachers(tno, tname, dept, pay)其中 tno 代表教师编号，tname 代表教师姓名，dept 代表教师系别，pay 代表教师的工资）

任务3 事务

当对数据库进行许多相关联的更改或同时更新多个数据库时，必须确保所有更新都被准确执行。假如发生任何更新失败，则必须恢复到对数据库操作前的原始状态。

事务是一个工作单元，也是一种要么失败、要么成功的操作，事务处理方式主要用于保证数据库更新的可靠性。

1. 需要事务的原因

下面用示例说明为什么需要事务。关于事务的一个常见例子是银行转账。

【例】银行要实现转账业务需要创建账户表，规定每个账户的余额不能少于 1 元，创建表，并插入两行测试记录。

```
--创建账户表，存放用户的账户信息
CREATE  TABLE bank
(    customerName CHAR(10),  --顾客姓名
     currentMoney MONEY      --当前余额
)
GO
--添加约束：根据银行规定，账户余额不能少于1元，否则视为销户
ALTER TABLE bank
    ADD CONSTRAINT CK_currentMoney  CHECK(currentMoney>=1)
GO
--张三开户，开户金额为1000元；李四开户，开户金额1元
INSERT INTO bank(customerName,currentMoney)  VALUES('张三',1000)
INSERT INTO bank(customerName,currentMoney)  VALUES('李四',1)
GO
--查看转账前的数据，如图10-1所示。
SELECT * FROM bank
GO
```

【例】模拟实现转账：从张三的账户转账 1000 元到李四的账户。

```
/*--转账测试：张三转账1000元给李四--*/
```

--我们可能会这样编写语句

--张三的账户少 1000 元，李四的账户多 1000 元

```
UPDATE bank SET currentMoney=currentMoney-1000
    WHERE customerName='张三'
UPDATE bank SET currentMoney=currentMoney+1000
    WHERE customerName='李四'
GO
```

--再次查看转账后的数据，如图 10-2 所示。

```
SELECT * FROM bank
GO
```

	customerName	currentMoney
1	张三	1000.00
2	李四	1.00

图 10-1　转账前的数据

```
消息 547, 级别 16, 状态 0, 第 1 行
UPDATE 语句与 CHECK 约束"CK_currentMoney"冲突。
该冲突发生于数据库"master", 表"dbo.bank", column 'currentMoney'.
语句已终止。

(1 行受影响)

(2 行受影响)
```

	customerName	currentMoney
1	张三	1000.00
2	李四	1001.00

图 10-2　转账后的数据

转账后张三账户没有减少，还是 1000 元，但李四账户却多了 1000 元。转账后两个账户的金额合计为 2001 元，银行不可能允许这样的业务发生。

我们一起来分析错误的原因。

转账的第一个语句，张三账户减少 1000 元，这个 UPDATE 语句违反约束：余额不少于 1 元，所以执行失败，所以张三还是 1000 元，但该 SQL 块继续执行，给李四账户增加 1000 元，执行成功，所以李四变为 1001 元。

如何解决呢？需要使用事务，事务将转账的两个 UPDATE 语句当作一个整体。如果出现任何错误，就报"转账失败"，账户恢复到转账前的数据。如果没有任何错误，就报"转账成功"，修改两个账户的数据。

2. 事务的概念

事务是作为逻辑工作单元执行的一系列操作，它包含了一组 SQL 语句，但整组 SQL 作为一个整体向系统提交或撤销。对于小型的数据库应用系统，如订票系统、银

行系统等特别适合。

事务必须具备 4 个属性：原子性，一致性，隔离性，持久性，简称 ACID 属性。

原子性（Atomicity）：指事务必须是原子工作单元，不可分隔性，即对于事务所进行数据修改，要么全部执行，要么全都不执行。

一致性（Consistency）：指事务在完成时，必须使所有的数据都保持一致性状态，而且在相关数据库中，所有规则都必须应用于事务的修改。以保持所有数据的完整性。

也就是说，如果有多个表中放有一个人的信息，那如果你要修改这个人的信息，就必须多个表中的信息都要修改，不能有的修改，有的不修改。

隔离性（Isolation）：指由并发事务所做的修改必须与任何其他并发事务所做的修改相隔离。事务查看数据时数据所处的状态，要么是被另一并发事务修改之前的状态，要么是被另一事务修改之后的状态，即事务不会查看正在由另一个并发事务正在修改的数据。

持久性（Durability）：指事务完成之后，它对于系统的影响是永久性的，即使系统出现故障也是如此。

上述银行转账过程就是一个事务。它需要两条 UPDATE 语句来完成，这两条语句是一个整体，如果其中任一条出现错误，则整个转账业务也应取消，两个账户中的余额应恢复到原来的数据，从而确保转账前和转账后的余额不变，即都是 1001 元。

3．事务分类

T-SQL 管理事务的语句有：

BEGIN　TRANSACTION：开始事务。

COMMIT　TRANSACTION：提交事务。事务正常结束，提交事务的所有操作，事务中所有对数据库的更新永久生效。

ROLLBACK　TRANSACTION：回滚事务。事务异常终止，事务运行的过程中发生了故障，不能继续执行，回滚事务的所有更新操作，事务滚回到开始时的状态。

事务的分类有显式事务和隐式事物两类。

（1）显式事务

每个事务均以 BEGIN TRANSACTION 语句显式开始，以 COMMIT 或 ROLLBACK 语句显式结束。

```
BEGIN TRANSACTION
SQL 语句1
SQL 语句2
……．
COMMIT TRANSACTION
或
BEGIN TRANSACTION
SQL 语句1
SQL 语句2
……．
```

```
ROLLBACK TRANSACTION
```

（2）隐式事务

通过设置 SET IMPLICIT_TRANSACTIONS ON 语句，将隐性事务模式设置为打开。在隐式事务操作时，提交或回滚事务后自动启动一个新事务。

在实际应用中，常使用显式事务，明确指定事务的开始和结束。

下面我们讲述使用显式事务来解决上述转账的问题。

```
--开始事务（指定事务从此处开始，后续的 T-SQL 语句都是一个整体）
BEGIN TRANSACTION
/*--定义变量，用于累计事务执行过程中的错误--*/
DECLARE @errorSum INT
SET @errorSum=0  --初始化为 0，即无错误
/*--转账：张三的账户少 1000 元，李四的账户多 1000 元*/
UPDATE bank SET currentMoney=currentMoney-1000
    WHERE customerName='张三'
SET @errorSum=@errorSum+@@error
UPDATE bank SET currentMoney=currentMoney+1000
    WHERE customerName='李四'
SET @errorSum=@errorSum+@@error  --累计是否有错误
--根据是否有错误，确定事务是提交还是撤销
IF @errorSum<>0  --如果有错误
  BEGIN
    PRINT '交易失败，回滚事务'
    ROLLBACK TRANSACTION
  END
ELSE
  BEGIN
    PRINT '交易成功，提交事务，写入硬盘，永久的保存'
    COMMIT TRANSACTION
  END
GO
PRINT '查看转账事务后的余额'
SELECT * FROM bank
GO
```

【提示】使用全局变量@@ERROR。@@ERROR：返回最后执行的 Transact-SQL 语句的错误代码，返回整数。如果语句执行成功，则@@ERROR 为 0。@@ERROR 只能判断当前一条 T-SQL 语句执行是否有错，为了判断事务中所有 T-SQL 语句是否有错，我们需要对错误进行累计，如：SET @errorSum=@errorSum+@@error。

任务实施

【例 1】从 eshop 数据库中删除某商品类型，包括删除商品分类表（Category）的该商品类型，删除商品信息表（ProductInfo）属于该商品类型的所有商品信息，删除购物车表（ShoppingCart）相应的信息，删除订单详细信息表（OrderItems）相应的信息。

```
--常见错误 SQL 语句编写
DECLARE @CATEGORYID INT
SET @CATEGORYID=31
DELETE    FROM  CATEGORY WHERE CATEGORYID=@categoryId
DELETE    FROM   PRODUCTINFO  WHERE CATEGORYID = @CATEGORYID
DELETE    FROM    SHOPPINGCART WHERE PRODUCTID IN (SELECT PRODUCTID
FROM PRODUCTINFO WHERE CATEGORYID=@CATEGORYID)
DELETE  FROM    ORDERITEMS WHERE PRODUCTID IN (SELECT PRODUCTID FROM
PRODUCTINFO WHERE CATEGORYID=@CATEGORYID)


--编写正确执行的 SQL 语句
BEGIN TRANSACTION
DECLARE @CATEGORYID INT
SET @CATEGORYID=31
DECLARE @errorSum INT
SET @errorSum=0
DELETE  FROM    ORDERITEMS WHERE PRODUCTID IN (SELECT PRODUCTID FROM
PRODUCTINFO WHERE CATEGORYID=@CATEGORYID)
    SET @errorSum=@errorSum+@@error
DELETE    FROM    SHOPPINGCART WHERE PRODUCTID IN (SELECT PRODUCTID FROM
PRODUCTINFO WHERE CATEGORYID=@CATEGORYID)
    SET @errorSum=@errorSum+@@error
DELETE    FROM   PRODUCTINFO   WHERE CATEGORYID = @CATEGORYID
    SET @errorSum=@errorSum+@@error
DELETE    FROM  CATEGORY WHERE CATEGORYID=@categoryId
    SET @errorSum=@errorSum+@@error
IF @errorSum<>0  --如果有错误
    BEGIN
    print '回滚事务'
    ROLLBACK TRANSACTION
    END
ELSE
    BEGIN
```

```
    print '提交事务，写入硬盘，永久的保存'
    COMMIT TRANSACTION
  END
GO
```

【练习 1】模拟实现 ATM 取款机的取款和存款业务

需求说明：

（1）实现一种取款或存款中的一种业务便可。

（2）交易步骤如下：

● 向交易明细表插入交易类型（支取/存入）。

● 更新账户余额。

```
--创建账户信息表 bank 和交易信息表 transinfo
IF EXISTS (SELECT * FROM sysobjects WHERE NAME='bank')
    DROP TABLE bank
GO
IF EXISTS (SELECT * FROM sysobjects WHERE NAME='transinfo')
    DROP TABLE transinfo
GO
CREATE TABLE bank                            --账户信息表
(CustomerName varchar(10) not null,            --顾客姓名
 CardID char(10) not null,                     --卡号
 CurrentMoney money not null default(0))        --当前余额
GO
CREATE TABLE transinfo                       --交易信息表
(CardID char(10) not null,                    --卡号
 TransType char(4) not null,                   --交易类型（存入/支取）
 TransMoney money not null,                    --交易金额
 TransDate datetime not null default(getdate())  --交易日期
)
GO
/*   添加约束：bank 表的 CardID 为主键     */
ALTER TABLE bank ADD CONSTRAINT PK_bank PRIMARY KEY(CardID)
/*   添加约束：transinfo 表的 CardID 参照 bank 表的 CardID     */
ALTER TABLE bank ADD CONSTRAINT FK_transinfo_bank FOREIGN KEY(CardID)
REFERENCES bank(CardID)
/*   添加约束：账户金额不能少于 10 元     */
ALTER    TABLE    bank    ADD    CONSTRAINT    ck_currentmoney    CHECK
(CurrentMoney>=10)
/*   添加约束：交易类型只能为"存入"或"支取"     */
```

```
ALTER TABLE transinfo ADD CONSTRAINT ck_transtype  CHECK(TransType='存
入' or TransType ='支取')
GO
/*  插入测试数据：张三开户，开户金额为 1000   */
INSERT INTO bank(customername,cardid,currentmoney)
VALUES('张三','1001 0001',1000)
/*  开始事务  */
/*  实现取款，张三的卡号支取 1000，更新账户金额   */
/*  根据是否有错误，确定事务是提交还是撤销   */
/*  查询取款后的余额和交易信息   */
```

任务总结

　　事务是用户定义的一个数据库操作序列，这些操作要么全做，要么全不做，是一个不可分割的工作单位。如果某一事务成功，则在该事务中进行的所有数据更改均会提交，成为数据库中的永久组成部分。如果事务遇到错误且必须取消或回滚，则所有数据更改均被清除。本任务详细描述了事务的概念、工作原理、事务的类型等内容。

任务 4　往表中插入 10 万行测试数据

任务提出

　　为了有效地测试应用程序的性能，必须拥有足够的测试数据，以便暴露潜在的性能问题。如果可以，用实际数据进行测试比较可取；如果没有可用的实际数据，那么在许多情况下，也可以生成足够的测试数据。

任务分析

　　往表中插入 10 万行数据：使用 INSERT 语句可往表中添加一行数据；使用循环控制可添加 n 行数据；如果 10 万行数据都一样，则意义不大，因此，要使用随机数，产生不同的数据；考虑系统性能，应每 100 行提交一次。

相关知识与技能

　　1．随机函数
　　使用随机函数，可以产生随机值。
　　（1）RAND( )：随机函数，返回 0~1 之间的随机 float 值。
　　（2）REWID( )：创建一个 uniqueidentifier 类型的唯一值。
　　如果数据包含数字和字符，则可使用 NEWID( )，例如，产生 10 位字符串的 SQL 如下：

```
SELECT  LEFT(CONVERT(varchar(40),NEWID()),10)
```

如果数据只包含数字，则可使用 RAND( )，例如，产生 0~100 内的随机数的 SQL 如下：

```
SELECT  RAND()*100
```

任务实施

为学生表增加 10 万行数据，要求使用随机数和 100 行提交一次。为了简化操作，设计一个小型的学生表。

```
CREATE TABLE tstutest
(stuno int PRIMARY KEY,     --编号
 stuname varchar(10),       --姓名
 stusex bit,                --性别
 stuaddress char(10),       --地址
 stuage smallint,           --年龄
 regdate datetime)          --入学日期
```

1. 使用 WHILE 循环增加 10 万行数据

```
DECLARE @i int,@cnt int,@d datetime
SELECT @d=getdate(),@i=1,@cnt=100000
WHILE (@i<=@cnt)
BEGIN
  INSERT INTO tstutest
VALUES(@i,'name'+convert(varchar(6),@i),@i%2,'address'+CONVERT(varchar
(6),@i),@i%100,@d-@i%1000)
SET @i=@i+1
END
```

2. 使用随机函数
在插入数据时，使用随机函数增添随机值。

```
............
INSERT INTO tstutest
VALUES(@i,left(convert(varchar(40),newid()),10),@i%2,left(convert(varc
har(40),newid()),10),rand()*100,@d-@i%1000)
............
```

3. 使用隐形事务实现 100 行提交一次
使用随机数产生数据，修改上述 SQL 为：

```
SET IMPLICIT_TRANSACTIONS ON    --设置开启隐性事务
```

```
DECLARE @i int,@cnt int,@d datetime
SELECT @d=getdate(),@i=1,@cnt=100000
WHILE (@i<=@cnt)
BEGIN
  INSERT INTO tstutest
VALUES(@i,left(convert(varchar(40),newid()),10),@i%2,left(convert(varc
har(40),newid()),10),rand()*100,@d-@i%1000)
  SET @i=@i+1
  IF(@i%100=0)
    COMMIT TRANSACTION          --每 100 行提交一次
END
SET IMPLICIT_TRANSACTIONS OFF   --设置关闭自动事务
```

执行完成后，检查表中数据：SELECT COUNT（*）FROM tstutest 结果为 100000 行，完成题目要求。

单元 11　创建存储过程

系统用户最关心的问题是运行速度，方法有：提高硬件配置，如采用性能更高的 CPU 和增加内存等；在硬件不变的情况下，创建索引，提高查询速度；创建存储过程，使得系统程序代码简洁且提高速度。

存储过程就是指存储在 SQL Server 服务器中的一组编译成单个执行计划的 T-SQL 语句。存储过程存储在数据库内，可由应用程序通过调用执行，使用存储过程不但可以提高 T-SQL 的执行效率，而且可以使对数据库的管理、实现复杂的业务更容易。

存储过程分系统存储过程和用户自定义存储过程。系统存储过程由系统定义，存放在 master 数据库中，类似 C 语言中的系统函数。用户自定义存储过程由用户在自己的数据库中创建的存储过程，类似 C 语言中的用户自定义函数。

本单元包含的学习任务和单元学习目标具体如下。

学习任务

- 任务 1　执行系统存储过程
- 任务 2　创建和执行简单存储过程
- 任务 3　创建和执行带参数存储过程
- 任务 4　管理和维护存储过程

学习目标

- 理解存储过程的概念和用途
- 能灵活创建和执行简单存储过程
- 基本能编写复杂存储过程

任务 1　执行系统存储过程

任务提出

系统存储过程是 SQL Server 内置在产品中的存储过程，SQL Server 中的许多管理工作是通过执行系统存储过程来完成的。用户可以在应用程序中直接调用系统存储过程来完成相应的功能。

系统存储过程(System Stored Procedures)主要是从系统表中获取信息，从而为系统管理员管理 SQL Server 提供支持。通过系统存储过程，SQL Server 中的许多管理性或信息性的活动（如了解数据库对象、数据库信息）都可以被有效地完成。系统存储过程所能完成的操作多达千百项。例如，提供帮助的系统存储过程有 sp_helpsql 显示关于 SQL 语句、存储过程和其他主题的信息；sp_help 提供关于存储过程或其他数据库对象的报告；sp_helptext 显示存储过程和其他对象的文本；sp_depends 列举引用或依赖指定对象的所有存储过程。事实上，在前面的学习中就已使用过不少的系统存储过程，例如，sp_tables 取得数据库中关于表和视图的相关信息；sp_renamedb 更改数据库的名称等。

1. 执行系统存储过程

EXECUTE　存储过程名　　[参数值]

或者写：EXEC　存储过程名　　[参数值]

如果存储过程是批处理中的第一条语句，可以省略 EXECUTE。

2. 常用系统存储过程

（1）显示服务器中数据库的信息

EXEC　SP_HELPDB　[数据库名]

（2）显示服务器中所有可以使用的所有数据库信息

EXEC　SP_DATABASES

（3）重命名数据库

EXEC　SP_RENAMEDB　原数据库名,新数据库名

（4）查看表的信息

EXEC　SP_HELP　[表名]

（5）重命名表

EXEC　SP_RENAME　旧的表名,新的表名

（6）查看视图的名称、拥有者及创建日期等信息

EXEC　SP_HELP　视图名

（7）查看视图的定义脚本

EXEC　SP_HELPTEXT　视图名

【注意】如果视图定义中使用 WITH ENCRYPTION，则无法查看定义脚本。

（8）查看数据的来源

```
EXEC  SP_DEPENDS  视图名
```

（9）重命名视图

```
EXEC  SP_RENAME  旧视图名,新视图名
```

（10）查看索引信息

```
EXEC  SP_HELPINDEX  表名
```

（11）重命名索引

```
EXEC  SP_RENAME  '表名.旧索引名','新索引名'
```

任务实施

1．执行系统存储过程

执行以上系统存储过程，通过查阅资料了解其他系统存储过程并执行。

任务总结

SQL Server 系统存储过程是为用户提供方便的，它们使用户可以很容易地从系统表中提取信息、管理数据库，并执行涉及更新系统表的其他任务。

任务2　创建和执行简单存储过程

任务提出

存储过程是由一系列的 Transact-SQL 语句组成的子程序，用来满足更高的应用需求。存储过程可以通过存储过程的名字被直接调用，它可以说是 SQL Server 程序设计的灵魂，掌握和使用好它对数据库的开发与应用非常重要。

任务分析

用户存储过程需要事先创建并将其存储在数据库服务器中才能被执行，本任务先讲解存储过程概念和优点，然后介绍存储过程的创建和管理。

相关知识与技能

1．存储过程概述

（1）存储过程

存储过程是由一系列对数据库进行复杂操作的 SQL 语句、流程控制语句或函数组

成的，并且将代码事先编译好之后，像规则、视图那样作为一个独立的数据库对象进行存储管理。

存储过程可作为一个单元被用户直接调用。相当于其他编程语言的函数、过程和方法，具有"编写一次处处调用"的特点，便于程序的维护和减少网络通信量。

（2）存储过程特点

存储过程具有参数传递、判断、声明变量、返回信息并扩充标准 SQL 语言的功能，其特点有：

● 存储过程可以接收参数，并可以返回多个参数值，也可以返回存储过程的执行状态值以反映存储过程的执行情况。

● 存储过程可以包含存储过程，可以在数据库查询、修改语句中调用存储过程，也可以在存储过程中调用存储过程。

2. 存储过程优点

存储过程作为 SQL Server 中的一类数据库对象，它具备以下优点。

（1）存储过程支持模块化程序设计，可增强代码的重用性和共享性。一个存储过程是为了完成某一个特定功能而编写的一个程序模块，这一点符合结构化程序设计的思想。存储过程创建好后被存储在数据库中，可以被重复调用，实现了程序模块的重用和共享。所以，存储过程增加了代码的可重用性和共享性。

（2）使用存储过程可以提高程序的运行速度。存储过程可以提高程序的运行速度，主要是因为完成操作的 T-SQL 语句存储在服务器端，并可预先编译形成执行计划。当应用程序存储在客户机上时，执行程序中的数据库操作语句一般要经过如下4 个步骤。

①将查询语句通过网络发送到服务器。

②服务器编译。T-SQL 语句，优化并产生可执行的代码。

③执行查询。

④将执行结果发回客户机的应用程序。

而存储过程是存储在服务器端的，调用存储过程只需从客户机发送一条包含存储过程名的执行命令，并且存储过程在创建的同时被编译和优化，当第一次执行存储过程时，SQL Server 产生可执行代码并将其保存在内存中，这样以后再调用该存储过程时就可以直接执行内存中的代码，即以上 4 个步骤中的第一步和第二步都被简化了，这能大大改善系统的性能。

（3）使用存储过程可以减少网络流量。如果直接使用 T-SQL 语句完成一个模块的功能，那么每次执行程序时都需要通过网络传输全部 T-SQL 语句。若将其组织成存储过程，则需要通过网络传输的数据量将大大减少。

（4）存储过程可以提高数据库的安全性。通过授予对存储过程的执行权限而不是授予数据库对象的访问权限，可以限制对数据库对象的访问，在保证用户通过存储过程操纵数据库中数据的同时，可以保证用户不能直接访问存储过程中涉及的表及其他数据库对象，从而保证了数据库中数据的安全性。另外，由于存储过程的调用过程隐藏了访问数据库的细节，也提高了数据库中的数据安全性。

3. 创建简单存储过程

```
CREATE PROC[EDURE] 存储过程名
 [WITH {RECOMPILE|ENCRYPTION}]
AS
SQL 语句
```

【说明】

WITH 子句：指定一些选项，主要包括 RECOMPILE 和 ENCRYPTION。其中 RECOMPILE 表示 SQL Server 不会缓存该存储过程的可执行代码，该存储过程将在每次运行时重新编译。ENCRYPTION 表示 SQL Server 加密包含 CREATE PROCEDURE 语句的文本。

4. 执行存储过程

```
EXEC[UTE]   存储过程名
```

【说明】

存储过程名：为要调用执行的存储过程名，必须是已经创建好的存储过程。

参数：调用存储过程时传递的参数。

提示：当调用存储过程的语句为批中的第一条语句时关键字 EXEC 可省略。

任务实施 ....

【例 1】创建存储过程 GetAdminRoles 获取管理权限列表，即查询所有管理员角色信息。

```
Use eshop
Go
CREATE PROCEDURE GetAdminRoles
AS
SELECT * FROM AdminRole
```

【练习1】创建存储过程 GetAllProduct 获取全部商品信息。

【练习 2】创建存储过程 GetCategoryList 获取商品类别列表，即查询所有商品分类信息。

【例 2】创建存储过程 GetNewProductsList 获取新商品列表，即查询按商品编号降序排列的前 10 条商品信息。

```
Use eshop
Go
CREATE PROCEDURE GetNewProductsList
AS
    SELECT TOP 10  ProductInfo.*
```

```
FROM  ProductInfo
ORDER BY  ProductId DESC
```

【练习 3】创建存储过程 GetPopularProduct 获取热门商品列表，即从 ProductInfo 表中查询点击数在前 10 位的商品信息。

【练习 4】创建存储过程 GetUserList 获取用户列表，即查询用户基本信息。

【例 3】执行存储过程 GetAdminRoles。

```
EXEC  GetAdminRoles
```

【练习 5】执行存储过程 GetAllProduct、GetCategoryList、GetNewProductsList、GetPopularProduct、GetUserList。

任务总结

存储过程是一组预编译的 SQL 语句，可加快查询速度、提高安全性、减少网络流量和模块化编程。CREATE PROC 语句用于创建存储过程，EXECUTE 语句用于调用存储过程。

任务 3 创建和执行带参数存储过程

任务提出

存储过程可以接收参数，并可以返回多个参数值，也可以返回存储过程的执行状态值以反映存储过程的执行情况。

任务分析

向存储过程设定输入、输出参数的主要目的是通过参数向存储过程输入和输出信息来扩展存储过程的功能。通过设定参数，可以多次使用同一存储过程并按用户要求查找所需的结果。

相关知识与技能

1. 创建带输入参数的存储过程

输入参数是指由调用程序向存储过程传递的参数，它们在创建存储过程语句中被定义，在执行存储过程中给出相应的变量值。为了定义接受输入参数的存储过程，需要在 CREATE PROCEDURE 语句中声明一个或多个变量作为参数。

参数定义时使用：@参数名 数据类型[=默认值]

其简单语法格式如下：

```
CREATE PROCEDURE 存储过程名
```

```
(@参数名　数据类型)
AS
 SQL 语句
```

可同时定义多个参数，参数间使用逗号分隔即可。

执行带输入参数的存储过程时，必须给出具体的参数值传递给输入参数，语法格式如下：

```
EXEC　存储过程名　具体的参数值
```

2. 创建带输出参数的存储过程

存储过程可以定义输出参数，可以从存储过程中返回一个或多个值。

参数定义时使用：@参数名　数据类型　OUTPUT

其简单语法格式如下：

```
CREATE PROCEDURE 存储过程名
(@参数名　数据类型 OUTPUT)
AS
 SQL 语句
```

可同时定义多个参数，参数间使用逗号分隔即可。

执行带输出参数的存储过程时，必须接收输出参数的值，一般定义变量来接收，即将存储过程输出参数的值传递给变量，语法格式如下：

```
DECLARE　变量名　数据类型
EXEC　存储过程名　变量名　OUTPUT
```

任务实施 ┄┄┄┄┄┄┄┄┄┄┄┄┄┄┄┄┄┄┄┄┄┄┄┄

1. 创建带输入参数的存储过程

【例 1】创建存储过程 GetAction 实现从 AdminAction 表中查找某管理员的管理员日志，管理员编号 AdminID 的值作为输入参数输入。

```
CREATE PROCEDURE GetAction
@adminId int
AS
    SELECT * FROM AdminAction WHERE AdminID=@adminid
--在 SQL Server 中调试执行该存储过程
EXECUTE  GetAction  4
```

【例 2】创建存储过程 AddNewCategory 实现往 Category 表中添加新的商品类别，新的商品分类名称 CategoryName 作为输入参数输入。

```
CREATE PROCEDURE AddNewCategory
    (@categoryName nvarchar(50))
```

```
AS
    INSERT INTO Category (CategoryName) VALUES  (@categoryName)
--在 SQL Server 中调试执行该存储过程
EXECUTE  AddNewCategory  '化妆品'
```

【例 3】创建存储过程 ShoppingCartUPDATE 实现更新购物车中某物品的购买数量，即根据输入的购物车编号 CartId 和产品编号 ProductId 的值修改其对应的购买数量 Quantity 的值。

```
CREATE Procedure ShoppingCartUPDATE
    @CartID    nvarchar(50),
    @productID int,
    @Quantity  int
AS
UPDATE ShoppingCart  SET    Quantity = @Quantity  WHERE
CartID = @CartID   AND    ProductID= @productId

--在 SQL Server 中调试执行该存储过程
EXECUTE  ShoppingCartUPDATE '5','37',8
```

【例 4】创建存储过程 ShoppingCartEmpty 实现清空某购物车，即根据输入的购物车编号 CartId 清空该购物车信息。

```
CREATE Procedure  ShoppingCartEmpty
 @CartID nvarchar(50)
AS
DELETE FROM ShoppingCart WHERE  CartID = @CartID
```

【例 5】创建存储过程 DELETEProduct，删除某商品信息，即根据输入的商品编号 ProductId 的值在数据库中删除该商品信息。

```
CREATE PROCEDURE  DELETEProduct
@productId int
AS
BEGIN TRAN
DELETE  FROM  SHOPPINGCART  WHERE PRODUCTID = @PRODUCTID
DELETE  FROM  ORDERITEMS  WHERE PRODUCTID = @PRODUCTID
DELETE  FROM  PRODUCTINFO  WHERE PRODUCTID=@PRODUCTID
COMMIT TRAN
```

【例 6】创建存储过程 ShoppingCartAddItem 将某商品加入到某购物车，输入参数的值有购物车编号 CartID、产品编号 ProductID、购买数量 Quantity。

提示：该购物车中已有该商品的记录，只需更新该商品的数量；如果该购物车中没有这个商品的记录，则插入新记录。

```
CREATE Procedure ShoppingCartAddItem
(   @CartID nvarchar(50),
    @ProductID int,
    @Quantity int
)
As
DECLARE @CountItems int
SELECT    @CountItems = Count(ProductID) FROM   ShoppingCart
WHERE     ProductID = @ProductID AND    CartID = @CartID
IF @CountItems > 0   /* 该购物车中已有该商品的记录，更新数量*/
    UPDATE    ShoppingCart
    SET   Quantity = (@Quantity +Quantity)
    WHERE    ProductID = @ProductID    AND    CartID = @CartID
ELSE   /* 该购物车中没有这个商品的记录，插入新记录*/
    INSERT INTO ShoppingCart( CartID,Quantity,ProductID)
    VALUES    ( @CartID,@Quantity,@ProductID)
```

【例 7】创建存储过程 GetSails 获取销售情况，根据输入的年、月、日查询商品销售情况，即从 OrderItems、ProductInfo、Order 表中查询各商品的订单信息，查询结果包括各商品的商品 ID、商品名称、订单个数、购买总额。

提示：如果输入的日为空，则查询月销售情况；否则查询日销售情况。

```
CREATE PROCEDURE GetSails
(    @Year int,
     @Month int,
     @Day int
)
AS
IF (@day=0)/*查询月销售情况*/
BEGIN
    SELECT OrderItems.productId,productName,count(orderid)AS orderCount,
          sum(quantity) AS quantity,sum(quantity*unitcost) AS money
    FROM OrderItems JOIN ProductInfo ON OrderItems.productId=ProductInfo.productId
    WHERE OrderItems.orderID
      IN  (SELECT orderID  FROM  [order]
          WHERE  month(OrderDate)=@Month  and year(OrderDate)=@year)
    GROUP BY orderItems.productId ,productName
```

```
        Order BY money DESC, quantity  DESC
    END
    ELSE/*查询日销售情况*/
    BEGIN
        SELECT  OrderItems.productId,productName,count(orderid) AS orderCount,
                sum(quantity) AS quantity,sum(quantity*unitcost) AS  money
        FROM OrderItems JOIN ProductInfo ON OrderItems.productId=ProductInfo.
productId
        WHERE OrderItems.orderID
         IN  (SELECT orderID  FROM  [order]
              WHERE  month(OrderDate)=@Month  and year(OrderDate)=@year
              and day(OrderDate)=@day)
        GROUP BY orderItems.productId ,productName
        Order BY money DESC, quantity  DESC
    END
```

【例 8】创建存储过程 GetProductByCategory 用于分页显示商品信息，获取某商品类别某页的商品信息，输入参数有商品分类 ID、页的大小和页号。

提示：可设置显示第一页的页号为 0。可动态生成 Transact-SQL 语句，使用存储过程 sp_executesql 执行动态 SQL 语句。

sp_executesql 执行可以多次重用或动态生成的 Transact-SQL 语句或批处理。Transact-SQL 语句或批处理可以包含嵌入参数。

```
CREATE PROCEDURE [dbo].[GetProductByCategory]
(    @categoryId int,
     @pageSize int,      /* 页的大小 */
     @pageIndex int    /*  页号，第一页的页号状态为 0  */
)
AS
DECLARE @sql nvarchar(4000)
SET @sql = 'select  top '+cast(@pagesize as  varchar(20))+' * from
ProductInfo where  CategoryId= '+cast(@categoryId as  varchar(20))+'  and
ProductInfo.ProductId  not in (select top '+cast((@pageSize*@pageindex) as
varchar(20))+' ProductID from ProductInfo
    where  CategoryId ='+cast(@categoryId as  varchar(20))+'  order  by
productId) order by productId'
    EXEC sp_ExecuteSql @sql
```

【例 9】创建存储过程 SearchProducts 用于分页显示商品查询的结果，根据输入的商品关键词查询相关商品的某页信息，输入参数有查询输入的商品关键词、页的大小和页号。

```
CREATE PROCEDURE [dbo].[SearchProducts]
(
    @keyWord nvarchar(50),  /* 查询输入的商品关键词  */
    @pageIndex int,  /* 页号，第一页的页号状态为 0 */
    @pageSize int   /* 页的大小 */
)
AS
DECLARE @sql nvarchar(4000)
SET @sql = 'select top '+cast(@pagesize as varchar(20))+' * from
ProductInfo where productName like '''+cast('%'+@keyword+'%''' as
varchar(20))+' and  productID not in (select top '+cast((@pageSize*
@pageindex) as varchar(20)) + ' productID from ProductInfo where
productName like'+'''%'+@keyword+'%'''+' order by productID) order by
productId'
    EXEC sp_ExecuteSql @sql
```

【练习 1】创建存储过程 GetUserInfo 获取用户信息，根据输入的用户 ID 号从 UserInfo 表中查询该用户的基本信息。

【练习 2】创建存储过程 GetProductCountByCategory 获取某商品类别的商品种数，根据输入的商品分类 ID 号从 ProductInfo 表中查询对应的商品个数。

【练习 3】创建存储过程 GetSearchResultCount 获取查询结果个数，根据输入的商品名称值从 ProductInfo 表中模糊查询相关的商品个数。

【练习 4】创建存储过程 AddNewProduct 添加新的商品，往 ProductInfo 表中添加新的商品信息，输入参数有商品名称 ProductName、商品价格 ProductPrice、商品介绍 Intro、所属分类介绍 CategoryId。

【练习 5】创建存储过程 INSERTAction 添加管理日志，往 AdminAction 表中添加管理员日志，输入参数有角色名称 Action、日志时间 ActionDate 和所属管理员编号 AdminId。

【练习 6】创建存储过程 ALTERProductInfo 编辑商品信息，根据输入的商品编号到 ProductInfo 表中修改其商品名称 ProductName、商品价格 ProductPrice 和商品介绍 Intro。

提示：输入参数有商品编号 ProductInfo、商品名称 ProductName、商品价格 ProductPrice 和商品介绍 Intro。

【练习 7】创建存储过程 UPDATEUserAcount 更新用户预存款，根据输入的用户 ID 号修改其 UserInfo 表中的账户金额 Acount。

【练习 8】创建存储过程 ShoppingCartRemoveItem 删除购物车中的项目，根据输入的购物车编号 CartId 和产品编号 ProductId 删除该购物车中该产品记录。

【练习 9】创建存储过程 GetProductInfo 获取商品信息，根据输入的商品编号 ProductId 查询该商品信息，同时该商品的点击数 ClickCount 值增加 1。

【练习 10】创建存储过程 DELETECategory 删除商品类别，根据输入的 categoryId 值删除数据库中所有该商品类别的相关信息。

【练习 11】创建存储过程 GetAdminList 获取管理员列表，根据输入的管理员角色 ID 号从管理员信息表 Admin 和管理员角色表 AdminRole 表中查询其 AdminID、LoginName、RoleName。如果输入的 RoleId 值为-1，则查询所有的管理员信息。

2. 创建带输入输出参数的存储过程

【例 1】创建存储过程 ShoppingCartItemCount 获取某购物车中购物种数并作为输出参数输出，购物车编号 CartID 为输入参数。

```
CREATE Procedure  ShoppingCartItemCount
(   @CartID    nvarchar(50),
     @ItemCount int OUTPUT
)
AS
SELECT  @ItemCount = COUNT(ProductID)  FROM  ShoppingCart
WHERE  CartID = @CartID

--在 SQL Server 中调试执行该存储过程
DECLARE @ItemCount int
EXECUTE ShoppingCartItemCount 5,@ItemCount output
SELECT @ItemCount
```

【例 2】创建存储过程 addNewAdmin 添加新管理员，如果该管理员已经存在，则返回-1 表示添加不成功；否则添加该管理员信息并返回 1 表示添加成功。

```
CREATE PROCEDURE [dbo].[addNewAdmin]
@LoginName nvarchar(50),
@password nvarchar(50),
@roleId int,
@result int output
 AS
if  exists(select * from admin where loginName=@loginName)
     set @result=-1
else
begin
    INSERT into admin (loginName, LoginPwd, roleId) values (@loginName,
@password,  @roleId)
    set @result = 1
end
```

【例 3】创建存储过程 ChangePassword 更改用户密码，修改某用户的密码，并返回更改密码成功与否。

如果存在与输入的用户 ID 号和旧密码相同的用户记录，则修改旧密码为输入的新密码，并返回 1；否则返回-1。

```
CREATE PROCEDURE ChangePassword
@oldPassword nvarchar(50),
@newPassword nvarchar(50),
@userId int,
@result int output
AS
    declare @password nvarchar(50)
    select @password = userpwd from userinfo where userID = @userId
    if @password = @oldpassword
    begin
        UPDATE userinfo set userPwd = @newPassword where userId = @userId
        set @result = 1
    end
    else
        set @result = -1
```

【例 4】创建存储过程 OrdersAdd，实现用户根据购物车生成订单完成购物。首先创建 Order 的基本信息，然后将购物车中的记录添加到这笔订单的详细记录，调用存储过程 ShoppingCartEmpty 清空购物车。

提示：全局变量@@IDENTITY 可返回最后插入的标识值。在一条 INSERT、SELECT INTO 或大容量复制语句完成后，@@IDENTITY 中包含此语句产生的最后的标识值。若此语句没有影响任何有标识列的表，则 @@IDENTITY 返回 NULL。若插入了多个行，则会产生多个标识值，@@IDENTITY 返回最后产生的标识值。

```
CREATE Procedure OrdersAdd
(   @userID    int,
    @CartID    nvarchar(50),
    @OrderDate datetime,
    @OrderID   int OUTPUT
)
AS
BEGIN TRAN AddOrder
/* 创建 Order 的基本信息*/
INSERT INTO [Order](userID, OrderDate) VALUES( @userID,@OrderDate)
SELECT   @OrderID = @@Identity
/*将购物车中的记录添加到这笔订单的详细记录*/
```

```
INSERT INTO OrderItems(OrderID, ProductId, Quantity, UnitCost)
SELECT @OrderID, ShoppingCart.ProductID, Quantity,ProductPrice
FROM ShoppingCart INNER JOIN productInfo ON ShoppingCart.ProductId =
ProductInfo.ProductId WHERE CartID = @CartID
/* 调用存储过程 ShoppingCartEmpty 清空购物车*/
EXEC ShoppingCartEmpty @CartID
COMMIT TRAN AddOrder
```

【例5】生产随机卡号：银行卡的卡号一般为19位（含空格），如"1010 3576 3231 5646"，每 4 位数一组，中间用空格隔开。卡号和电话号码一样，对于某个银行来说，前 8 个数字是固定的（代表某个银行和地区），后面的 8 个数字代表银行卡的编号，要求随机的，请编写存储过程 proc_CardID，实现如下功能。

产生随机卡号，前 8 位默认为"1010 3576"，代表北京市工商银行。

```
--产生随机卡号的存储过程(一般用当前月份数\当前秒数\当前毫秒数乘以一定的系数作为随机种子)
IF EXISTS (SELECT * FROM sysobjects WHERE name = 'proc_randCardID' )
  DROP PROCEDURE proc_randCardID
GO
CREATE PROCEDURE proc_randCardID
  @randCardID char(19) OUTPUT,
  @frontNo char(10)='1010 3576 '
  AS
    DECLARE @r numeric(15,8)
    DECLARE @tempStr char(10)
    SELECT @r=RAND((DATEPART(mm, GETDATE()) * 100000 )+ (DATEPART(ss,
GETDATE()) * 1000 )+ DATEPART(ms, GETDATE()) )
  set @tempStr=convert(char(10),@r) --产生 0.xxxxxxxx 的数字,我们需要小数点后
的八位数字
  set @randCardID=@frontNo+SUBSTRING(@tempStr,3,4)+''+SUBSTRING(@tempStr,7,4)
--组合为规定格式的卡号
  GO

--测试产生随机卡号
DECLARE @mycardID char(19)
EXECUTE proc_randCardID @mycardID OUTPUT
print '产生的随机卡号为：'+@mycardID
GO
```

【练习1】创建存储过程 ShoppingCartTotal 取得购物车中物品价格总和（各商品

productPrice *Quantity 的总和），根据输入的购物车编号 CartId 返回该购物车的物品价格总和，作为输出参数输出。

【练习 2】创建存储过程 ChangeAdminPassword 更改管理员密码，修改某管理员的密码，并返回更改密码成功与否，返回 1 表示修改成功，返回-1 表示修改不成功。

【练习 3】创建存储过程 AddNewUser 添加新用户，如果该用户已经存在，则返回-1 表示添加不成功；否则添加该用户信息并返回 1 表示添加成功。

【练习 4】创建存储过程 PayOrder 实现订单的结算，输入用户 ID 号和订单总金额，如果如果该用户的预存款不足，返回-1 表示结算不成功；如果预存款足够支付，扣除相应的金额，并返回 1。

【练习 5】创建存储过程 GetOrdersDetail 取得订单详细信息，输入参数为订单号 OrderId 和用户号 UserId，输出参数为订单日期 OrderDate 和该订单总金额 Quantity *UnitCost。要求：如果存在相应的订单信息，则首先通过输出参数返回订单总金额，然后查询该订单详细信息。

提示：全局变量@@ROWCOUNT 可返回受上一语句影响的行数。

拓展知识

1. 在 C#中调用带有输入参数的存储过程

（1）存储过程没有输入和输出参数，而且不返回查询结果

```
SqlCommand cmd = new SqlCommand("存储过程名", conn);
cmd.CommandType = CommandType.StoredProcedure;
cmd.ExecuteNonQuery();
```

（2）存储过程带有输入参数

```
SqlCommand cmd = new SqlCommand("存储过程名", conn);
cmd.CommandType = CommandType.StoredProcedure;
cmd.Parameters.Add(new SqlParameter("存储过程输入参数变量名", 数据类型));
//如 cmd.Parameters.Add(new SqlParameter("@riqi", SqlDbType.DateTime, 8));
//把具体的值传给输入参数
cmd.Parameters["存储过程输入参数"].Value =具体的值;
//如 cmd.Parameters["@riqi"].Value = this.textBox1.Text;
//执行存储过程
cmd.ExecuteNonQuery();
```

【例】调用存储过程 AddNewCategory

```
try
    {
    // 数据库连接字符串
    string connStr = "server=localhost;uid=sa;pwd=;database=eshop";
    // 创建 Connection 对象
    SqlConnection conn = new SqlConnection(connStr);
```

```
    // 打开数据库连接
    conn.Open();
    SqlCommand cmd = new SqlCommand("AddNewCategory", conn);
    cmd.CommandType = CommandType.StoredProcedure;
cmd.Parameters.Add(newSqlParameter("@categoryName",SqlDbType.NVarChar,50));
    cmd.Parameters["@categoryName"].Value = this.textBox1.Text;
    cmd.ExecuteNonQuery();
    MessageBox.Show("插入成功");
    }
catch
    {
    MessageBox.Show("操作不成功");
    return;
    }
```

2. 在 C#中调用带有输出参数的存储过程

（1）如果存储过程只带有输出参数

SqlCommand cmd = new SqlCommand("存储过程名", conn);

cmd.CommandType = CommandType.StoredProcedure;

cmd.Parameters.Add(new SqlParameter("存储过程输出参数变量名"，数据类型));

cmd.Parameters["存储过程输出参数变量名"].Direction = ParameterDirection.Output;

cmd.ExecuteNonQuery();

//显示输出参数的值 cmd.Parameters["存储过程输出参数变量名"].Value

//如 this.textBox3.Text = cmd.Parameters["@ItemCount"].Value.ToString();

（2）如果存储过程同时带有输入和输出参数

SqlCommand cmd = new SqlCommand("存储过程名", conn);

cmd.CommandType = CommandType.StoredProcedure;

cmd.Parameters.Add(new SqlParameter("存储过程输入参数变量名"，数据类型));

cmd.Parameters["存储过程输入参数"].Value =具体的值;

cmd.Parameters.Add(new SqlParameter("存储过程输出参数变量名"，数据类型));

cmd.Parameters["存储过程输出参数变量名"].Direction = ParameterDirection.Output;

cmd.ExecuteNonQuery();

//显示输出参数的值 cmd.Parameters["存储过程输出参数变量名"].Value

//如 this.textBox3.Text = cmd.Parameters["@ItemCount"].Value.ToString();

【例】调用存储过程 ShoppingCartItemCount

```
    try
    {
    // 数据库连接字符串
    string connStr = "server=localhost;uid=sa;pwd=;database=eshop";
```

```
// 创建 Connection 对象
SqlConnection conn = new SqlConnection(connStr);
// 打开数据库连接
conn.Open();
SqlCommand cmd = new SqlCommand("ShoppingCartItemCount", conn);
cmd.CommandType = CommandType.StoredProcedure;
cmd.Parameters.Add(new SqlParameter("@CartID", SqlDbType. NVarChar,
50));
cmd.Parameters["@CartID"].Value = this.textBox2.Text;
cmd.Parameters.Add(new SqlParameter("@ItemCount",SqlDbType.Int));
cmd.Parameters["@ItemCount"].Direction = ParameterDirection.Output;
cmd.ExecuteNonQuery();
//显示输出参数的值 cmd.Parameters["存储过程输出参数变量名"].Value
this.textBox3.Text = cmd.Parameters["@ItemCount"].Value.ToString();
}
catch
{
    MessageBox.Show("操作不成功");
    return;
}
```

任务总结

　　存储过程可以完成一系列复杂的处理。存储过程可以接收参数，可包括输入、输出参数，并能返回单个或多个结果集以及返回值，这样可大大地提高应用的灵活性。

任务 4　管理和维护存储过程

任务提出

　　存储过程创建后，要进行查看、修改、重命名和删除等管理操作。

任务分析

　　存储过程的查看、修改、重命名和删除等管理操作，可以编写 SQL 语句完成，也可以利用 SQL Server 管理平台即图形工具进行。

相关知识与技能

1. 查看存储过程
（1）使用图形工具查看用户创建的存储过程

在 SQL Server 管理平台中，展开指定的服务器和数据库，选择并依次展开"可编程性"→"存储过程"，然后右击要查看的存储过程名称，如图 11-1 所示，从弹出的快捷菜单中，选择"编写存储过程脚本为"→"CREATE 到"→"新查询编辑器窗口"，则可以看到存储过程的源代码。

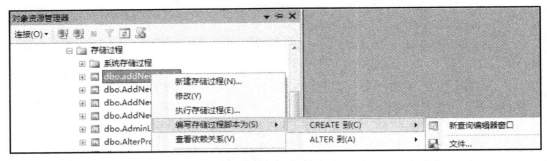

图 11-1 查看存储过程的源代码

（2）使用系统存储过程来查看用户创建的存储过程

可供使用的系统存储过程及其语法形式如下：

①SP_HELP，用于显示存储过程的参数及其数据类型，其语法为：

SP_HELP [[@objname=] name]，参数 name 为要查看的存储过程的名称。

②SP_HELPTEXT，用于显示存储过程的源代码，其语法为：

SP_HELPTEXT [[@objname=] name]，参数 name 为要查看的存储过程的名称。

③SP_DEPENDS，用于显示和存储过程相关的数据库对象，其语法为：

SP_DEPENDS [@objname=]'object'，参数 object 为要查看依赖关系的存储过程名称。

④SP_STORED_PROCEDURES，用于返回当前数据库中的存储过程列表，其语法为：

```
SP_STORED_PROCEDURES [[@sp_name=]'name'][,[@sp_owner=]'owner']
[,[@sp_qualifier =] 'qualifier']
```

其中，[@sp_name =] 'name' 用于指定返回目录信息的过程名；[@sp_owner =] 'owner' 用于指定过程所有者的名称；[@qualifier =] 'qualifier' 用于指定过程限定符的名称。

2. 修改存储过程

存储过程可以根据用户的要求或者基表定义的改变而改变。使用 ALTER PROCEDURE 语句可以更改先前通过执行 CREATE PROCEDURE 语句创建的过程，但不会更改权限，也不影响相关的存储过程或触发器。

修改存储过程语法形式如下：

```
ALTER PROC[EDURE] 存储过程名
 AS
SQL 语句
```

3. 重命名和删除存储过程

（1）重命名存储过程

修改存储过程的名称可以使用系统存储过程 sp_rename，其语法形式如下：

```
SP_RENAME  原存储过程名称，新存储过程名称
```

另外，通过 SQL Server 管理平台也可以修改存储过程的名称。在 SQL Server 管理平台中，右击要操作的存储过程名称，从弹出的快捷菜单中选择“重命名”选项，当存储过程名称变成可输入状态时，就可以直接修改该存储过程的名称。

（2）删除存储过程

删除存储过程可以使用 DROP 命令，DROP 命令可以将一个或者多个存储过程或者存储过程组从当前数据库中删除，其语法形式如下：

```
DROP PROCEDURE 存储过程名
```

当然，利用 SQL Server 管理平台也可以很方便地删除存储过程。在 SQL Server 管理平台中，右击要删除的存储过程，从弹出的快捷菜单中选择“删除”选项，则会弹出除去对象对话框，在该对话框中，单击“确定”按钮，即可完成删除操作。单击“显示相关性”按钮，则可以在删除前查看与该存储过程有依赖关系的其他数据库对象名称。

任务实施

【例 1】使用系统存储过程来查看用户创建的存储过程 AddNewProduct。结果如图 11-2 所示。

```
EXECUTE  SP_HELP  AddNewProduct
```

	Name	Owner	Type	Created_datetime
1	AddNewProduct	dbo	stored procedure	2004-12-27 02:22:22.407

	Parameter_name	Type	Length	Prec	Scale	Param_order	Collation
1	@productName	nvarchar	100	50	NULL	1	Chinese_PRC_CI_AS
2	@productPrice	decimal	9	18	0	2	NULL
3	@intro	nvarchar	100	50	NULL	3	Chinese_PRC_CI_AS
4	@categoryId	int	4	10	0	4	NULL

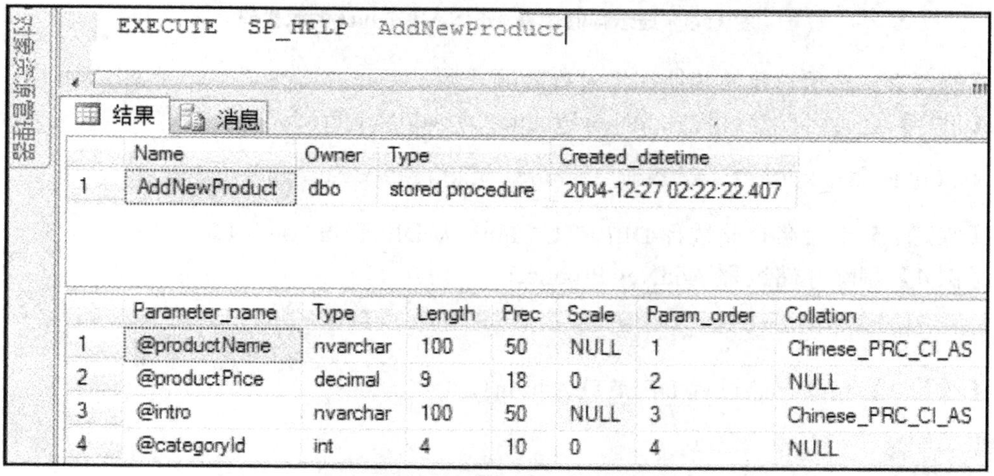

图 11-2　查看用户创建的存储过程 AddNewProduct

【练习 1】查看用户创建的其他存储过程。

【例 2】显示存储过程 AddNewProduct 的源代码。

```
EXECUTE  SP_HELPTEXT  AddNewProduct
```

结果如图 11-3 所示。

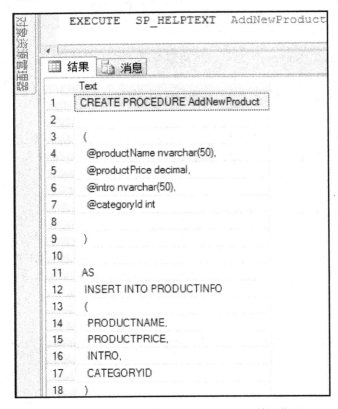

图 11-3　显示存储过程 AddNewProduct 的源代码

【练习 2】显示创建的其他存储过程的源代码。

【例 3】重命名存储过程 AddNewProduct 为 AddNewProduct1。

```
EXECUTE  SP_RENAME  AddNewProduct, AddNewProduct1
```

【练习 3】重命名存储过程 DELETEAdmin 为 DELETEAdmin1。

【例 4】删除存储过程 AddNewProduct1。

```
DROP PROCEDURE AddNewProduct1
```

【练习 4】删除存储过程 DELETEAdmin1。

任务总结

　　存储过程的查看、修改、删除、重命名等管理维护操作和表、视图等其他数据库对象的管理维护操作类似。

单元 12　创建触发器

在 SQL Server 中，可以用两种方法来保证数据的有效性和完整性：约束（CHECK）和触发器（TRIGGER）。约束是直接设置于数据表内，只能实现一些比较简单的功能操作，例如，实现字段有效性和唯一性的检查、自动填入默认值、确保字段数据不重复（即主键）、确保数据表对应的完整性（即外键）等功能。

触发器是针对数据表（库）的特殊的存储过程，当这个表发生了 INSERT、UPDATE 或 DELETE 操作时，会自动激活执行的，可以处理各种复杂的操作。在 SQL Server 2008 中，触发器有了更进一步的功能，在数据表（库）发生 CREATE、ALTER 和 DROP 操作时，也会自动激活执行。

本单元包含的学习任务和单元学习目标具体如下：

学习任务

- 任务 1　理解触发器
- 任务 2　创建 DML 触发器
- 任务 3　管理 DML 触发器
- 任务 4　创建 DDL 触发器

学习目标

- 熟悉 SQL Server 触发器的操作环境
- 理解触发器的概念与工作原理
- 能熟练编写 T-SQL 语句完成 DML 触发器的创建和验证
- 能熟练编写 T-SQL 语句完成 DDL 触发器的创建和验证
- 能进行触发器的日常维护和管理操作

任务 1　理解触发器

任务提出

在网上商城系统中若注册用户下订单，则应改变用户的消费额。在供销存系统中商品销售在销售记录添加的同时库存数量应该减少；而当库存数量不足时应禁止销售记录的添加。我们希望消费额改变、库存数量减少等操作能自动完成是最理想的，可以通过编写触发器来实现。

任务分析

触发器实际上就是一种特殊类型的存储过程，它是在执行某些特定的 T-SQL 语句时自动执行的一种存储过程。在 SQL Server 2008 中，根据 SQL 语句的不同，把触发器分为两类：一类是 DML 触发器，另一类是 DLL 触发器。

相关知识与技能

1. 触发器概述

（1）触发器常用功能

● 完成比约束更复杂的数据约束：触发器可以实现比约束更为复杂的数据约束。

● 检查所做的 SQL 是否允许：触发器可以检查 SQL 所做的操作是否被允许。例如，在产品库存表里，如果要删除一条产品记录，在删除记录时，触发器可以检查该产品库存数量是否为零，如果不为零则取消该删除操作。

● 修改其他数据表里的数据：当一个 SQL 语句对数据表进行操作时，触发器可以根据该 SQL 语句的操作情况来对另一个数据表进行操作。例如，一个订单取消时，那么触发器可以自动修改产品库存表，在订购量的字段上减去被取消订单的订购数量。

● 调用更多的存储过程：约束的本身是不能调用存储过程的，但是触发器本身就是一种存储过程，而存储过程是可以嵌套使用的，所以触发器也可以调用一个或多过存储过程。

● 发送 SQL Mail：在 SQL 语句执行完之后，触发器可以判断更改过的记录是否达到一定条件，如果达到这个条件的话，触发器可以自动调用 SQL Mail 来发送邮件。例如，当一个订单交费之后，可以物流人员发送 Email，通知他尽快发货。

● 返回自定义的错误信息：约束是不能返回信息的，而触发器可以。例如插入一条重复记录时，可以返回一个具体的友好的错误信息给前台应用程序。

● 更改原本要操作的 SQL 语句：触发器可以修改原本要操作的 SQL 语句，例如原本的 SQL 语句是要删除数据表里的记录，但该数据表里的记录是最要记录，不允许删除的，那么触发器可以不执行该语句。

● 防止数据表构结更改或数据表被删除：为了保护已经建好的数据表，触发器可以在接收到 DROP 和 ALTER 开头的 SQL 语句里，不进行对数据表的操作。

（2）触发器种类

在 SQL Server 2008 中，触发器可以分为两大类：DML 触发器和 DDL 触发器。

● DML 触发器：当数据库中发生数据操作时自动执行的存储过程。从操作角度分为 INSERT 触发器、UPDATE 触发器、DELETE 触发器三种；从触发的时间角度分为 AFTER 触发器和 INSTEAD OF 触发器。

● DDL 触发器：在响应数据定义操作时自动执行的存储过程。一般用于执行数据库中管理任务。如审核和规范数据库操作，防止数据库表结构被修改等。

2．DML 触发器

（1）DML 触发器的分类

SQL Server 的 DML 触发器分为两类：

● AFTER 触发器：这类触发器是在记录已经改变完之后（AFTER），才会被激活执行，它主要是用于记录变更后的处理或检查，一旦发现错误，也可以用 ROLLBACK TRANSACTION 语句来回滚本次的操作。

● INSTEAD OF 触发器：这类触发器一般是用来取代原本的操作，在记录变更之前发生的，它并不去执行原来 SQL 语句里的操作（INSERT、UPDATE、DELETE），而去执行触发器本身所定义的操作。

（2）INSERTED 表与 DELETED 表

DML 触发器激活后，会自动创建 INSERTED 表与 DELETED 表这两个临时表。这两个表建在数据库服务器的内存中，是由系统管理的逻辑表，不存放在数据库中，用户只有读取的权限，没有修改的权限。

这两个表的结构与触发器所在数据表的结构完全一致，当触发器的工作完成之后，这两个表也将会从内存中删除。

INSERTED 表存放的是新记录。对 INSERT 操作，INSERTED 表存放的是要插入的新记录；对 UPDATE 操作，INSERTED 表存放的是更新后的新记录。

DELETED 表存放的是旧记录。对 UPDATE 操作，DELETED 表存放的是要更新前的旧记录；对 DELETE 操作，DELETED 表存放的是要删除的旧记录。

数据操作时两个虚拟表的使用情况如表 12-1 所示。

表 12-1　数据操作时两个临时表的使用情况对照

操作	INSERTED 表	DELETED 表
INSERT	存放新增记录	不存储记录
UPDATE	存放更新后的记录	存放更新前的记录
DELETE	不存储记录	存放被删除的记录

（3）AFTER 触发器工作原理

AFTER 触发器是在记录更新完之后才被激活执行的。即当引起触发器执行的修改语句执行完成，并通过各种约束检查后，才执行触发器。以删除记录为例，当 SQL Server 接收到一个要执行删除操作的 SQL 语句时，SQL Server 先将要删除的记录存放在删除表里，然后把数据表里的记录删除，再激活 AFTER 触发器，执行 AFTER 触发器里的 SQL 语句。执行完毕之后，删除内存中的删除表，退出整个操作。其触发时机图如图 12-1 所示。

举例，在产品库存表里，如果要删除一条产品记录，在删除记录时，触发器可以检查该产品库存数量是否为零，如果不为零则取消删除操作。数据库的操作如下：

● 接收 SQL 语句，将要从产品库存表里删除的产品记录取出来，放在删除表里。

● 从产品库存表里删除该产品记录。

● 从删除表里读出该产品的库存数量字段，判断是不是为零，如果为零的话，完成操作，从内存里清除删除表；如果不为零的话，用 ROLLBACK TRANSACTION 语句来回滚操作。

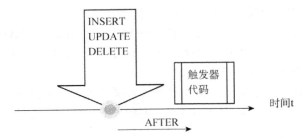

图 12-1　AFTER 触发器触发时机图

从操作角度分为 AFTER INSERT 触发器、AFTER UPDATE 触发器、AFTER DELETE 触发器。

AFTER INSERT 触发器：当记录添加到表中后，该触发器激活，创建临时表，添加到表中的新记录行存入 INSERTED 表。

AFTER UPDATE 触发器：当表中记录修改后，该触发器激活，创建临时表，修改前的旧记录行存入 DELETED 表，修改后的新记录行存入 INSERTED 表。

AFTER DELETE 触发器：当表中记录删除后，该触发器激活，创建临时表，删除的记录行存入 DELETED 表。

（4）INSTEAD OF 触发器工作原理

INSTEAD OF 触发器又名"取代触发器"，与 AFTER 触发器不同，AFTER 触发器是在 INSERT、UPDATE 和 DELETE 操作完成后才激活的，而 INSTEAD OF 触发器，是在这些操作进行之前就激活了，并且不再去执行原来的 SQL 操作，而去运行触发器本身的 SQL 语句。其触发时机图如图 12-2 所示。

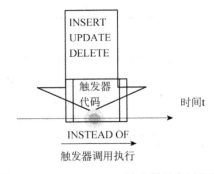

图 12-2　INSTEAD OF 触发器触发时机图

【注意事项】

● AFTER 触发器用 AFTER 或 FOR 关键字来指定，只能用于数据表中。INSTEAD OF 触发器用 INSTEAD OF 关键字来指定，可创建在表和视图中。但两种触发器都不可以建立在临时表上。

● 一个数据表可以有多个触发器，但是一个触发器只能对应一个表。

● 在同一个数据表中，对每个操作（如 INSERT、UPDATE、DELETE）而言可以建立许多个 AFTER 触发器，但 INSTEAD OF 触发器针对每个操作只有建立一个。

● 如果针对某个操作即设置了 AFTER 触发器又设置了 INSTEAD OF 触发器，那么 INSTEAD OF 触发器一定会激活，而 AFTER 触发器就不一定会激活了。

● TRUNCATE TABLE 语句虽然类似于 DELETE 语句可以删除记录，但是它不能激活 DELETE 类型的触发器。因为 TRUNCATE TABLE 语句是不记入日志的。

● 不同的 SQL 语句，可以触发同一个触发器，如 INSERT 和 UPDATE 语句都可以激活同一个触发器。

3. 创建 DML 触发器

（1）创建 AFTER 触发器

在一个触发器里，可同时监测 INSERT、UPDATE、DELETE 等语句。

```
CREATE TRIGGER  触发器名  ON  表名
   AFTER   INSERT,UPDATE, DELETE
      AS
        SQL 语句
```

● 创建 AFTER INSERT 触发器

```
CREATE TRIGGER   触发器名  ON  表名
   AFTER   INSERT
      AS
        SQL 语句
```

● 创建 AFTER UPDATE 触发器

```
CREATE  TRIGGER  触发器名  ON  表名
   AFTER  UPDATE
      AS
     IF  UPDATE(字段名)  [AND|OR  UPDATE(字段名) ]
          BEGIN
          SQL 语句
          END
```

● 创建 AFTER DELETE 触发器

```
CREATE TRIGGER   触发器名  ON  表名
   AFTER  DELETE
     AS
        SQL 语句
```

（2）创建 INSTEAD OF 触发器

```
CREATE TRIGGER  触发器名  ON  表名或视图名
   INSTEAD OF  INSERT,UPDATE, DELETE
       AS
          SQL 语句
```

【说明】

● CREATE TRIGGER 触发器名：这一句声明 SQL 语句是用来建立一个触发器的。其中触发器名在所在的数据库里必须是唯一的。由于触发器是建立数据表或视图中的，所以有很多人都以为只要是在不同的数据表中，触发器的名称就可以相同，其实触发器的全名（Server.Database.Owner.Triggername）是必须唯一的，这与触发器在哪个数据表或视图无关。

● ON 表名或视图名：这是用于指定触发器所在的数据表或视图，但只有 INSTEAD OF 触发器才能建立在视图上。并且，设置为 WITH CHECK OPTION 的视图也不允许建立 INSTEAD OF 触发器。

● AFTER INSERT 或 DELETE UPDATE：这是指定触发器的类型，是 AFTER INSERT 触发器，还是 AFTER DELETE 触发器，或者是 AFTER UPDATE 触发器。其中 AFTER 可以用 FOR 来代取，它们的意思都是一样的，代表只有在数据表的操作都已正确完成后才会激活的触发器。INSERT、DELETE 和 UPDATE 至少要指定一个，当然也可以指定多个，若指定多个时，必须用逗号来分开。其顺序可以任意摆放。

任务实施

1. 创建简易供销存系统数据库

触发器典型的应用是供销存系统，简单设计供销存系统，设计三张表：商品信息表、入库单表、销售单表，各表结构如表 12-2 至表 12-4 所示。

（1）商品信息（商品编号，商品名称，商品类型，库存数量）

ProductInfo(ProductNo,ProductName,ProductType,StockNum)

表 12-2　ProductInfo 表结构

字段名	数据类型	长度	约束	说明
ProductNo	nvarchar	20	非空，主键	商品编号
ProductName	nvarchar	30	非空	商品名称
ProductType	nvarchar	10	允许为空	商品类型
StockNum	numeric(10,2)		非空	库存数量

（2）入库单（入库单号，商品编号，入库数量，入库时间）

StorageInfo（StorageNo，ProductNo，StorageNum，StorageTime）

表 12-3　StorageInfo 表结构

字段名	数据类型	长度	约束	说明
StorageNo	nvarchar	20	非空，主属性	入库单号
ProductNo	nvarchar	20	非空，主属性，参照"ProductInfo"表的主键"ProductNo"	商品编号
StorageNum	numeric(10,2)		非空	入库数量
StorageTime	datetime		默认值为当前系统时间	入库时间

（3）销售单（销售单号，商品编号，销售数量，销售时间）

SalesInfo(SalesNo,ProductNo,SalesNum,SalesTime)

表 12-4　SalesInfo 表结构

字段名	数据类型	长度	约束	说明
SalesNo	nvarchar	20	非空，主属性	销售单号
ProductNo	nvarchar	20	非空，主属性，参照"ProductInfo"表的主键"ProductNo"	商品编号
SalesNum	numeric(10,2)		非空	销售数量
SalesTime	datetime		默认值为当前系统时间	销售时间

2. 理解 INSERTED 和 DELETED 表

【例】建立触发器 INSERT_DELETE，查看商品信息表 ProductInfo 发生 INSERT、UPDATE、DELETE 操作时，INSERTED 表与 DELETED 表中的数据。

```
CREATE TRIGGER INSERT_DELETE ON ProductInfo
AFTER  INSERT,UPDATE,DELETE
AS
    PRINT('INSERTED 表的内容：')
    SELECT * FROM INSERTED
    PRINT('DELETED 表的内容：')
    SELECT * FROM DELETED

--测试语句
--INSERT 操作
INSERT ProductInfo VALUES('ceshi','香蕉','水果',30)
--UPDATE 操作
UPDATE  ProductInfo  SET StockNum=50 WHERE ProductNo='ceshi'
--DELETE 操作
DELETE FROM ProductInfo  WHERE ProductNo='ceshi'
```

触发器实际上就是一种特殊类型的存储过程，其特殊性表现在：它是在执行某些特定的 T-SQL 语句时自动的。在 SQL Server 2008 中，触发器可分为 DML 触发器和 DDL 触发器。DML 触发器又分为 AFTER 触发器和 INSTEAD OF 触发器。

任务 2　创建 DML 触发器

数据库中经常会发生数据的 INSERT、UPDATE、DELETE 操作，而这些操作的发生容易导致表中数据的不一致性及完整性受到影响。

利用 DML 触发器可以完成比约束更复杂的数据约束；可以检查所做的数据操作是否允许，如果判断为不允许，可取消回滚该操作；可以根据一个 SQL 语句的操作情况来对其他数据表进行操作；可以根据需要调用存储过程；可以返回自定义的错误信息；可以使原本要操作的 SQL 语句不执行或替代执行其他 SQL 语句等。

1. 设计 DML 触发器的限制

在 DML 触发器中，有一些 SQL 语句是不能使用的，这些语句如表 12-5 所示。

表 12-5　在 DML 触发器中不能使用的语句

不能使用的语句	语句功能
ALTER DATABASE	修改数据库
CREATE DATABASE	新建数据库
DROP DATABASE	删除数据库
LOAD DATABASE	导入数据库
LOAD LOG	导入日志
RECONFIGURE	更新配置选项
RESTORE DATABASE	还原数据库
RESTORE LOG	还原数据库日志

另外，在对作为触发操作的目标的表或视图使用了下面的 SQL 语句时，不允许在 DML 触发器里再使用的语句如表 12-6 所示。

表 12-6 在目标表中使用过在 DML 触发器不能再使用的语句

不能使用的语句	语句功能
Create Index	建立索引
Alter Index	修改索引
Drop Index	删除索引
DBCC Dbreindex	重新生成索引
Alter Partition Function	通过拆分或合并边界值更改分区
Drop Table	删除数据表
Alter Table	修改数据表结构

任务实施

1. 创建 AFTER 触发器

【例 1】有商品销售时，若本次销售数量大于该商品库存量，提示："不能销售"。销售记录添加后，商品表中该商品的库存数量自动减少。

例如，某时间商品编号为 '2000000341316' 的商品销售了 5 千克，需在 SalesInfo 表中添加对应销售纪录，同时对应库存数量减 5。

分析：销售记录添加和库存数量减少两个操作必须保证要么都做，要么都不做，使用事务。

```
--思路：编写存储过程实现
CREATE  PROC Sale_insert
@SalesNo nvarchar (20),
@ProductNo nvarchar(20),
@SalesNum Numeric(10,2)
AS
BEGIN TRANSACTION
INSERT SalesInfo(SalesNo,ProductNo,SalesNum)
VALUES(@SalesNo,@ProductNo,@SalesNum)
UPDATE  ProductInfo  SET StockNum=StockNum-@SalesNum
WHERE ProductNo=@ProductNo
IF(SELECT  StockNum FROM  ProductInfo  WHERE ProductNo=@ProductNo)<0
    BEGIN
    RAISERROR('库存量小于销售量，库存不足',16,1)
    ROLLBACK TRANSACTION
    END
ELSE
    COMMIT TRANSACTION
```

```
--执行存储过程
EXEC  Sale_insert 'xs2010101003','2000000341316',10


--查看执行后的表数据
SELECT * FROM ProductInfo
SELECT * FROM SalesInfo

--思路：编写触发器，当销售记录添加后，该商品的库存数量自动减少。
IF EXISTS(SELECT * FROM sysobjects WHERE name='add_sales' and type='tr')
    DROP TRIGGER  add_sales
go
CREATE TRIGGER add_sales ON SalesInfo
  AFTER INSERT
AS
DECLARE @ProductNo nvarchar(20),@SalesNum Numeric(10,2)
SELECT @ProductNo=ProductNo,@SalesNum=SalesNum FROM INSERTED
UPDATE  ProductInfo  SET StockNum=StockNum-@SalesNum
WHERE ProductNo=@ProductNo
IF(SELECT  StockNum FROM  ProductInfo  WHERE ProductNo=@ProductNo)<0
    BEGIN
     RAISERROR('库存量小于销售量，库存不足',16,1)
     ROLLBACK TRANSACTION
     END


--或者
CREATE TRIGGER add_sales ON SalesInfo
  AFTER INSERT
AS
DECLARE @ProductNo nvarchar(20),@SalesNum Numeric(10,2)
SELECT @ProductNo=ProductNo,@SalesNum=SalesNum FROM INSERTED
  IF(SELECT StockNum FROM  ProductInfo  WHERE ProductNo=@ProductNo)
<@SalesNum
    BEGIN
     RAISERROR('库存量小于销售量，库存不足',16,1)
     ROLLBACK TRANSACTION
     END
  ELSE
  UPDATE ProductInfo SET StockNum=StockNum-@SalesNum
```

```
WHERE ProductNo=@ProductNo


--测试触发器功能
--查看销售记录添加前的表数据
SELECT * FROM ProductInfo
SELECT * FROM SalesInfo
--往SalesInfo表中添加销售记录
INSERT SalesInfo(SalesNo,ProductNo,SalesNum)
VALUES('xs2010101004','2000000341316',1)
--查看执行后的表数据
SELECT * FROM ProductInfo
SELECT * FROM SalesInfo
```

【练习 1】当商品入库后，该商品的库存数量需自动增加，通过创建触发器实现，触发器名为 add_Storage。

【例 2】若修改某次销售信息，要修改的数据是销售数量。销售记录修改后，商品表中该商品的库存数量要自动能修改。创建触发器实现，触发器名为 update_sales。

```
IF EXISTS(SELECT * FROM sysobjects WHERE name='update_sales' and type=
'tr')
    DROP TRIGGER update_sales
GO
CREATE TRIGGER update_sales ON SalesInfo
    FOR UPDATE
     AS
   IF UPDATE(SalesNum)
      BEGIN
        DECLARE @ProductNo nvarchar(20)
        DECLARE @oldSalesNum Numeric(10,2),@newSalesNum Numeric(10,2)
        SELECT @ProductNo=ProductNo,@oldSalesNum=SalesNum FROM DELETED
        SELECT @newSalesNum=SalesNum FROM INSERTED
        UPDATE ProductInfo SET StockNum=StockNum+@oldSalesNum-@newSalesNum
          WHERE ProductNo=@ProductNo
      END
---测试触发器功能
--查看销售记录修改前的表数据
SELECT * FROM ProductInfo
SELECT * FROM SalesInfo
UPDATE SalesInfo SET SalesNum=4
    WHERE SalesNo='xs2010101001' AND ProductNo='6930504300198'
```

321

```
--查看修改后的表数据
SELECT * FROM ProductInfo
SELECT * FROM SalesInfo
```

【练习 2】若修改某次入库信息，要修改的数据可能是入库商品编号或入库数量。入库记录修改后，商品表中该商品的库存数量要自动能修改。通过创建触发器实现，触发器名为 update_Storage。

【练习 3】若某顾客回来退某商品，即删除某条销售记录，销售记录删除后，商品表中该商品的库存数量要自动能修改。通过创建触发器实现，触发器名为 del_Sales。

【练习 4】若删除某条入库记录，入库记录删除后，商品表中该商品的库存数量要自动能修改。通过创建触发器实现，触发器名为 del_Storage。

【练习 5】在 gxc 数据库里建一个操作记录表，用来记录所有数据表的操作，无论是对哪个数据表进行了插入、更新或删除，都可以把操作内容和操作时间记录到操作记录表里。下面是建立操作记录表的 SQL 语句：

```
CREATE TABLE 操作记录表
        (编号 int IDENTITY(1,1) NOT NULL,
        操作表名 varchar(50) NOT NULL,
        操作语句 varchar(2000) NOT NULL,
        操作时间 datetime NOT NULL
        CONSTRAINT DF_操作记录表_操作时间 DEFAULT (getdate()),
CONSTRAINT PK_操作记录表 PRIMARY KEY CLUSTERED ( 编号 ASC)
        )
GO
```

请试在 gxc 数据库中的每个数据表中编写触发器，实现不管对哪个数据表进行了插入、更新或删除操作，都可以把操作表名、操作语句和操作时间记录到操作记录表中。

【思考】在操作记录表中添加"操作内容"和"操作用户"，又该如何实现不管对哪个数据表进行了插入、更新或删除操作，都可以把操作表名、操作语句、操作内容、操作用户和操作时间记录到操作记录表中。

【拓展练习 1】

按照以下脚本创建 College 数据库及 teachers 表，在 College 数据库中编程实现以下 3 题。

```
CREATE DATABASE College
GO
USE College
GO
CREATE TABLE teachers
(tno char(10),
tname varchar(20),
```

```
pay money,
dept varchar(20),
ps varchar(10)
)
GO
INSERT INTO teachers VALUES('100','张三', 1000,'应用技术系','讲师')
INSERT INTO teachers VALUES('200','李四',800,'经管系','助教')
GO
```

1．在 teachers 表上创建一个 after 触发器，监控对老师工资的更新，当更新后的工资比更新前小时，取消操作，并给出提示信息，否则允许。

（所用到的表结构为 teachers（tno，tname，pay，dept，ps），其中 tno 为教师编号，tname 为教师姓名，pay 为教师工资，dept 为教师系别，ps 为教师职称）

2．在 teachers 表中创建一个 after 触发器 trigger_del，监控删除的教师记录。（如果被删除的教师是"讲师"职称，则提示不能删除这个教师，否则可以删除）

3．在 teachers 表中创建一个触发器，如果添加的教师的工资超过 5000，则拒绝插入该记录。（假设每次只插入一条记录即可）

【拓展练习 2】

分组完成"图书借阅管理系统"数据库中的触发器的设计和编写

1．图书借阅管理系统数据库表结构分组自己设计，但必须有图书是否在馆内的信息、图书借出及归还信息。

2．必须实现：随着图书借出或归还信息的添加，该图书的在馆状态能自动更新。其余小组自己设计扩展。

要求：上交图书借阅管理系统的表结构设计和触发器的设计；上交图书借阅管理系统数据库实施的脚本和触发器的脚本。

2．创建 INSTEAD OF 触发器

INSTEAD OF 触发器与 AFTER 触发器的工作流程是不一样的。AFTER 触发器是在 SQL Server 服务器接到执行 SQL 语句请求之后，先建立临时的 INSERTED 表和 DELETED 表，然后实际更改数据，最后才激活触发器的。而 INSTEAD OF 触发器看起来就简单多了，在 SQL Server 服务器接到执行 SQL 语句请求后，先建立临时的 INSERTED 表和 DELETED 表，然后就触发了 INSTEAD OF 触发器，至于哪个 SQL 语句是插入数据、更新数据还是删除数据，就一概不管了，把执行权全权交给了 INSTEAD OF 触发器，由它去完成之后的操作。

INSTEAD OF 触发器可以同时在数据表和视图中使用，通常在以下几种情况下，建议使用 INSTEAD OF 触发器。

● 数据库里的数据禁止修改。例如，电信部门的通话记录是不能修改的，一旦修改，则通话费用的计数将不正确。在这个时候，就可以用 INSTEAD OF 触发器来跳过 UPDATE 修改记录的 SQL 语句。

● 有可能要回滚修改的 SQL 语句。用 AFTER 触发器并不是一个最好的方法，如果用 INSTEAD OF 触发器，就可以避免在修改数据之后再回滚操作，减少服务器负担。

- 在视图中使用触发器。因为 AFTER 触发器不能在视图中使用，如果想在视图中使用触发器，就只能用 INSTEAD OF 触发器。
- 用自己的方式去修改数据。如不满意 SQL 直接修改数据的方式，可用 INSTEAD OF 触发器来控制数据的修改方式和流程。

【例 3】修改在 SalesInfo 编写的触发器 add_sales，使用 INSTEAD OF 触发器编写。
实现：有商品销售时，若本次销售数量大于该商品库存量，提示："不能销售"，销售记录添加后，商品表中该商品的库存数量自动减少。

```
CREATE TRIGGER add_sales_instead ON SalesInfo
    INSTEAD OF INSERT
    AS
    DECLARE @SalesNo nvarchar(20),@ProductNo nvarchar(20)
    DECLARE @SalesNum Numeric(10,2),@SalesTime datetime
    SELECT
@SalesNo=SalesNo,@ProductNo=ProductNo,@SalesNum=SalesNum,@SalesTime=
SalesTime  FROM  INSERTED
IF(SELECT StockNum FROM ProductInfo WHERE ProductNo=@ProductNo)<@SalesNum
        RAISERROR('库存量小于销售量，库存不足',16,1)
ELSE
    BEGIN
      INSERT INTO SalesInfo VALUES(@SalesNo,@ProductNo,@SalesNum,@SalesTime)
      UPDATE  ProductInfo  SET StockNum=StockNum-@SalesNum
        WHERE  ProductNo=@ProductNo
    END
```

【例 4】现若要删除 ProductInfo 表中的某条商品记录，由于 SalesInfo 和 StorageInfo 表中的 ProductNo 字段参照 ProductInfo 表的 ProductNo，所以如果 SalesInfo 和 StorageInfo 表存在该商品信息，则无法删除，会提示：违反外键约束。

可通过修改外键约束设置为级联删除实现，也可通过编写 INSTEAD OF 触发器实现。

思路是：不去执行删除 ProductInfo 表中的该条商品记录，而去执行触发器，触发器代码包括先删除 SalesInfo 和 StorageInfo 表中该商品的记录，然后再删除 ProductInfo 表中该商品的记录。

```
IF EXISTS(SELECT*FROM sysobjects WHERE name='del_ProductInfo'and type='tr')
    DROP TRIGGER  del_ProductInfo
GO
CREATE TRIGGER del_ProductInfo ON  ProductInfo
```

```
INSTEAD OF DELETE
AS
  DECLARE @ProductNo nvarchar(20)
  SELECT @ProductNo=ProductNo FROM DELETED
  DELETE FROM Salesinfo WHERE ProductNo=@ProductNo
  DELETE FROM Storageinfo WHERE ProductNo=@ProductNo
  DELETE FROM Productinfo WHERE ProductNo=@ProductNo
```

拓展知识

1. 数据批量操作时触发器的激活

需要注意的是，一种操作类型（INSERT、UPDATE 或 DELETE）虽然可以激活多个触发器，但是每个操作类型在一次操作时，对一个触发器只激活一次。例如，运行一个 UPDATE 语句，有可能一次更新了 10 条记录，但是对于 AFTER UPDATE 这个触发器，只激活一次，而不是 10 次。但是在 INSERTED 表和 DELETED 表里会有 10 条记录。

若要知道更新了多少条记录，只要利用@@ROWCOUNT 这个系统变量就可以得知更新了多少条记录。

例如，在 ProductInfo 表中创建触发器 ProductInfo_Update 记录，当 ProductInfo 表中数据修改时，激活该触发器，提示修改的记录的数。

```
CREATE TRIGGER ProductInfo_Update ON ProductInfo
    AFTER UPDATE
    AS
        PRINT  '您此次修改了' + Cast(@@rowcount as varchar) + '条记录'
GO
```

```
-----检验该触发器
UPDATE ProductInfo SET StockNum=StockNum+5
UPDATE  ProductInfo  SET StockNum=StockNum+5 WHERE 0=1
```

运行结果如图 12-3 所示。从图中可以看出，用系统变量@@rowcount 可以获得修改记录的条数。另外，在图中还可以看出，虽然第二个 SQL 语句修改的记录数为零，但是触发器还是被激活了。因此可以知道，触发器只与激活它的类型有关，与具体操作的记录数无关。

上述例 2 编写的 update_sales 触发器实现了当销售记录的销售数量修改后，商品表中该商品的库存数量自动能修改，但该触发器只适合单条记录的修改，如果同时修改了多条记录，触发器只触发一次，不会逐一对更新的每一条记录进行处理。

例如，执行语句 UPDATE SalesInfo　SET　SalesNum= SalesNum+5。执行前的表数据如图 12-4 所示。

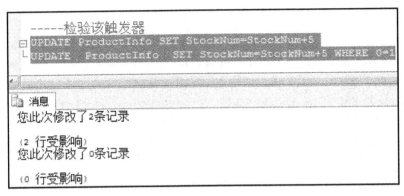

-----检验该触发器
UPDATE ProductInfo SET StockNum=StockNum+5
UPDATE ProductInfo SET StockNum=StockNum+5 WHERE 0=1
消息
您此次修改了2条记录
(2 行受影响)
您此次修改了0条记录
(0 行受影响)

图 12-3　显示修改的记录数

--查看销售记录修改前的表数据
SELECT * FROM ProductInfo
SELECT * FROM SalesInfo
结果
消息
ProductNo ProductName ProductType StockNum
1 2000000341316 精品红富士 水果 45.00
2 6930504300198 李子园酸奶 牛奶 5.00
SalesNo ProductNo SalesNum SalesTime
1 xs2010101001 2000000341316 3.00 2010-11-07 00:00:00.000
2 xs2010101001 6930504300198 2.00 2010-11-07 00:00:00.000

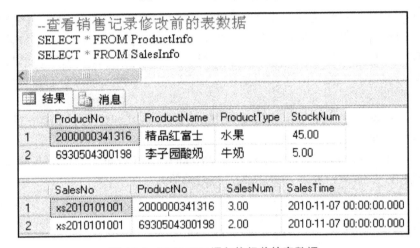

图 12-4　UPDATE 语句执行前的表数据

UPDATE 语句执行后的表数据如图 12-5 所示。可以发现虽然修改了两条记录，但触发器只对第一条修改的销售记录对应商品的库存量减少。

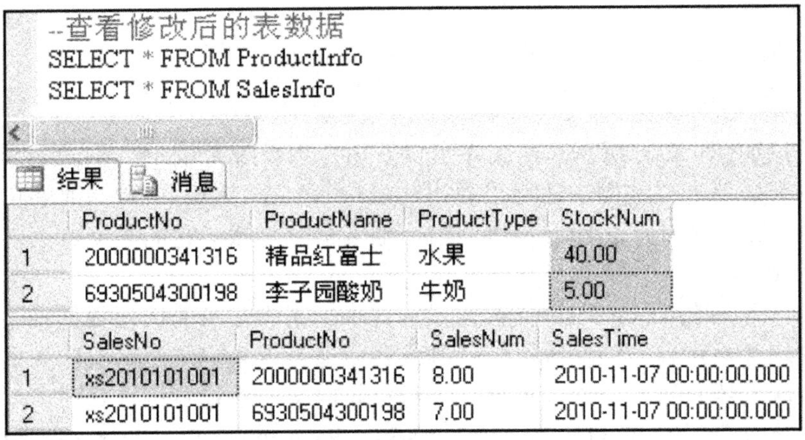

--查看修改后的表数据
SELECT * FROM ProductInfo
SELECT * FROM SalesInfo
结果
消息
ProductNo ProductName ProductType StockNum
1 2000000341316 精品红富士 水果 40.00
2 6930504300198 李子园酸奶 牛奶 5.00
SalesNo ProductNo SalesNum SalesTime
1 xs2010101001 2000000341316 8.00 2010-11-07 00:00:00.000
2 xs2010101001 6930504300198 7.00 2010-11-07 00:00:00.000

图 12-5　UPDATE 语句执行后的表数据

如果触发器要对更新的批量数据进行逐条处理，须使用游标。使用游标对 INSERTED 表或 DELETED 表中的记录逐条处理。

2. 游标概述及使用

（1）游标概述

游标（Cursor）是一种处理数据的方法，为了查看或者处理结果集中的数据，游标提供了在结果集中向前或者向后浏览数据的能力。

可以把游标看成一种指针，它既可以指向当前位置，也可以指向结果集中的任意位置，它允许用户对指定位置的数据进行处理，可以把结果集中的数据放在数组、应用程序中或其他地方。

（2）使用游标的优点

● 允许程序对由查询语句 SELECT 返回的行集合中的每一行数据执行相同或不同的操作，而不是对整个行集合执行同一个操作。

● 提供对基于游标位置的表中的行进行删除和更新的能力。

● 游标实际上作为面向集合的数据库管理系统（RDBMS）和面向行的程序设计之间的桥梁，使这两种处理方式通过游标沟通起来。

（3）游标的使用

具体地说，有如下几个步骤：

①声明游标。使用 T-SQL 语句生成一个结果集，并且定义游标的特征，如游标中的记录是否可以修改。语句为：

```
DECLARE 游标名 CURSOR
    FOR SELECT 语句
    [FOR {READ ONLY|UPDATE[OF 字段名]}]
```

【说明】FOR READ ONLY：指出该游标结果集只能读，不能修改。FOR UPDATE：指出该游标结果集可以被修改。默认方式，即不指定游标方式时为 FOR UPDATE 方式

②打开游标。打开游标是指打开已被声明但尚未被打开的游标。

语句为：OPEN 游标名

【注意】当游标打开成功时，游标位置指向结果集的第一行之前。只能打开已经声明但尚未打开的游标。变量@@ERROR：可判断打开操作是否成功，如果=0，则游标打开成功，否则打开失败。

③从游标的结果集中读取数据。从游标中检索一行或多行数据称为取数据。

游标被打开后，游标位置位于结果集的第一行前，此时可以从结果集中提取行。语句为：

```
FETCH [NEXT|PRIOR|FIRST|LAST|ABSOLUTE|RELATIVE] FROM 游标名 [INTO 变量名]
```

【说明】NEXT：取下一行数据。PRIOR：取前一行数据。FIRST：取第一行数据。LAST：取最后一行数据。ABSOLUTE n：从游标头开始的第 n 行记录。RELATIVE n：从当前行之后的第 n 行记录。

全局变量@@FETCH_STATUS 保存着最后 FETCH 语句执行后的状态信息，其值和含义如下：0：表示成功完成 FETCH 语句。-1：表示 FETCH 语句执行有错误，或者当前游标位置已在结果集中的最后一行，结果集中不再有数据。-2：提取的行不存在。

全局变量@@ROWCOUNT 保存着自游标打开后的第一个 FETCH 语句，直到最近一次的 FETCH 语句为止，已从游标结果集中提取的行数。

④对游标中的数据逐行操作。

⑤关闭和释放游标。

关闭(CLOSE)游标是停止处理定义游标的那个查询。关闭游标并不改变它的定义，可以再次用 OPEN 语句打开它，SQL Server 会用该游标的定义重新创建这个游标的一个结果集。

关闭游标的语句如下：CLOSE　游标名

释放(DEALLOCATE)游标是指释放所有分配给此游标的资源，包括该游标的名字。游标释放后就不能再使用该游标了，如需再次使用游标，就必须重新定义。

释放游标的语句如下：DEALLOCATE　游标名

3. 针对数据批量操作在触发器中使用游标

若存在对销售记录的批量删除，则必须修改练习 3 编写的触发器，实现销售记录批量删除后，商品表中对应商品的库存数量自动能修改。

解决方法：在触发器中使用游标对 DELETED 表中的记录逐条处理。

```
CREATE TRIGGER del_sales_xiu ON   SalesInfo
   AFTER DELETE
    AS
      DECLARE @ProductNo nvarchar(20),@SalesNum Numeric(10,2)
      IF (SELECT COUNT(*) FROM INSERTED) =1
         BEGIN
            SELECT @ProductNo=ProductNo,@SalesNum=SalesNum from DELETED
            UPDATE  ProductInfo  SET StockNum=StockNum+@SalesNum
               WHERE ProductNo=@ProductNo
         END
      ELSE
        BEGIN
          DECLARE  you1  CURSOR FOR  SELECT ProductNo,SalesNum
             FROM DELETED FOR READ ONLY      --①声明游标
          OPEN you1                          --②打开游标
          FETCH NEXT FROM you1 INTO @ProductNo,@SalesNum
                              --③从游标的结果集中读取数据
          WHILE @@FETCH_STATUS=0     --④ 对游标中的数据逐行操作
             BEGIN
                UPDATE  ProductInfo  SET StockNum=StockNum+@SalesNum
```

```
                    WHERE ProductNo=@ProductNo
                    FETCH NEXT FROM you1 INTO @ProductNo,@SalesNum
            END
        CLOSE you1                                   --⑤ 关闭和释放游标
        DEALLOCATE you1
    END
```

如果触发器要对 UPDATE 操作的批量数据进行逐条处理，可定义两个游标，分别对 INSERTED 表和 DELETED 表中的记录逐条处理。

任务总结

DML 触发器分为 AFTER 触发器和 INSTEAD OF 触发器两种。AFTER 触发器是先修改记录后激活的触发器；INSTEAD OF 触发器是"取代"触发器。AFTER 触发器只能用于数据表中，而 INSTEAD OF 触发器既可以用在数据表中，也可以用在视图中。

任务 3　管理 DML 触发器

任务提出

触发器与 SQL Server 中的其他对象一样，对已有的触发器根据需要进行必要的管理，包括查看、修改、删除等系列的管理操作与设置。

任务分析

DML 触发器的管理主要包括：查看触发器、启用/禁用触发器、修改、删除触发器。

任务实施

1. 查看触发器

查看已经设计好的 DML 触发器有两种方式，一种是通用 SSMS 来查看，一种是利用系统存储过程来查看。

（1）在 SSMS 中查看触发器

打开 SSMS，在"对象资源管理器"下选择"数据库"，定位到要查看触发器的数据表上，并找到"触发器"项，可以看到创建在该表上的所有触发器。

双击要查看的触发器名，自动会弹出一个"查询编辑器"对话框，对话框里显示的是该触发器的内容。

（2）使用系统存储过程查看

● sp_helptrigger 表名：查看表中的触发器类型。

● sp_help 触发器名：查看触发器的有关信息。

- sp_helptext 触发器名：显示触发器的定义。
- sp_depends 触发器名：查看指定触发器所引用的表。
- sp_depends 表名：查看指定表涉及的所有触发器。
- Sysobjects：系统表，存放当前数据库对象的信息，触发器的数据类型是'TR'。

查询脚本：SELECT * FROM Sysobjects WHERE xtype='TR'

【练习 1】查看 gxc 数据库中编写的所有触发器。

2. 禁用/启用触发器

禁用触发器与删除触发器不同，禁用触发器时，触发器仍然存在，只是在执行 INSERT、UPDATE 或 DELETE 语句时，除非重新启用触发器，否则不会执行触发器中的操作。

在 SSMS 中禁用或启用触发器，也必须要先查到触发器列表，触发器列表里，右击其中一个触发器，在弹出快捷菜单中选择"禁用"选项，即可禁用该触发器。启用触发器与禁用类似，只是在弹出快捷菜单中选择"启用"选项即可。

使用 SQL 语句禁用/启用触发器。

禁用触发器：DISABLE TRIGGER 触发器名 ON 表名

启用触发器：ENABLE TRIGGER 触发器名 ON 表名

【练习 2】选择 gxc 数据库中定义的 DML 触发器，进行禁用与启用设置，然后用相关操作进行测试。

3. 设置 AFTER 触发器的激活顺序

当同一个操作定义的触发器越来越多的时候，触发器被激活的次序就会变得越来越重要了。在 SQL Server 中，用存储过程 sp_settriggerorder 可以为每一个操作各指定一个最先执行的 AFTER 触发器和最后执行的 AFTER 触发器。

建议尽量不要对同一个表的同一事件定义多个触发器，可以把相关的所有操作定义到一个触发器中。

sp_settriggerorder 语法如下：

```
sp_settriggerorder '触发器名','激活次序','激活触发器的动作'
```

【说明】

- 激活次序可以为 first、last 和 none：first 是指第一个要激活的触发器；last 是指它最后一个要激活的触发器；none 是不指激活序，由程序任意触发。
- 激活触发器的动作可以是：INSERT、UPDATE 和 DELETE。

【注意】

- 每个操作最多只能设一个 first 触发器和一个 last 触发器。
- 如果要取消已经设好的 first 或 last 触发器，只要把它们设为 none 触发器即可。
- 如果用 ALTER 命令修改过触发器内容后，该触发器会自动变成 none 触发器。所以 ALTER 命令也可以用来取消已经设好的 first 触发器或 last 触发器。
- 只有 AFTER 触发器可以设置激活次序，INSTEAD OF 触发器不可以设置激活次序。
- 激活触发器的动作必须和触发器内部的激活动作一致。举例说明：AFTER

INSERT 触发器，只能为 INSERT 操作设置激活次序，不能为 DELETE 操作设置激活次序。以下的设置是错误的：EXEC sp_settriggerorder 'add_sales','First','Update'。

4. 修改触发器

可以通过 SSMS 或 ALTER TRIGGER 命令来修改触发器的定义。

```
ALTER  TRIGGER 触发器名 ON 数据表名或视图名
   AFTER 或 INSTEAD OF   INSERT 或 DELETE 或 UPDATE
     AS
       SQL 语句
```

如果只要修改触发器的名称的话，即触发器重命名，可以使用存储过程 SP_RENAME。其语法如下：

```
SP_RENAME '旧触发器名','新触发器名'
```

5. 删除触发器

可以通过 SSMS 或 DROP TRIGGER 命令来删除触发器的定义。

删除触发器的 SQL 语句：DROP TRIGGER 触发器名

【注意】如果一个数据表被删除，那么 SQL Server 会自动将与该表相关的触发器删除。

任务总结

触发器管理主要介绍了触发器的查看、启用/禁用、执行顺序设置、修改与删除等管理操作。

任务 4   创建 DDL 触发器

任务提出

从 SQL Server 2005 开始，SQL Server 新增了一个触发器类型：DDL 触发器。

任务分析

DDL 触发器是一种特殊的触发器，它在响应数据定义语言（DDL）语句时触发，一般用于数据库中执行管理任务。

相关知识与技能

1. DDL 触发器的使用

与 DML 触发器一样，DDL 触发器也是通过事件来激活，并执行其中的 SQL 语句的。但与 DML 触发器不同，DML 触发器是响应 INSERT、UPDATE 或 DELETE 语句而激活的，DDL 触发器是响应 CREATE、ALTER 或 DROP 开头的语句而激活的。一般来说，在以下几种情况下可以使用 DDL 触发器：

- 数据库里的库架构或数据表架构很重要，不允许被修改。
- 防止数据库或数据表被误操作删除。
- 在修改某个数据表结构的同时修改另一个数据表的相应的结构。
- 要记录对数据库结构操作的事件。

2. 创建 DDL 触发器

```
CREATE TRIGGER 触发器名
    ON  ALL SERVER 或 DATABASE
        FOR 或 AFTER   激活 DDL 触发器的事件
            AS
        要执行的 SQL 语句
```

其中：

- ON 后面的 ALL SERVER 是将 DDL 触发器作用到整个当前的服务器上。如果指定了这个参数，在当前服务器上的任何一个数据库都能激活该触发器。
- ON 后面的 DATABASE 是将 DDL 触发器作用到当前数据库，只能在这个数据库上激活该触发器。
- FOR 或 AFTER 是同一个意思，指定的是 AFTER 触发器。DDL 触发器不能指定 INSTEAD OF 触发器。

激活 DDL 触发器的事件包括两种，一种是作用在当前数据库的，一种是作用在当前服务器的。触发事件部分列举如表 12-7 和表 12-8 所示。

表 12-7　DATABASE 触发事件

CREATE	ALTER	DROP
CREATE_INDEX	ALTER_FUCTION	DROP_TABLE
CREATE_FUNCTION	ALER_INDEX	DROP_INDEX
CREATE_PROCEDURE	ALTER_TABLE	DROP_FUNCTION
CREATE_ROLE	ALTER_PROCEDURE	DROP_PROCEDURE
CREATE_TRIGGER	ALTER_ROLE	DROP_ROLE
CREATE_TYPE	ALTER_TRIGGER	DROP_TYPE
CREATE_USER	ALTER_TYPE	DROP_USER
CREATE_VIEW	ALTER_VIEW	DROP_VIEW

表 12-8　ALL SERVER 触发事件

CREATE	ALTER	DROP
CREATE_DATABASE	ALTER_ DATABASE	DROP_TABLE
CREATE_ENDPOINT		DROP _ENDPOINT
CREATE_LOGIN	ALTER_ LOGIN	DROP_FUNCTION
GRANT_SERVER	DENY_SERVER	REVOKE_SERVER

3. 查看 DDL 触发器

DDL 触发器有两种，一种是作用在当前 SQL Server 服务器上的，另一种是作用在当前数据库中的。这两种 DDL 触发器在 SSMS 中所在的位置是不同的。

- 作用在当前 SQL Server 服务器上的 DDL 触发器所在位置是："对象资源管理器"，选择所在 SQL Server 服务器，定位到"服务器对象"→"触发器"。
- 作用在当前数据库中的 DDL 触发器所在位置是："对象资源管理器"，选择所在 SQL Server 服务器，所在数据库，定位到"可编程性"→"数据库触发器"。

任务实施

1. 创建 DDL 触发器防止数据表被误操作删除

【例 1】建立一个 DDL 触发器，用于保护数据库中的数据表不被修改、不被删除。

```
CREATE TRIGGER Against_Operation_table ON DATABASE
   FOR DROP_TABLE, ALTER_TABLE
   AS
       RAISERROR('对不起，您不能对数据表进行操作',16,5)
       ROLLBACK


--测试触发器
DROP TABLE SalesInfo
```

执行结果如图 12-6 所示。

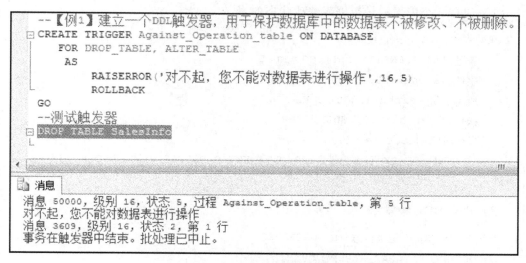

图 12-6　DDL 触发器激活不允许删除表

2. 创建 DDL 触发器防止数据库被误操作删除

【例 2】建立一个 DDL 触发器，用于保护当前 SQL Server 服务器里所有数据库不能被删除。

```
CREATE TRIGGER  Against_Operation_database ON ALL SERVER
   FOR DROP_DATABASE
      AS
         RAISERROR('对不起，您不能删除数据库',16,5)
         ROLLBACK
GO
```

--测试触发器

在 SSMS 中使用图形工具删除某数据库，执行结果如图 12-7 所示。

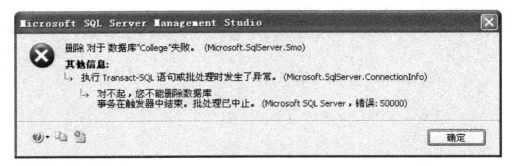

图 12-7　DDL 触发器激活不允许删除数据库

3. 创建 DDL 触发器记录对数据库结构操作的事件

【例3】建立一个 DDL 触发器，用来记录数据库修改状态。具体操作步骤如下：

（1）建立一个用于记录数据库修改状态的表

```
CREATE TABLE 日志记录表(
     编号 int IDENTITY(1,1) NOT NULL,
     事件 varchar(5000) NULL,
     所用语句 varchar(5000) NULL,
     操作者 varchar(50) NULL,
     发生时间 datetime NULL,
     CONSTRAINT PK_日志记录表 PRIMARY KEY CLUSTERED(编号 ASC))
GO
```

（2）建立 DDL 触发器

```
CREATE TRIGGER 记录日志 ON  DATABASE
   FOR DDL_DATABASE_LEVEL_EVENTS
      AS
      DECLARE @log XML
      SET @log = EVENTDATA()
      INSERT  日志记录表(事件, 所用语句,操作者, 发生时间)
```

```
VALUES(@log.value('(/EVENT_INSTANCE/EventType)[1]','nvarchar(100)'),
    @log.value('(/EVENT_INSTANCE/TSQLCommand)[1]','nvarchar(2000)'),
    CONVERT(nvarchar(100), CURRENT_USER),    GETDATE())
GO
```

其中 Eventdata 是个数据库函数，它的作用是以 XML 格式返回有关服务器或数据库事件的信息。@log.value 是返回 log 这个 XML 结点的值，结点的位置是括号里的第一个参数。

（3）测试触发器

测试结果如图 12-8 所示。

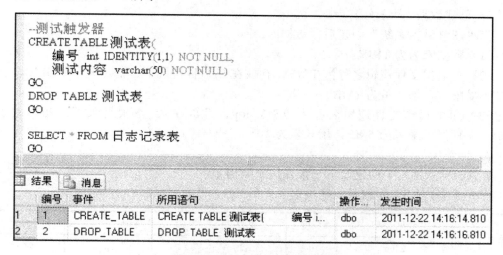

图 12-8　记录对数据库的操作

运行时不要忘了，前面曾经建立过一个不能删除数据表的触发器，要先把它禁用或删除。

任务总结

DDL 触发器根据作用范围可以分为作用在数据库的触发器和作用在服务器的触发器两种。DDL 触发器只有 AFTER 触发，不能指定 INSTEAD OF 触发。

综合实践练习

套卷 1

1．创建数据库（3 分）

为"图书借阅系统"创建后台数据库：

（1）数据库名为 TSJY。

（2）主数据文件逻辑名称为 TSJY，存放在 C 盘根目录下，初始大小为 3MB，文件增长不受限制，增长量为 1MB。

（3）事务日志文件逻辑名称为 TSJY_log，存放在 C 盘根目录下，初始大小为 1MB，文件增长最大为 5MB，增长量为 10%。

2．创建表

在 TSJY 数据库中创建如下三张表，表结构如下：

（1）表名：XS，存放学生基本信息。（10 分）

字段名	数据类型	长度	是否为空	约束	说明
XH	Char	6	否	主键	学号
XM	Char	10	否		姓名
XB	Char	2	否	默认值为'男'	性别
ZY	Varchar	20	是		专业名称
CSRQ	Smalldatetime		是		出生日期

创建名为 CK_XS 的 check 约束，设置性别字段的值只能为'男'或者'女'。

（2）表名：TS，存放图书基本信息。（10 分）

字段名	数据类型	长度	是否为空	约束	说明
SH	Char	6	否	主键	书号
SM	Varchar	40	否		书名
CBS	Varchar	30	是		出版社
ZB	Char	8	是		主编
DJ	Smallmoney		是		定价
ZT	Char	4	否	默认值为'在馆'，	状态

创建名为 CK_TS 的 check 约束，设置状态字段的值只能为'在馆'或者'借出'。

（3）表名：JY，存放学生借阅图书信息。（10 分）

字段名	数据类型	长度	是否为空	约束	说明
LSH	bigint		否	标识列，标识种子为 1，标识增长量为 1 主键	流水号
XH	Char	6	否	外键（参照 XS 表的 XH，关系名为 FK_JY_XS）	学号
SH	Char	6	否	外键（参照 TS 表的 SH，关系名为 FK_JY_TS）	书号
JSRQ	Smalldatetime		否	默认值为当前系统时间 getdate()	借书日期

3．导入数据（3 分）

将考生文件夹中的 xs.xls 中的数据导入到 TSJY 数据库中的 XS 表。

4．在 TSJY 数据库中创建视图（8 分）

（1）视图 View1：查询出姓'李'学生的学号、姓名。

（2）视图 View2：分别统计出男、女生的人数，给查询结果的字段取别名为：性别、人数。

5．在 TSJY 数据库中创建触发器（6 分）

当学生借阅走某本图书后，该书的状态由'在馆'自动修改为'借出'。触发器名为 JYINS。提示：在 JY 表中创建 insert 触发器。不用判断 TS 表中是否有该本图书。

6．编写 SQL 脚本，对 TSJY 数据库进行操作。每小题分开保存。

（1）使用 insert 语句添加往 TS 表添加如下数据，保存该 SQL 脚本为 1.SQL。（5 分）

SH	SM	CBS	ZB	DJ	ZT
P10001	经营策略分析	机械工业出版社	马岚	23	在馆
P10002	电子商务教程	电子工业出版社	陈保安	20	在馆

（2）查询'在馆'图书的基本信息，包括 SH、SM、CBS、ZB、DJ。保存该 SQL 脚本为 2.SQL。（5 分）

（3）查询所有图书的基本信息，包括 SH、SM、CBS、ZB、DJ，结果按照出版社降序排列，如果出版社相同，按照定价降序排列。保存该 SQL 脚本为 3.SQL。（5 分）

（4）创建索引：为了能快速查询出某个出版社出版的图书信息，在相应表中的字段中创建索引，索引名为 SY。（5 分）

套卷 2

1．创建数据库（3 分）

为"图书还书系统"创建后台数据库：

（1）数据库名为 TSHS。

（2）主数据文件逻辑名称为 TSHS，存放在 C 盘根目录下，初始大小为 3MB，文件增长不受限制，增长量为 20%。

（3）事务日志文件逻辑名称为 TSHS_log，存放在 C 盘根目录下，初始大小为 2MB，文件增长最大为 6MB，增长量为 1MB。

2．创建表

在 TSHS 数据库中创建如下三张表，表结构如下：

（1）表名：XS，存放学生基本信息。（10 分）

字段名	数据类型	长度	是否为空	约束	说明
XH	Char	6	否	主键	学号
XM	Char	10	否		姓名
XB	Char	2	否	默认值为'男'	性别
ZY	Varchar	20	是		专业名称
CSRQ	Smalldatetime		是		出生日期

创建名为 CK_XS 的 check 约束，设置性别字段的值只能为'男'或者'女'。

（2）表名：TS，存放图书基本信息。（10 分）

字段名	数据类型	长度	是否为空	约束	说明
SH	Char	6	否	主键	书号
SM	Varchar	40	否		书名
CBS	Varchar	30	是		出版社
ZB	Char	8	是		主编
DJ	Smallmoney		是		定价
ZT	Char	4	否	默认值为'在馆',	状态

创建名为 CK_TS 的 check 约束，设置状态字段的值只能为'在馆'或者'借出'。

（3）表名：HS，存放学生归还图书信息。（10 分）

字段名	数据类型	长度	是否为空	约束	说明
LSH	bigint		否	标识列，标识种子为 1，标识增长量为 1 主键	流水号
XH	char	6	否	外键（参照 XS 表的 XH，关系名为 FK_HS_XS）	学号
SH	Char	6	否	外键（参照 TS 表的 SH，关系名为 FK_HS_TS）	书号
HSRQ	Smalldatetime		否	默认值为当前系统时间 getdate()	还书日期

3．导入数据（3 分）

将考生文件夹中的 xs.xls 中的数据导入到 TSHS 数据库中的 XS 表。

4．在 TSHS 数据库中创建视图（8 分）

（1）视图 View1：查询出在 '1990-1-1' 后出生（包括 1990-1-1）学生的学号和姓名。

（2）视图 View2：分别统计出各个专业的学生人数，给查询结果的字段取别名为：专业名称、人数。

5．在 TSHS 数据库中创建触发器（6 分）

当学生归还某本图书后，该书的状态由 '借出' 自动修改为 '在馆'。触发器名为 HSINS。提示：在 HS 表中创建 insert 触发器。

6．编写 SQL 脚本，对 TSHS 数据库进行操作。每小题分开保存。

（1）查询出所有书名包含 '计算机' 的图书基本信息，查询结果包括：SH、SM、CBS、ZB。保存该 SQL 脚本为 1.SQL。（5 分）

（2）查询书名为 '电子商务教程' 该书的基本信息以及还书信息，查询结果包括：TS.SH、SM、CBS、XH、HSRQ。保存该 SQL 脚本为 2.SQL。（5 分）

（3）创建索引：为了能快速查询出某个专业学生的基本信息，在相应表中的字段中创建索引，索引名为 SY。保存该 SQL 脚本为 3.SQL。（5 分）

（4）将姓名为 '倪娟' 学生的专业名称由 '计算机网络技术' 修改为 '电子商务'。保存该 SQL 脚本为 4.SQL。（5 分）

套卷 3

1．创建数据库（3 分）

为"商品供应系统"创建后台数据库：

（1）数据库名为 SPGY。

（2）主数据文件逻辑名称为 SPGY，存放在 C 盘根目录下，初始大小为 3MB，文件增长不受限制，增长量为 1MB。

（3）事务日志文件逻辑名称为 SPGY_log，存放在 C 盘根目录下，初始大小为 1MB，文件增长最大为 5MB，增长量为 10%。

2．创建表

在 SPGY 数据库中创建如下三张表，表结构如下：

（1）表名：GYS，存放供应商基本信息。（6 分）

字段名	数据类型	长度	是否为空	约束	说明
GYSH	Char	10	否	主键	供应商号
GYSM	Varchar	50	否		供应商名称
GYSD	Varchar	50	否		供应商地址
TEL	Char	15	是		联系电话

（2）表名：SP，存放商品基本信息。（8分）

字段名	类型	长度	是否为空	约束	说明
TXM	Varchar	30	否	主键	条形码
SPM	Varchar	50	否		商品名称
SPLX	Varchar	20	是		商品类型
KCSL	Numeric，精度10，小数位数2		否	默认值为0	库存数量

创建名为 CK_SP 的 check 约束，设置库存数量（KCSL）字段的值必须大于等于 0。

（3）表名：GY，存放商品供应信息。（15分）

创建名为 CK_GY 的 check 约束，设置供应数量（GYSL）字段的值必须大于0。

字段名	类型	长度	是否为空	约束	说明
GYH	Char	20	否	主属性	供应号
TXM	Varchar	30	否	主属性，外键（参照 SP 表的 TXM，关系名为 FK_GY_SP）	条形码
GYSH	Char	10	是	外键（参照 GYS 表的 GYSH，关系名为 FK_GY_GYS）	供应商号
GYSL	Numeric，精度10，小数位数2		否		供应数量
GYSJ	Datetime		否	默认为当前系统时间	供应时间
JJ	money		是		进价

3．导入数据（4分）

考生文件夹中有名为 gxc 的 SQL Server 数据库备份文件，还原该数据库，将该数据库中的"商品"表的信息导入到 SPGY 数据库中的 SP 表中。

4．在 SPGY 数据库中创建视图（8分）

（1）视图 View1：查询库存充足的商品基本信息，查询结果包括：TXM、SPM、KCSL，库存充足指现库存数量大于100。

（2）视图 View2：查询商品名称为"精品红富士"的供应情况，查询结果包括：GYH、GYSH、GYSL、GYSJ。

5．在 SPGY 数据库中创建触发器（6分）

创建触发器，实现当有商品供应时，该商品的现库存数量自动增加。触发器名为 TJGY。提示：在 GY 表中创建 insert 触发。不用判断 SP 表中是否有该商品信息。

6．编写 SQL 脚本，对 SPGY 数据库进行操作。每小题分开保存。

（1）查询供应商地址在金华的供应商信息，如果供应商地址在金华即 GYSD 包含'

金华'，查询结果包括：GYSM、GYSD、TEL。保存该 SQL 脚本为 1.SQL。（5 分）

（2）查询本月各商品的供应情况，查询结果包括 GYH、GYSH、GYSL、GYSJ。保存该 SQL 脚本为 2.SQL。（5 分）

（3）查询条形码为'2000000341316'的最近一次供应的进价（JJ）和供应时间（GYSJ）。提示：可按照供应时间排序。保存该 SQL 脚本为 3.SQL。（5 分）

（4）根据实际情况为 SP 表的 SPM 字段创建索引，索引名为 SPINDEX。保存该 SQL 脚本为 4.SQL。（5 分）

套卷 4

1. 创建数据库（3 分）

为"商品销售系统"创建后台数据库：

（1）数据库名为 SPXS。

（2）主数据文件逻辑名称为 SPXS，存放在 C 盘根目录下，初始大小为 3MB，文件增长不受限制，增长量为 1MB。

（3）事务日志文件逻辑名称为 SPXS_log，存放在 C 盘根目录下，初始大小为 1MB，文件增长最大为 5MB，增长量为 10%。

2. 创建表

在 SPXS 数据库中创建如下三张表，表结构如下：

（1）表名：SP，存放商品基本信息。（8 分）

字段名	类型	长度	是否为空	约束	说明
TXM	Varchar	30	否	主键	条形码
SPM	Varchar	50	否		商品名称
SPLX	Varchar	20	是		商品类型
KCSL	Numeric，精度 10，小数位数 2		否	默认值为 0	库存数量

创建名为 CK_SP 的 check 约束，设置库存数量（KCSL）字段的值必须大于等于 0。

（2）表名：JG，存放商品每次价格信息。（13 分）

字段名	类型	长度	是否为空	约束	说明
TXM	Varchar	30	否	主属性 外键（参照 SP 表的 TXM，关系名为 FK_JG_SP）	条形码
LSJ	money		否		零售价
HYJ	money		否		会员价
QSSJ	Datetime		否	默认为当前系统时间	起始时间
JZSJ	Datetime		否	主属性 默认为当前系统时间	截止时间

创建名为 CK_JG 的 check 约束，设置截止时间（JZSJ）必须大于等于起始时间（QSSJ）。

创建名为 CK_JG_1 的 check 约束，设置零售价（LSJ）必须大于等于会员价（HYJ）。

（3）表名：XS，存放商品销售信息。（12 分）

字段名	类型	长度	是否为空	约束	说明
XSH	Char	20	否	主属性	销售号
TXM	Varchar	30	否	主属性 外键（参照 SP 表的 TXM，关系名为 FK_XS_SP）	条形码
XSSJ	Datetime		否	默认为当前系统时间	销售时间
XSSL	Numeric，精度 10，小数位数 2		否		销售数量
ZFFS	Varchar	20	否	默认值为'现金'。	支付方式
SFHY	Bit		否		是否会员

创建名为 CK_XS 的 check 约束，设置销售数量（XSSL）字段的值必须大于 0。

3．在 SPXS 数据库中创建视图（8 分）

（1）视图 View1：查询各商品基本信息，查询结果包括：TXM、SPM、KCSL，查询结果按照库存数量降序排列，如果库存数量相同，按照条形码升序排列。

（2）视图 View2：查询商品名称为"精品红富士"的销售情况，查询结果包括：XSH、XSSJ、XSSL。

4．在 SPXS 数据库中创建触发器（6 分）

创建触发器，实现当有商品销售时，该商品的现库存数量自动减少。触发器名为 TJXS。提示：在 XS 表中创建 insert 触发。不用判断 SP 表中是否有该商品信息。

5．编写 SQL 脚本，对 SPXS 数据库进行操作。每小题分开保存.

（1）往 SP 表中添加以下记录。保存该 SQL 脚本为 1.SQL。（5 分）

TXM	SPM	KCSL
2000000341316	精品红富士	45
6930504300198	甜酒酿	33

（2）查询目前库存不足的商品信息，库存不足指库存数量小于 40。查询结果包括：TXM、SPM、KCSL。保存该 SQL 脚本为 2.SQL。（5 分）

（3）查询 2009 年 5 月各商品的销售总数量，给查询结果取别名，为：条形码、销售总数量。保存该 SQL 脚本为 3.SQL。（5 分）

（4）修改商品名称为'精品红富士'的商品类型为'水果'。保存该 SQL 脚本为 4.SQL。（5 分）

综合理论试题

试题 1

一、填空题（4 小题，每空 1 分、共 5 分）

1. 服务管理器是用来_____、暂停和停止 SQL SERVER 服务的。

2. 数据文件的自动增长方式有：_____和_____两种方式。

3. 以@@作为首部的变量在 SQL SERVER 称为_____。

4. .以 SP__作为首部的存储过程称为_____。

二、应用题（3 大题，共 30 分）

（一）用 T-SQL 语句完成下列题目（3 小题、第 1 小题 4 分、其余的各 2 分、共 8 分）

1. 用 T-SQL 语句创建一个如下要求的数据库。

创建一个名字为 TestDB 的数据库，该数据库包含一个数据文件和一个日志文件，逻辑文件名为 Test_DB_data,磁盘文件名为 TestDB_data.mdf，文件初始容量为 5MB，最大容量为 15MB，文件递增容量为 1MB，而事务日志文件的逻辑文件名 Test_DB_log，磁盘文件名为 TestDB_log.ldf，文件初始容量为 5MB，最大容量为 10MB，文件递增量为 1MB（数据库创建在 D：\SERVER 文件夹下）

2. 给名字为 TestDB 的数据库添加一个名字为'TEGROUP'文件组。

3. 对上面名字为 TestDB 的数据库添加一个数据文件，文件的逻辑名为 TestDB2_data，磁盘文件名为 TestDB_data.ndf,初始容量为 1MB，最大容量为 34MB，文件递增量为 2MB，将这个数据文件添加到上题建立的名为'TEGROUP'的文件组内。

（二）用 T-SQL 语句完成下列题目（4 小题、第 1 小题 4 分、其余的各 2 分、共 10 分）

1. 用 T-SQL 语句创建一个如下图所示的数据表，表名为 Students，建在名为 ks 的数据库中：

列名	数据类型及长度	是否为空	备注
学号	CHAR(8)	NO	主键
姓名	CHAR(10)	NO	
系别	CHAR(20)	NO	默认值为"计算机系"

2. 向上面的表 Students 中插入一个'出生年月'字段，数据类型为 datetime。

3. 将 Students 表中所有学号以'03J'开头的学生的系别改为'经管系'。

4. 除 Students 表中所有'1978-18-3'以前出生的学生信息。

（三）根据下列数据库中表的结构，回答问题（5 小题，前 3 小题每题 2 分，后 2 小题每题 3 分，共 12 分）

学生（学号 char(8) primary key，

　　　　姓名 char(8)，

　　　　班级 char(10)，

　　　　性别 char(2)，

　　　　出生日期 datetime，

　　　　出生城市 char(10)，

　　　　入学成绩 tinyint）

课程（课程号 char(6) primary key，

　　　　课程名 char(20)）

学生选课信息表（学期 char(2)，

　　　　学号 char(8) references 学生（学号），

　　　　课程号 char(6) references 课程（课程号），

　　　　成绩 tinyint check(成绩>=0 and 成绩<=100)

1. 查询缺少成绩的学生的学号和相应的课程号。

2. 查询 03 物流 1 班全体学生的学号与姓名，且按照入学成绩的降序排列。

3. 统计班级的平均入学总分在 350 以上的班级和这些班级的平均入学总分。

4. 查询选修了'实用英语'课程的学生的学号，以及实用英语的成绩。

5. 查询第一学期所选课程平均成绩前三名的那些学生的学号。

三、程序设计题目（三题中任选两题，每题 6 分，共 12 分。如果多做，按前二题给分。）

1. 书写语句将 SC 表中是所有学生的成绩加 10 分,如果加分以后仍然有小于 60 分的,那么继续加 10 分,直到所有学生的成绩超过 60 分或者有学生的最高分超过 90 了（所用到的表结构为 SC(SNO,CNO,GRADE)其中 SNO 代表学生的学号，CNO 代表学生所选的课，GRADE 代表成绩）。

2. 在数据库 JXGL 中的 teachers 中创建一个触发器，如果添加的教师的工资超过 5000，则拒绝插入该记录。（假设每次只插入一条记录即可）（所用到的表结构如下：teachers(tno,tname,dept,pay)其中 TNO 代表教师编号，TNAME 代表教师姓名，DEPT 代表教师系别，PAY 代表教师的工资）。

3. 在数据库 JXGL 中创建存储过程 P2，根据姓名来查询此人第一个学期选修课的平均成绩，并将平均成绩返回。该存储过程包含一个输入参数，一个返回值。（所涉及到的表信息 students(sno,sname,class);sc(sno,cno,cname,grade),其中 students 表是学生信息表包括学号、姓名、班级，而 SC 表是学生选课信息表包括学号、课程号、课程名称、课程成绩）。

试题 2

一、填空题（4 小题、每空 1 分、共 5 分）

1. 在 SELECT 查询语句中用_____关键字来删除重复记录。

2. DATEDIFF（YEAR,'2004-5-6','2008-9-7'）这个表达式的值_____。

3. SQL Server 中，根据索引对数据表中记录顺序的影响，索引可以分为_____和_____。

4. _____约束通过检查一个或多个字段的输入值是否符合设定的检查条件来强制数据的完整性。

二、应用题（3 大题，共 30 分）

（一）用 T-SQL 语句完成下列题目（3 小题、第 1 小题 4 分、其余的各 2 分、共 8 分）

1. 用 T-SQL 语句创建一个如下要求的数据库。

创建一个名字为 TestDB 的数据库，该数据库包含一个数据文件和一个日志文件，逻辑文件名为 Test_DB_data,磁盘文件名为 TestDB_data.mdf，文件初始容量为 5MB，最大容量为 15MB，文件递增容量为 1MB，而事务日志文件的逻辑文件名 Test_DB_log，磁盘文件名为 TestDB_log.ldf，文件初始容量为 5MB，最大容量为 10MB，文件递增量为 1MB（数据库创建在 D: \SERVER 文件夹下）。

2. 给名字为 TestDB 的数据库添加一个名字为'TEGROUP'文件组。

3. 对上面名字为 TestDB 的数据库添加一个数据文件，文件的逻辑名为 TestDB2_data，磁盘文件名为 TestDB_data.ndf,初始容量为 1MB，最大容量为 34MB，文件递增量为 2MB，将这个数据文件添加到上题建立的名为'TEGROUP'的文件组内。

（二）用 T-SQL 语句完成下列题目（4 小题、第 1 小题 4 分、其余的各 2 分、共 10 分）

1. 用 T-SQL 语句创建一个如下图所示的数据表，表名为 Teachers，建在名为 ks 的数据库中：

列名	数据类型及长度	是否为空	备注
教师编号	CHAR(8)	NO	主键
教师姓名	CHAR(10)	NO	唯一
性别	CHAR(2)	YES	

2. 向上面的表 Teachers 中插入一个'部门'字段，数据类型为 CHAR(20)，该字段默认值为'计算机系'。

3. 为 Teachers 表中'性别'字段添加核查约束，保证输入的数据只能是"男"或者"女"。

4. 删除 Teachers 表中'性别'字段。

（三）根据下列数据库中表的结构，回答问题（5 小题，前 3 小题每题 2 分，后 2 小题每题 3 分，共 12 分）

图书（图书编号 char(10)，
　　　分类号 char(6)，
　　　书名 char(30)，
　　　作者 char(8)，
　　　出版单位 char(30)，
　　　单价 decimal(5,2)）（此表的图书编号上主键）

借阅（借书证号 char(10) references 读者（借书证号），
　　　图书编号 char(10) references 图书（图书编号），
　　　借书日期 datetime，）（此表中的借书证号和图书编号共同作为主键）

读者（借书证号 char(10)，
　　　单位 char(30)，
　　　姓名 char(8)，
　　　性别 char(2)，
　　　职称 char(10)，
　　　地址 char(40)）(此表借书证号是主键)

1. 查询分类号以 'JSJ' 开头的图书信息（图书编号，分类号，书名，单价），并按照图书编号的降序排列。

2. 查询当前至少借阅了两本书的借书证号和借书的数目。

3. 查询姓名为"张军"的读者的借书信息（借书证号，图书编号，借书日期）。

4. 查询借阅了"大学语文"这本书的读者姓名和单位、借书证号、借阅日期。

5. 查询借书最多的那个人的借书证号。

三、程序设计题目（三题中任选两题，每题 6 分，共 12 分。如果多做，按前二题给分。）

1. 检查是否有教师的奖金低于 300，如果有，则增加所有老师的工资,每次增加 60 元，直到所有教师的奖金高于 300 或者有教师的工资高于 5000。（教师工资的 0.3 是奖金）（所用到的表结构为 TEACHERS（TNO，TNAME，PAY，DEPT，PS），其中 TNO 为教师编号，TNAME 为教师姓名，PAY 为教师工资，DEPT 为教师系别，PS 为教师职称）。

2. JXGL 数据库中有 teachers (tno,tname,pay,dept,ps)，在 teachers 表上建立一个 AFTER 类型的触发器，监控对老师工资的更新，当更新后的工资比更新前小时，取消操作，并给出提示信息，否则允许（所用到的表结构为 TEACHERS（TNO，TNAME，PAY，DEPT，PS），其中 TNO 为教师编号，TNAME 为教师姓名，PAY 为教师工资，DEPT 为教师系别，PS 为教师职称）。

3. 在 JXGL 数据库中创建一个名为'P2'存储过程；

要求如下功能：根据学生学号，查询该学生的选修课程情况，其中包括该学生的学号、姓名、课程名、和成绩。调用该存储过程查询"0403401"学生的选修课程情况。

（涉及到的 JXGL 数据库到的表为 students(sno,sname,sex)，sc(sno,cno,grade)， course(cno，cname)，其中 Students 表是学生信息表，其中 sno 表示学号，sname 表示学生名字，sex 表示学生性别；sc 是学生选课信息表，sno 表示学号，cno 表示课程号，grade 表示选修课成绩，course 是课程信息表其中 cno 表示课程号，cname 表示课程名称）。

试题 3

一、填空题（5 小题、每空 1 分、共 5 分）

1．企业管理器是 Microsoft SQL Server 程序组中的程序之一，是管理服务器和_____的主要工具。

2．数据的完整性是指存储在数据库中的数据的正确性和可靠性，是衡量数据库中数据质量好坏的一种标准。数据完整性可分为实体完整性、区域完整性、_____和自定义完整性。

3．_____通过检查一个或多个字段的输入值是否符合设定的检查条件来强制数据的完整性。

4．AFTER 触发器将在_____才被激发。

5．在 SQL SERVER 中@@ROWCOUNT 变量将返回受上一条 SQL 语句影响的_____。

二、应用题（3 大题，共 30 分）

（一）用 T-SQL 语句完成下列题目（3 小题、第 1 小题 4 分、其余的各 2 分、共 8 分）

1．用 T-SQL 语句创建一个如下要求的数据库。

创建一个名字为 Mybase 的数据库，该数据库包含一个数据文件和一个日志文件，逻辑文件名为 Mybase_data,磁盘文件名为 Mybase_data.mdf，文件初始容量为 2MB，最大容量为 10MB，文件递增容量为 1MB，而事务日志文件的逻辑文件名 Mybase_log，磁盘文件名为 Mybase_log.ldf，文件初始容量为 1MB，最大容量为 5MB，文件递增量为 1MB（数据库创建在 D：\SERVER 文件夹下）。

2．在 Mybase 数据库中添加一个新的数据文件，逻辑文件名为 Mybase2_data，磁盘文件名为 Mybase2_data.mdf，文件初始容量为 2MB，最大容量为 10MB，文件递增容量为 1MB。

3．修改数据文件 Mybase_data，将它的文件初始容量增加到 5 MB。

（二）用 T-SQL 语句完成下列题目（4 小题、第 1 小题 4 分、其余的各 2 分、共 10 分）

1．用 T-SQL 语句创建一个如下图所示的数据表，表名为 students，建在名为 ks 的数据库中：

列名	数据类型及长度	是否为空	备注
学号	CHAR(8)	NO	主键
姓名	CHAR(10)	NO	
系别	CHAR(20)	NO	默认值为"计算机系"

2．向上面的表 Students 中插入一个'出生年月'字段，数据类型为 datetime。

3．将 Students 表中所有学号以'03J'开头的学生的系别改为'经管系'。

4．删除 Students 表中所有'1978-18-3'以前出生的学生信息。

（三）根据下列数据库中表的结构，回答问题（5 小题，前 3 小题每题 2 分，后 2 小题每题 3 分，共 12 分）

图书（图书编号 char(10) primary key，

　　　　分类号 char(6)，书名 char(30) not null unique，

　　　　作者 char(8)，出版单位 char(30)，单价 decimal(5,2)）

借阅（借书证号 char(10) references 读者（借书证号），

　　　　图书编号 char(10) references 图书（图书编号），借书日期 datetime）

读者（借书证号 char(10) primary key，

　　　　单位 char(30)，姓名 char(8)，

　　　　性别 char(2)，职称 char(10)，地址 char(40)）

1．查询图书价格介于 10 和 20 元之间的图书。

2．将"北京希望出版社"的图书按单价降序排列，排在前 3 位的书名。

3．查询当前至少借阅了两本书的借书证号和借书的数目。

4．查询 2003 年 7 月以后没有借书的读者借书证号、姓名和单位。

5．查询借阅"数据库导论"或"数据库基础"的读者姓名，单位，借阅时间以及图书的出版单位。

三、程序设计题目（三题中任选两题，每题 6 分，共 12 分。如果多做，按前二题给分。）

1．在数据库 JXGL 中创建一个存储过程 p1，用于返回籍贯在宁波的并且入学成绩不小于 345 的学生情况（包括学生信息表的所有信息），调用该存储过程。

（所涉及到的表为 STUDENTS（SNO，SNAME，BPLACE，MGRADE）其中 SNO 是学号，SNAME 是学生姓名，BPLACE 是籍贯，MGRADE 是学生入学总分）。

2．书写语句将 teachers 表中所有'应用技术系'的老师调到'经管系'，如果现在'经管系'的人员多于 8 人，则输出信息说明人员冗余；否则输出信息，说明现在经管系的人数。

（所用到的表结构如下：teachers(tno,tname,dept,pay) 其中 TNO 代表教师编号，TNAME 代表教师姓名，DEPT 代表教师系别，PAY 代表教师的工资）。

3．在数据库 JXGL 中的 TEACHERS 表中创建一个 AFTER 类型触发器 trigger_del，监控删除的教师记录。（如果被删除的教师是"讲师"职称，则提示不能删除这个教师，否则可以删除）。

（所用到的表结构为 TEACHERS（TNO，TNAME，PAY，DEPT，PS），其中 TNO 为教师编号，TNAME 为教师姓名，PAY 为教师工资，DEPT 为教师系别，PS 为教师职称）。

试题 4

一、填空题（3 小题、每空 1 分、共 5 分）

1. SQL 语言包含＿＿＿＿＿、数据操作、数据查询三种子语言，他们的英文缩写分别是＿＿＿＿＿、DML、DCL。

2. 连接到 SQL 服务器上的时候，有＿＿＿＿＿＿＿＿和 ＿＿＿＿＿＿＿＿两种认证模式。

3. 在数据库改名之前，必须将将该数据库切换到＿＿＿＿＿＿＿＿模式下。

二、应用题（3 大题，共 30 分）

（一）用 T-SQL 语句完成下列题目（3 小题、第 1 小题 4 分、其余的各 2 分、共 8 分）

1. 用 T-SQL 语句创建一个如下要求的数据库。

创建一个名字为 Temp 库包含一个数据文件和一个日志文件，逻辑文件名为 Temp_data,磁盘文件名为 Temp_data.mdf，文件初始容量为 2MB，最大容量为 10MB，文件递增容量为 1MB，而事务日志文件的逻辑文件名 Temp_log，磁盘文件名为 Temp_log.ldf，文件初始容量为 1MB，最大容量为 5MB，文件递增量为 1MB（数据库创建在 D：\SERVER 文件夹下）

2. 在 Temp 数据库中修改数据文件 Temp_data，将文件的初始容量增加到 5MB，将其容量长上限增加到 15MB，文件递增容量增加到 2MB。

3. 删除创建的数据库 Temp。

（二）用 T-SQL 语句完成下列题目（4 小题、第 1 小题 4 分、其余的各 2 分、共 10 分）

1. 用 T-SQL 语句创建一个如下图所示的数据表，表名为 Students，建在名为 ks 的数据库中：

列名	数据类型及长度	是否为空	备注
学号	CHAR(8)	NO	主键
姓名	CHAR(10)	NO	
系别	CHAR(20)	NO	默认值为"计算机系"

2. 为表 Students 中'姓名'字段添加一个唯一约束。

3. 删除 Students 表中所有'计算机系'生的学生信息。

4. 删除 Students 表中'系别'字段。

（三）根据下列数据库中表的结构，回答问题（5 小题，前 3 小题每题 2 分，后 2 小题每题 3 分，共 12 分）

学生（学号 char(8) primary key,

姓名 char(8),

班级 char(10),

性别 char(2),

出生日期 datetime，

出生城市 char(10)，

入学成绩 tinyint）

课程（课程号 char(6) primary key，

课程名 char(20)）

学生选课信息（学期 char(2)，

学号 char(8) references 学生（学号），

课程号 char(6) references 课程（课程号），

成绩 tinyint check(成绩>=0 and 成绩<=100)

1. 查询 '03 物流 2 '班全体学生的学号与姓名。

2. 统计每个班级的男女人数。

3. 查询 03 物流 1 班同学的各科选修课成绩，要求输出学号、姓名、课名和成绩。

4. 查询第一学期没有选修课程的学生的学号和姓名。

5. 将选修"体育"课没有及格的同学体育成绩调整为 60 分。

三、程序设计题目（三题中任选两题，每题 6 分，共 12 分。如果多做，按前二题给分。）

1. 在表 MSJ 中创建触发器，限制每次工资的变动不能超过 2000（假设每次变动一条记录），如果工资没有发生改变，则输出：'工资没有变'。（所涉及到的表为：MSJ（员工编号，员工姓名，工资））。

2. 在数据库 JXGL 中创建一个存储过程 p1，用于返回籍贯在宁波的并且入学成绩不小于 345 的学生情况（包括学生信息表的所有信息）。调用该存储过程。

（所涉及到的表为 STUDENTS（SNO，SNAME，BPLACE，MGRADE）其中 SNO 是学号，SNAME 是学生姓名，BPLACE 是籍贯，MGRADE 是学生入学总分）。

3. 书写语句，判断选修体育的同学是否有不及格的，如果有，则修改所有选修该课程的同学成绩，成绩乘以系数 1.2(grade=grade*1.2)，直到所有的同学都及格，但是如果有同学成绩超过了 83 分则不能再修改任何同学的成绩（为避免有同学成绩超过 100 分的情况，跳出加分循环）。（所涉及到的表信息：Students(sno,sname)；Sc(sno,cno, grade)；Course(cno,cname)。其中 Students 表为学生信息表包括学号、姓名；SC 表为学生选课信息表包括学号、课程号、课程成绩；而 Course 表为课程表包括课程号、课程名称。）

提示：可设置一个局部变量，将体育课的课程号赋值给它，方便在后面的程序中使用。

试题 5

一、填空题（3 小题、每空 1 分、共 5 分）

1. SQL Server 的安装程序提供了_____和_____两种安装方式。

2. 触发器执行时生成的两个临时表为_____和_____。

3. 以 SP__ 作为首部的存储过程称为_____。

二、应用题（3 大题，共 30 分）

（一）用 T-SQL 语句完成下列题目（3 小题、第 1 小题 4 分、其余的各 2 分、共 8 分）

1. 用 T-SQL 语句创建一个如下要求的数据库。

创建一个名字为 Readbook 库包含一个数据文件和一个日志文件，逻辑文件名为 Readbook_data,磁盘文件名为 Readbook_data.mdf，文件初始容量为 2MB，最大容量为 10MB，文件递增容量为 1MB，而事务日志文件的逻辑文件名 Readbook_log，磁盘文件名为 Readbook_log.ldf，文件初始容量为 1MB，最大容量为 5MB，文件递增量为 1MB（数据库创建在 D：\SERVER 文件夹下）。

2. 在 Mybase 数据库中添加一个新的事务日志文件，逻辑文件名为 Readbook2_log，磁盘文件名为 Mybase2_log.ldf，文件初始容量为 2MB，最大容量为 10MB，文件递增容量为 1MB。

3. 删除新添加的事务日志文件 Readbook2_log。

（二）用 T-SQL 语句完成下列题目（4 小题、第 1 小题 4 分、其余的各 2 分、共 10 分）

1. 用 T-SQL 语句创建一个如下图所示的数据表，表名为 SC，建在名为 ks 的数据库中：

列名	数据类型及长度	是否为空	备注
学号	CHAR(8)	NO	主键
课程编号	CHAR(10)	NO	
成绩	INT	YES	

2. 向上面的表 SC 中添加一个字段'学期'，允许为空，数据类型为 SMALLINT。

3. 将 SC 表中 '成绩' 字段的数据类型修改为 Decimal(4,2)。

4. 向 SC 表添加一条记录（'S040301','T01',90）。

（三）根据下列数据库中表的结构，回答问题（5 小题，前 3 小题每题 2 分，后 2 小题每题 3 分，共 12 分）

学生（学号 char(8) primary key,

　　　姓名 char(8),

　　　班级 char(10),

　　　性别 char(2),

　　　出生日期 datetime,

　　　出生城市 char(10),

　　　入学成绩 tinyint）

课程（课程号 char(6) primary key,

　　　课程名 char(20)）

学生选课信息（学期 char(2),

　　　学号 char(8) references 学生（学号），

　　　课程号 char(6) references 课程（课程号），

成绩 tinyint check(成绩>=0 and 成绩<=100)）

1．查询入学成绩排名前十的同学的学号、姓名和成绩。

2．统计学生表中每个班级的入学最高总分。

3．查询和"李小双"在同一个班级的学生的姓名和班级。

4．查询选修"JAVA"课程成绩成绩没有及格的学生的学号、姓名和成绩。

5．查询"03 物流 2"班同学的所有信息，如果有选修课的话还要求列出选修的课程号以及成绩。

　　三、程序设计题目（三题中任选两题，每题 6 分，共 12 分。如果多做，按前二题给分。）

1．在数据库 JXGL 中创建储过程 P2，根据姓名来查询此人第一个学期选修课的平均成绩，并将平均成绩返回。该存储过程包含一个输入参数，一个返回值。（所涉及到的表信息 students(sno,sname,class);sc(sno,cno,cname,grade),其中 students 表是学生信息表包括学号、姓名、班级，而 SC 表是学生选课信息表包括学号、课程号、课程名称、课程成绩）。

2．书写语句将 teachers 表中所有'应用技术系'的老师调到'经管系',如果现在'经管系'的人员多于 8 人,则输出信息说明人员冗余；否则输出信息,说明现在经管系的人数。

（所用到的表结构如下：teachers(tno,tname,dept,pay)其中 TNO 代表教师编号，TNAME 代表教师姓名，DEPT 代表教师系别，PAY 代表教师的工资）。

3．在数据库 JXGL 中的 teachers 中创建一个触发器，如果添加的教师的工资超过 5000，则拒绝插入该记录。（假设每次只插入一条记录即可）（所用到的表结构如下：teachers(tno,tname,dept,pay)其中 TNO 代表教师编号，TNAME 代表教师姓名，DEPT 代表教师系别，PAY 代表教师的工资）。

试题 6

　　一、填空题（3 小题、每空 1 分、共 5 分）

1．数据表之间的关联分为＿＿＿＿＿＿、＿＿＿＿＿＿和多对多关联三类。

2．在 SQL Server 中，根据索引对数据表中记录顺序的影响，索引可以分为＿＿＿和＿＿＿＿＿＿。

3．触发器可分为＿＿＿＿＿＿和 after 两类。

　　二、应用题（3 大题，共 30 分）

（一）用 T-SQL 语句完成下列题目（3 小题、第 1 小题 4 分、其余的各 2 分、共 8 分）

1．用 T-SQL 语句创建一个如下要求的数据库。

创建一个名字为 TestDB 的数据库，该数据库包含一个数据文件和一个日志文件，逻辑文件名为 TestDB_data,磁盘文件名为 TestDB_data.mdf，文件初始容量为 5MB，最大容量为 15MB，文件递增容量为 1MB，而事务日志文件的逻辑文件名 Test_DB_log,磁盘文件名为 TestDB_log.ldf，文件初始容量为 5MB，最大容量为 10MB，文件递增量为 1MB（数据库创建在 D：\SERVER 文件夹下）。

2．给名字为 TestDB 的数据库添加一个名字为'TEGROUP'文件组。

3．对上面名字为 TestDB 的数据库添加一个数据文件，文件的逻辑名为 TestDB2_data，磁盘文件名为 TestDB_data.ndf,初始容量为 1MB，最大容量为 34MB，文件递增量为 2MB，将这个数据文件添加到上题建立的名为'TEGROUP'的文件组内。

（二）用 T-SQL 语句完成下列题目（4 小题、第 1 小题 4 分、其余的各 2 分、共 10 分）

1．用 T-SQL 语句创建一个如下图所示的数据表，表名为 Students，建在名为 ks 的数据库中：

列名	数据类型及长度	是否为空	备注
学号	CHAR(8)	NO	主键
姓名	CHAR(10)	NO	
系别	CHAR(20)	NO	默认值为"计算机系"

2．为表 Students 中'姓名'字段添加一个唯一约束。

3．删除 Students 表中所有'计算机系'生的学生信息。

4．删除 Students 表中'系别'字段。

（三）根据下列数据库中表的结构，回答问题（5 小题，前 3 小题每题 2 分，后 2 小题每题 3 分，共 12 分）

学生（学号 char(8) primary key，

姓名 char(8)，

班级 char(10)，

性别 char(2)，

出生日期 datetime，

入学成绩 tinyint）

课程（课程号 char(6) primary key，

课程名 char(20)）

成绩（学期 char(2)，

学号 char(8) references 学生表（学号），

课程号 char(6) references 课程表（课程号），

成绩 tinyint check(成绩>=0 and 成绩<=100)）

授课（教师姓名 char(4)，

学期 char(2)，

班级 char(10)，

课程号 char(6) references 课程表（课程号））

1．查询 03 计应 1 班全体学生的学号与姓名，且按照出生日期降序排列。

2．查询平均成绩大于 80 分的课程号。

3．查询与"王菲"同一个班的学生的姓名。（嵌套查询）

4．统计"乔丹"老师所任课程的课程名（联接）。

5．查询"王菲"所学的课程名和对应的成绩，并按照成绩升序排列。

三、程序设计题目（三题中任选两题，每题 6 分，共 12 分。如果多做，按前二题给分。）

1．书写语句将员工数据表中计算机系教师的工资增长 300，并使用全局变量检查更新过程中是否出错（所用到的表结构如下：teachers(tno,tname,dept,pay)其中 TNO 代表教师编号，TNAME 代表教师姓名，DEPT 代表教师系别，PAY 代表教师的工资）。

2．在数据库 JXGL 中的 TEACHERS 表上建立一个 AFTER 类型的触发器，监控对老师工资的更新，当更新后的工资比更新前小时，取消操作，并给出提示信息，否则允许。

（所用到的表结构如下：teachers(tno,tname,dept,pay)其中 TNO 代表教师编号，TNAME 代表教师姓名，DEPT 代表教师系别，PAY 代表教师的工资）。

3．定义一个存储过程 P2，定义一个存储过程 P2，要求实现输入学生学号，根据该学生所选课程的平均成绩显示提示信息，即如果平均成绩在 60 分以上，显示'此学生综合成绩合格'，否则显示'此学生综合成绩不合格！'调用该存储过程判断"0403401"学生的情况。（所用到的表结构如下：sc(sno,cno,grade)，sc 是学生选课信息表，sno 表示学号，cno 表示课程号，grade 表示选修课成绩）。

试题 7

一、填空题（3 小题、每空 1 分、共 5 分）

1．表是由行和列组成的，行有时也称为_____，列有时也称为_____或域。

2．在 SQL Server 中建立或修改数据表时，如果创建或添加了_____或_____，系统会基于添加约束的字段自动创建唯一性索引。

3．以@作为首部的变量在 SQL SERVER 称为_____。

二、应用题（3 大题，共 30 分）

（一）用 T-SQL 语句完成下列题目（3 小题、第 1 小题 4 分、其余的各 2 分、共 8 分）

1．用 T-SQL 语句创建一个如下要求的数据库。

创建一个名字为 Mybase 的数据库，该数据库包含一个数据文件和一个日志文件，逻辑文件名为 Mybase_data,磁盘文件名为 Mybase_data.mdf，文件初始容量为 2MB，最大容量为 10MB，文件递增容量为 1MB，而事务日志文件的逻辑文件名 Mybase_log，磁盘文件名为 Mybase_log.ldf，文件初始容量为 1MB，最大容量为 5MB，文件递增量为 1MB（数据库创建在 D：\SERVER 文件夹下）。

2．在 Mybase 数据库中添加一个新的数据文件，逻辑文件名为 Mybase2_data，磁盘文件名为 Mybase2_data.mdf，文件初始容量为 2MB，最大容量为 10MB，文件递增容量为 1MB。

3．修改数据文件 Mybase_data，将它的文件初始容量增加到 5MB。

（二）用 T-SQL 语句完成下列题目（4 小题、第 1 小题 4 分、其余的各 2 分、共 10 分）

1. 用 T-SQL 语句创建一个如下图所示的数据表，表名为 SC，建在名为 ks 的数据库中：

列名	数据类型及长度	是否为空	备注
学号	CHAR(8)	NO	主键
课程编号	CHAR(10)	NO	
成绩	INT	YES	

2. 向上面的表 SC 中添加一个字段'学期'，允许为空，数据类型为 SMALLINT。

3. 将 SC 表中'成绩'字段的数据类型修改为 Decimal(4,2)。

4. 向 SC 表添加一条记录（'S040301','T01',90）。

（三）根据下列数据库中表的结构，回答问题（5 小题，前 3 小题每题 2 分，后 2 小题每题 3 分，共 12 分）

图书（图书编号 char(10) primary key,
　　　分类号 char(6),
　　　书名 char(30) not null unique,
　　　作者 char(8),
　　　出版单位 char(30),
　　　单价 decimal(5,2)）

借阅（借书证号 char(10) references 读者（借书证号）,
　　　图书编号 char(10) references 图书（图书编号）,
　　　借书日期 datetime）

读者（借书证号 char(10) primary key,
　　　单位 char(30),
　　　姓名 char(8),
　　　性别 char(2),
　　　地址 char(40)）

1. 查询图书表中的所有内容，按照书名进行排序（降序）。

2. 检索单价介于 10 和 20 元之间的图书分类号。

3. 查询姓名为"王钢"的读者的借书信息（书名，借书日期）。

4. 查询借阅"数据库导论"或"数据库基础"的读者姓名，单位，借阅时间以及图书的出版单位。

5. 按借书量降序排序，显示前三个借阅证号码。

三、程序设计题目（三题中任选两题，每题 6 分，共 12 分。如果多做，按前二题给分。）

1. 查看 STUDENTS 信息表中是否有学号为'0289339'，名字为'李菊'的学生，如果有则显示已经存在该学生的信息，否则插入该学生的信息。（涉及到的表的结构为 students(sno,sname)）。

2．定义一个存储过程 P2，定义一个存储过程 P2，要求实现输入学生学号，根据该学生所选课程的平均成绩显示提示信息，即如果平均成绩在 60 分以上，显示'此学生综合成绩合格'，否则显示'此学生综合成绩不合格！'调用该存储过程判断"0403401"学生的情况。

（所用到的表结构如下：sc(sno,cno,grade)，sc 是学生选课信息表，sno 表示学号，cno 表示课程号，grade 表示选修课成绩）。

3．在数据库 JXGL 中的 teachers 中创建一个触发器，如果添加的教师的工资超过 5000，则拒绝插入该记录。（假设每次只插入一条记录即可）。

（所用到的表结构如下：teachers(tno,tname,dept,pay)其中 TNO 代表教师编号，TNAME 代表教师姓名，DEPT 代表教师系别，PAY 代表教师的工资）。

试题 8

一、填空题（3 小题、每空 1 分、共 5 分）

1．外键约束主要用来实现数据的_____完整性和_____完整性。

2．_____是指在插入记录时没有指定字段值的情况下，自动使用的值。

3．在 SQL SERVER 中可以利用_____和_____为变量赋值。

二、应用题（3 大题，共 30 分）

（一）用 T-SQL 语句完成下列题目（3 小题、第 1 小题 4 分、其余的各 2 分、共 8 分）

1．用 T-SQL 语句创建一个如下要求的数据库。

创建一个名字为 Readbook 库包含一个数据文件和一个日志文件，逻辑文件名为 Readbook_data,磁盘文件名为 Readbook_data.mdf，文件初始容量为 2MB，最大容量为 10MB，文件递增容量为 1MB，而事务日志文件的逻辑文件名 Readbook_log，磁盘文件名为 Readbook_log.ldf，文件初始容量为 1MB，最大容量为 5MB，文件递增量为 1MB。

2．在 Mybase 数据库中添加一个新的事务日志文件，逻辑文件名为 Readbook2_log，磁盘文件名为 Mybase2_log.ldf，文件初始容量为 2MB，最大容量为 10MB，文件递增容量为 1MB。

3．删除新添加的事务日志文件 Readbook2_log。

（二）用 T-SQL 语句完成下列题目（4 小题、第 1 小题 4 分、其余的各 2 分、共 10 分）

1．用 T-SQL 语句创建一个如下图所示的数据表，表名为 Teachers，建在名为 ks 的数据库中：

列名	数据类型及长度	是否为空	备注
教师编号	CHAR(8)	NO	主键
教师姓名	CHAR(10)	NO	唯一
性别	CHAR(2)	YES	

2. 向上面的表 Teachers 中插入一个'部门'字段，数据类型为 CHAR(20)，该字段默认值为'计算机系'。

3. 为 Teachers 表中'性别'字段添加核查约束，保证输入的数据只能是"男"或者"女"。

4. 删除 Teachers 表中'性别'字段。

（三）根据下列数据库中表的结构，回答问题（5 小题，前 3 小题每题 2 分，后 2 小题每题 3 分，共 12 分）

学生（学号 char(8) primary key，姓名 char(8)，

班级 char(10)，性别 char(2)，

出生日期 datetime，出生城市 char(10)，

入学成绩 tinyint）

课程（课程号 char(6) primary key，

课程名 char(20)）

学生选课信息（学期 char(2)，

学号 char(8) references 学生（学号），

课程号 char(6) references 课程（课程号），

成绩 tinyint check(成绩>=0 and 成绩<=100)）

教师（序号 char(4) primary key，

姓名 char(10)，职称 char(8)，

入校时间 datetime，

部门 char(20)，工资 decimal(7,2)）

1. 查询计算机系全体教师序号、姓名和部门，且按照工资的降序排列。

2. 统计部门教师平均收入超过 2000 以上的部门和这些部门的平均工资。

3. 查询和"董洁"在同一个班级的学生和姓名。

4. 查询 03 物流 1 班同学的各科成绩，要求输出学号、姓名、课程名和成绩。

5. 查询没有选修课程的学生的学号和姓名。

三、程序设计题目（三题中任选两题，每题 6 分，共 12 分。如果多做，按前二题给分。）

1. 查看 STUDENTS 表中是否有学号为'0289339'名字为'李菊'的学生，如果有则显示已经存在该学生的信息，否则插入该学生的信息（涉及到的表的结构为 students(sno,sname)）。

2. 在数据库 JXGL 中的 GG 表中创建一个触发器，监控删除的客户记录，如果删除的客户的职位的'工程师'，则拒绝删除。GG（员工编号，员工姓名，职位）（假设每次只有一条记录删除）。

3. 在 JXGL 数据库中创建一个名为'P2'存储过程。

要求如下功能：根据学生学号，查询该学生的选修课程情况，其中包括该学生的学号、姓名、课程名、和成绩。调用该存储过程查询"0403401"学生的选修课程情况。

（涉及到的 JXGL 数据库到的表为 students(sno,sname,sex)，sc(sno,cno,grade)，course(cno,cname)，其中 Students 表是学生信息表，其中 sno 表示学号，sname 表示学生名字，sex 表示学生性别；sc 是学生选课信息表，sno 表示学号，cno 表示课程号，grade 表示选修课成绩，course 是课程信息表其中 cno 表示课程号，cname 表示课程名称）。

参 考 文 献

［1］王珊，陈红. 数据库系统原理教程［M］. 北京：清华大学出版社，1998.

［2］吕凤顺. SQL Server 数据库基础与实训教程［M］. 北京：清华大学出版社，2006.

［3］周文琼，王乐球. 数据库应用与开发教程：ADO. NET+SQL Server［M］. 北京：中国铁道出版社，2009.

［4］钱冬云，周雅静. SQL Server 2005 数据库应用技术［M］. 北京：清华大学出版社，2010.

［5］郭郑州，陈军红. SQL Server2008 完全学习手册［M］. 北京：清华大学出版社，2011.